建材疑難全解指南500 Q&A

暢銷新封面版

裝潢新手
必備保存版

目錄 CONTENTS

chapter

1

石材

選用 TIPS

① 即便同一種石材，也可向石材廠要求看照片，選擇自己喜愛的紋路及色澤。

② 不同厚度的板材運送及施工時耗損不一，須多估放損量。

③ 石材極為堅硬，但若家中有老人及兒童，使用時須注意安全問題。

④ 石材為天然素材，承重度、耐磨性、防水性皆不同，可多請教專業石材廠。

⑤ 因表面具毛細孔，石材在使用及保養上需特別留心。

石材自然的特殊紋理，一直廣為大眾喜愛，除了運用在地坪外，也大量被運用在牆面或立面主題上。其中運用最多的莫過於：大理石、花崗石、板岩、文化石以及抿石子。大理石天然紋理透著大器，最能營造空間磅礡氣勢，堅固的花崗岩耐磨，具良好的抗水性，適合做為戶外建材；板岩的特殊紋路，能替空間增加質樸意象，其耐火耐寒又易清理的特性，近年逐漸受到消費者青睞；鄉村風少不了文化石，其質地輕，施工容易，很適合屋主自行DIY；以白水泥攪和石子而成的抿石子，則最能展現自然悠閒旨趣。

圖片提供＿水相設計、櫻王・石物

种類挑選 Q001

我很喜歡石材，可以怎麼將石材運用在我的居家空間？

可依照常使用或不常使用的區域來決定。

可依照使用處是否常磨損做決定。一般來說，因為花崗岩的密度及硬度較高，石材本身相對耐磨，因而適用於容易磨損、常使用或易因外部環境耗損的地方，例如地坪、戶外庭園造景用石、建築物外覆石材、工作檯面等；大理石因為紋理鮮明、特色明顯，是十分有特色的裝飾材，但因密度相對較低，故表面較容易受外部環境影響而被侵蝕，也較易磨損，保養上需費心思，因而建議使用在著重美觀及對視覺要求較高的地方，例如電視牆、室內裝飾牆面等。

圖片提供＿石坊空間設計

大理石其質感與表情具有獨特性及時間痕跡，用於局部或當作主畫面，都能有出眾且鮮明的表情。

監工驗收 Q002

自行叫料該如何檢驗石材的品質？要注意哪些地方？

對照片看最準確，同時注意外觀是否完整。

石材是相當天然的建材，因而沒有任何一塊石材會有相同的樣貌，故在貨比三家確認相似石材的價格後，於收貨驗收時，大抵都是從石材的外觀來做判斷。判斷準則約可從下面四點來評估：

1 確認工廠裁切品質：

石材進口時皆為方正的立方體或長方體，再由石材廠依照顧客要求，切割成為可供裝潢使用的品項，因而檢驗第一點便是確認工廠裁切時是否垂直及水平，以及板片是否喬曲（彎曲）。

2 檢視外觀完整度：

切割面沒問題後，下一步便是確認石材在運送過程中是否破損或是缺角，若有這些碰撞造成的損傷，可要求退貨。

3 檢視是否有非天然裂紋而有補膠：

部分石材因在切割過程中可能破裂，或產生裂紋，部分工廠可能以膠體修補，若裂痕狀況嚴重，亦可要求更換或退貨。一般專業判斷若是補膠位在板材的後方，不影響美觀或補膠不明顯，就仍可收件使用。

4 檢視照片，是否與當初購買的是同一塊：

石材廠於採購時會提供照片供顧客選擇，因而在收貨時，也可注意是否與當初購買的石材一致。

清潔保養 Q003 板岩及文化石因為表面凹凸有洞，是否會很難保養清潔？

雖然容易卡灰塵，但保養處理其實不難。

板岩及文化石因取其表面不平整營造出多元變化的視覺效果，許多人對這兩種建材的疑慮往往在於後續保養問題，但其實難度並不高。基本上，只要注意不要讓小朋友在文化石或板岩上塗鴉，避免原子筆或奇異筆油墨不容易清除之外，平常僅需以清水濕布擦拭乾淨即可；倘若仍嫌麻煩，或是該素材運用於戶外時，建議可於施工完成後直接上一層平光保護漆，避免下雨污漬、卡灰塵或是發霉。

板岩依照礦物質含量不同而有天然色彩，用於室內可展現自然原始況味，而且清潔也很簡單。

種類挑選 Q004 想自己找師傅施工，但石材師傅應該怎麼挑？怎麼找師傅？

可透過網路評比來尋找，或是直接請石材廠介紹。

裝潢及建築中，每一類別品項通常都會有專業且擅長該品項施工的師傅，然因石材施作師傅並無相關證照認證，且以目前專業師傅工作案件常處於滿檔的狀態下，專家建議，唯有勤勞地上網查詢資料，或靠親朋好友口耳相傳，較能確保找到的師傅品質。倘若遍尋不著好的施工人員，也不妨考慮直接請購買石材的廠商推薦介紹，或是直接找尋可連工帶料施作的廠商來執行。

種類挑選 Q005 常聽人家說大理石「對花」，價格貴又耗材，為什麼？

需配合花紋對稱，自然容易產生耗材。

要做到左右對稱的「對花」並不容易，當鋪設面積超過大板的尺寸時，特別注意花紋是否有對到，尤其是紋路明顯花紋，更需留意；在鋪設時，會以對稱的中心線去分，假設要鋪設3公尺的大理石，就需要使用2公尺板材2片，剩餘兩邊就變成要捨棄的耗材了，建議可將剩餘材料移至別處使用，才不會浪費材料。

圖片提供＿KC Design Studio
室內若使用文化石，可展現居家的溫馨氛圍與手感。

種類挑選 Q006 文化石是最近室內設計常用的石材，什麼是文化石？

文化石分為天然與人造兩種，主要是構造成分的不同；施工方式差異則不大。

文化石分為天然與人造兩種，外觀類似，主要差異為組成結構，兩者在價格上通常都比一般石材便宜，因而使用上愈來愈普及。天然文化石，主要以板岩、砂岩、石英石構成，經過加工成為裝飾建材，質地堅硬、色澤鮮明、紋理豐富、風格各異，具有抗壓、耐磨、耐火、耐寒、耐腐蝕、吸水率低等特性；人造文化石是採用矽酸鈣、石膏等材料製成，模仿天然石材的外形紋理，具有質地輕、色彩豐富、不霉不燃、便於安裝等特點。

種類挑選 Q007 喜歡洞石的質感，又害怕容易變質的缺點，還有其他的選擇嗎？

可選擇保留洞石原始紋路，硬度上卻更加堅硬的人造洞石。

為了改善洞石保養較麻煩的缺點，進而研發出人造洞石，萃取洞石原礦，經過1300℃的高溫鍛燒後，去除內部的鐵、鈣，保留洞石的原始紋路，但卻更加堅硬，經燒製後密度較高，莫氏硬度可高達8。表面雖無原始的孔洞，但經過拋光研磨後亮度可比擬拋光石英磚。除此之外，由於原料取材自洞石原礦的粉末，無須大量開採，能降低自然資源的消耗。

圖片提供＿大雄設計
洞石質感溫厚，紋理特殊能展現人文的歷史感。

種類挑選 Q008 花崗石的質地堅硬嗎？和大理石相比，哪個比較適合做成室內地板？

花崗石的吸水率低、耐磨損，但花紋變化較單調，一般設計師較少用在室內地板上。

雖然花崗石的吸水率低、耐磨損、價格便宜，適合做為地板材和建築外牆，但從設計上來看，比起大理石，花崗石的花紋變化較單調，缺乏大理石的雍容質感，因此難以成為空間的主角，一般設計師較少用在室內地板上。用於室內時，多用在樓梯、洗手檯、檯面等經常使用的區域，有時也會作為大理石的收邊裝飾。花崗石依表面燒製的不同，可分成燒面和亮面，燒面的表面粗糙不平，因此摩擦力較強具止滑效果，建議可用於浴室或人行道等。

花岡石抗候性強，一般多使用在戶外空間。

施工 Q009 想自己 DIY 文化石牆，貼磚方向有規則嗎？縫大概要留多大？

鋪磚方式由下往上砌，依石材與呈現效果不同，可分成密貼與留縫兩種。

鋪磚方式建議一排排由下往上砌，若使用角磚則建議先黏貼角磚後再往中間施工，讓需裁切的文化石隨機分布在牆面中間。依石材與呈現效果不同，可分成密貼與留縫兩種。天然文化石多採密貼，效果類似板岩牆，而留縫也可選擇是否填縫，也有填縫後再上水泥漆，模仿早期磚牆油漆的效果。

文化石施工時，須先確認是施工在 RC 牆，還是木作牆，因為工法不一樣。

你該懂的建材 KNOW HOW

RC 牆和木作牆施工方式不同

天然文化石與人造文化石施工方式差異不大，主要在於施工牆面若為木板牆，則建議先釘上細龜甲網，再以水泥膠著才可以牢固結合；一般 RC 牆若有粉光則須打毛後，以益膠泥黏著。

挑選＋價錢
Q010
拋光石英磚和大理石感覺很像，兩者的價格差很多嗎？

大理石較拋光石英磚貴。

拋光石英磚有規格尺寸的區分，普及率最高的是60×60公分等級，另有較大尺寸80×80公分可供選擇，多半使用於大坪數空間，減少地面分割線條，整體看起來會更簡潔大方，價格也會隨著尺寸而遞增。價格以產地來分，主要是國產、進口等，以60×60公分這個區塊為例，國產磚的價格約為NT.3,000元／坪，進口磚一坪造價約為NT.10,000元起。大理石則以才為計價單位，價格約為NT.380元起／才。

■ 各式石材價格比一比

種類	特色	價格帶
大理石	因地球的造山運動所形成的石材，具有獨特的紋理，適合作為地坪用材與主題牆材。	約為 NT.380 元起／才
玉石	所有石材類中，造價最昂貴的石材，通常運用於視覺主題或傢具，具如玉般的質感，薄片的透光性佳。	約為 NT.380 元起／才
花崗岩	具極佳的硬度與耐候性能，可用於戶外區域。	約為 NT.380 元起／才
水刀切割	通常使用於玄關或大廳，主要以量身訂製的客製化商品為主。	依圖案難易與尺寸價格而定
板岩	原用於戶外庭園造景，現在也成為室內空間的牆面用材，加工後，施工方便快速。	約為 NT.180 元～ 300 元起／才
人造石	利用天然石塊與石粉製成的人造石，可以大坪數、大面積選擇一模一樣的花紋，具無接縫、抗菌耐高溫的特性。	約為 NT.115 元～ 1,600 元起／才
石材馬賽克	以天然石材製作的馬賽克，顛覆過去方正尺寸，以不規則形狀拼貼，更具藝術性。	約為 NT.600 元～ 3,000 元起／才

※本書所列價格僅供參考，實際售價請以市場現況為主

施工
Q011
石材與其他異材質的接觸面該怎麼做界定？如何釐清與不同媒介間責任歸屬的問題？

通常由後一個工班處理異材質銜接部分的美觀或完整度。

裝潢中多半會碰上異材質銜接面或接觸面該由哪一個工班收尾的問題，通常都是「後做後收」原則，由後一個工班處理與前一個工班的異材質銜接面收尾，道理其實也很簡單，後一個工班的施作項目通常會覆蓋在前一個品項之上，因而自然由其處理。除非碰上後一個工班無法對應的狀況，如無相關處理工具，像是石材切割，就得要求原施工工班或是石材廠再次前往工地現場施作。需要注意的是，因師傅出門一趟一般都會收取相當費用，因此在發包前，除應先行詢問清楚費用條件外，建議也可將異材質銜接問題先行列入議價討論項目，溝通妥善以避免裝修預算失控。

施工

Q012 很喜歡文化石，使用在室內空間時，有什麼要注意的地方？

文化石因無法承受重壓，因而僅能施作於牆面。

文化石適用於任何建築物上，不管施作面積的大小，室內或室外，住宅或辦公用，是重建或新蓋，由於重量較輕和費用較低，使得它在石材較難施工的地方也可以輕易使用；也因為重量相對輕，對於結構的承重並無任何影響（可靠表面張力平衡重量），因而可以廣泛使用。文化石在使用上的限制亦不多，只需注意下列四點：

1 因其無法重壓，因此無法安裝於地坪。
2 倘若採用人造文化石，為避免結構改變，不建議使用於可能與化學劑接觸之空間。
3 不能用於易碎或易溶的物體表面。
4 必須安裝在至少10公分厚的物體表面，以承受其張力。

圖片提供＿KC Design Studio

在空間配置上，文化石經常作為電視主牆、餐廳壁面或玄關裝飾等，但占整體空間的比例不能過高，較適合局部點綴。

種類挑選

Q013 設計師叫我用薄片石材做電視牆，這種材質的特色是什麼？

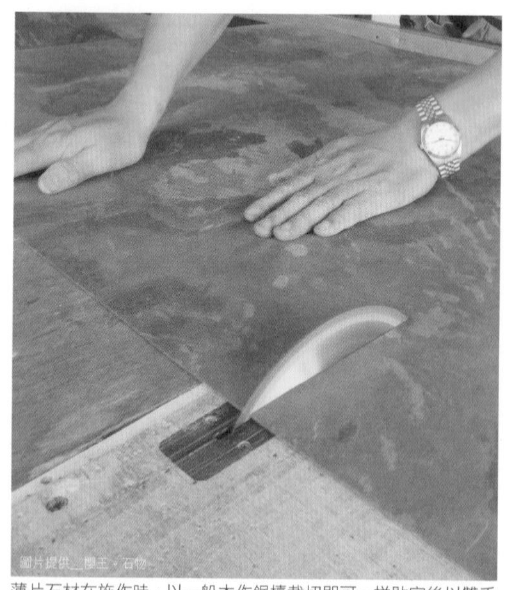
圖片提供＿園王．石物

薄片石材在施作時，以一般木作鋸檯裁切即可。拼貼完後以雙手在平面施壓讓它更平整。

薄片石材具防水、耐低溫功能，可以大幅節省安裝成本。

現今環保意識抬頭，石材屬於有限礦產資源，為避免在居家裝潢時大量消耗大塊石材，因此而製作出薄片石材，或可稱為礦石板，不但保留了石材獨特的自然紋理，也減少取材時的浪費。由於每片石材厚度僅約2mm，施工更加簡單、快速、容易，可輕鬆運用於一般厚重石材不易施作的地方，如門片、櫃體、廚具流理檯等，或貼合於各種木材、纖維水泥板、石膏板、矽酸鈣板和金屬上，同時可以輕鬆做出弧形的效果，這些都是傳統石材較難達到的效果，可以為消費者大幅節省安裝成本。此外，薄片石材具防水、耐低溫功能，還可以應用於建築物外立面裝飾。

施工＋價錢 Q014 想自己進行室內裝潢，石材可以自己叫料跟施工嗎？這樣划算嗎？

可以自己叫料與發包施工，若找專業石材廠協助，相對於找設計師，約可省下兩成左右的費用。

石材的叫料與施工因為資訊不若木工、泥作或其他裝潢品項來得豐富，因而給人較高門檻的感覺，彷彿無法自行作業。事實上，找設計師最大的好處，就是可利用專業創造出相對多元的石材運用方式（如拼花、滾邊等），若遇上特殊設計、裁切時，設計師可完成施工圖與剖面圖，直接與師傅溝通，並於施工時負監工之職責；倘若裝潢時石材使用不甚複雜，可選擇自行叫料與發包，約可省下兩成左右的費用。

叫料時可直接找專業石材廠協助，甚至連同施工部分都直接委託石材廠進行。目前坊間石材師傅的行情，一天工資為NT.3,000元起跳，若以石材廠提供之既有規格品（規格一致）施作，不做特殊拼花、滾邊等作業，每位師傅一天約可施作50到100才（牆面與地面皆可以此計算），發包時，就可以物料費用加上師傅工資，抓出所需的預算金額。

監工驗收 Q015 花花的一片抿石子，要怎麼看，才能看出施工有沒有問題？

從外觀就能看出抿石子施工有沒有問題。

抿石子施工完成若表面看來「霧茫茫」，表示清洗動作不夠確實。建議清洗時同時進行檢查工作，且必須清洗三次才行，若有瑕疵可要求廠商再用強酸或強鹼洗潔。不過，要是寶石類抿石子用強酸或強鹼則會傷害表面，一開始就要選用手路細的師傅來施工。

抿石子是一種泥作手法，將石頭與水泥砂漿混合攪拌後，抹於粗胚牆面打壓均勻，多用於壁面、地面，甚至外牆。

產品提供_弘象 攝影_李佳芳

種類挑選 Q016 挑選石材時，設計師說石材分有厚板、薄板，什麼叫厚板？什麼叫薄板？差異在哪裡？

顧名思義，就是依照石材廠切板後的厚薄來稱呼。

石材進口及開挖後，通常切為一塊塊的立方體，為方便顧客挑選及後續的施工，石材廠會將原石切成固定厚度，因而業界有厚板或薄板的稱呼。一般石頭板材通用的厚度為2～3公分，適用於所有內裝及建築外牆，也是應用範圍最廣的常見尺寸；倘若厚度多於3公分，就稱為厚板，適用於雕刻板，供設計師或師傅製作特殊造型使用；而厚度低於2公分的石頭板材，就稱為薄板，薄板因為在運送過程中容易破損，愈薄的板子破損機率就愈高，因而除非特殊需求使用，如製作室內隱藏門，否則使用薄板的機會並不高。

施工 Q017 若自行發包施工，石材施工何時進場較妥當？

需依照施工位置來決定進場時間。

以室內裝潢而言，石材會被使用到的地方相當廣泛，如地坪、視覺主牆、衛浴間等，進場時間基本上和一般磁磚的進場時間軸相仿，概念也一樣，並無太特殊之處，只要掌握下列原則即可。

1 地坪：若地坪為石材面，進場時間是在第二順位，即室內結構完整、隔間牆完成後入場。

2 牆面：將石材用於牆面，工序則應安排於油漆粉刷前，這樣不管是隔間或地面的銜接處，或結構、裝潢表面有些許碰傷時，皆可藉由粉刷做修補。

3 浴廁或任何會使用到水的地方：石材須在防水施作完成後才進場，避免水氣回滲損傷石材甚至造成漏水。

監工驗收 Q018 板岩及文化石施工完成後，如何驗收？

驗收重點在於安裝的誤差是否在可接受範圍，以及外觀表面是否完整無缺角。

板岩及文化石因其表面及外觀特性，表面平整度與厚度本來差異就較大，有時為了視覺效果，設計師甚至會強化每一塊石材拼接間的落差感。不過總體而言，板岩及文化石的驗收方式相對於其他石材來得簡易一些。

圖片提供＿森境&王俊宏室內裝修設計

板岩硬度介於花崗岩與大理石之間，畸零角落可現場切割使用，但要注意銜接介面是否契合，才能展現一體感。

1 厚度範圍以不影響強度為主：厚度主要會影響施作後整體施作面積的強度，不同文化石及板岩，要求厚度不同。較薄的板岩厚度差異不應太大，應盡可能厚度均勻，誤差值建議在1～2公釐；文化石厚度落差可較大，這樣才有凹凸感，但誤差值也建議控制在5公釐以下。

2 色差不宜過大：板岩產品取材天然，顏色有自然變化，允許有色差。但是，根據不同應用所要達到的效果，應確定不同的色差範圍。有些設計要求色差較小，色差大就顯得花而亂；有些空間感要求色差較大，色差較小顯得單調、沒有層次。

3 平整度：確認板材與結構面貼合完整。

4 邊角要完整：施工後應注意各塊板材是否完整，邊角沒有因碰撞產生的裂痕。

大理石施工上要注意哪些地方？用於壁面時有否不同？

大理石的施工方式依鋪設的區域，採用適合的施工方式。

大理石的施工方式依鋪設的區域不同，而有所不同。如：地面必須要以乾式軟底施工；內牆基於防震的考量，以濕式施工法為要。建議在鋪設地板時，最好不要使用軟石，比較容易保養，如規劃浴室的地面時，最好不要使用，才不會很快產生變化。所謂的乾式軟底施工法是經過水平測量，再鋪上水泥、沙，厚度多為5～6公分，接著大理石表面抓平整、可做無接縫處理。鋪在壁面時，則使用濕式施工法，使用3～6分夾板打底，黏著時較牢靠，增加穩定度。

圖片提供＿金湛設計

大理石施工會因鋪設區的不同而有不同的施工方式，使用於壁面時應該採濕式施工法，增加穩定度。

你該懂的建材 KNOW HOW

大理石填縫須配合石材顏色　施工使用之黏著劑須依照大理石色澤深淺添加色粉，且深色大理石使用深色矽力康淺色大理石則使用淺色。

種類挑選 Q020 想用大理石裝潢，大理石有種類分別嗎？有不同的顏色可挑選嗎？

大致上可分為淺色系、深色系和水刀切割而成的拼花大理石。

大理石天然紋理透著大器氣質，多為空間主角，雖然硬度沒有花崗石高，但是節理柔軟易於裁切，色調斑紋美觀，格調高雅，是室內空間表現豪華高貴氣勢的理想媒材。一般來說，依其表面色澤和加工方式，大理石可分為淺色系、深色系和水刀切割而成的拼花大理石，可依照居家風格與需求做選擇，選擇適合的大理石種類。

大理石種類繁多，應依照居家空間使用習慣與風格做選擇。

■ 各式大理石比一比

種類	特色	適用空間
淺色系	主要有白色系和米黃色系大理石；白色系的大理石適合作為空間中的基底色系，但其毛細孔較大，吸水率較高，硬度較深色系大理石為軟，在養護上要多費心。	適合不常使用的區域。
深色系	深色系的大理石材較淺色大理石堅硬，且毛孔細小，吸水率相對較低，再加上深色的底色，防污效果較淺色系顯著。	適合運用在較常使用的區域。
水刀切割的拼花大理石	包含花卉、幾何圖案等，圖案富變化，各家的圖案多樣，建議可依自己的喜好選擇。	常用於玄關地坪點綴。

種類挑選 Q021 板材可以客製化嗎？該怎麼跟工廠溝通？

板材當然可以客製化，只要將需求告知工廠，多半都能達成。

進口的原石到石材廠後，石材廠一般會將其切割成適用於裝潢或建築的尺寸（每才2～3公分厚度），倘若需要購買特殊尺寸，也可直接向石材廠訂購。此外，若裝潢上需要特殊製作，如雕刻或是磨圓角、斜切角或特製造型等，則需至二次加工廠進行施作。到二次加工廠施作時，通常須提供圖面以確保溝通無誤，加工廠依圖面施工才能完全執行設計概念，完美完成成品。一般消費者若無製圖的專業，除了可委託設計師製作圖面外，也可尋求加工廠的協助。

清潔保養 Q022

薄片石材雖然環保，但是好保養嗎？會不會容易吃色有髒污？

應盡量避免沾染到有色的飲料或液體，若沾染要盡快清除。

石材為天然的有機體，表面都會有毛細孔，因而在正常使用的狀況下，一般最容易碰上的問題就是有色液體的沾染，倘若能立即處理，通常不會對表面造成太大損傷，但若久置，受災範圍就會愈來愈大，儘速處理是不二法門。以下為幾種較常碰上的狀況及處理方式：

污染類別	說明	處理方式
果汁	蘋果、檸檬、橘子等帶有酸性的水果滲入石材孔隙容易引發侵蝕，造成表面粗糙；且果汁含有色素，如果長時間不清除，會造成受污染石材表面黃化。	若石材表面已被侵蝕，可用拋光粉拋光；若果汁造成石材表面黃化，可使用中性清潔劑清洗，若仍無法清除，再使用除色劑處理。
膠水	瞬間膠、熱膠、環氧樹脂膠在石材表面硬化。	使用刮刀刮除，若還有殘餘的硬塊，則使用除蠟劑清除。
墨水	原子筆水、奇異筆水、墨水等污染會滲入石材內部，滲入時間愈久愈難清除。	沾染上時盡快擦洗清除；若顏色已滲入，就需使用除色劑。
口紅彩妝	口紅及彩妝成分含油、蠟、染料，若污染滲入到石材會很難清除。	先刮除表面過量的口紅，再使用丙酮直接擦拭污染表面，去除污染源。
牛奶、奶油及乳製品	乳製品含動物脂肪，會發臭且使石材表面黃化。	先使用中性清潔劑清洗表面，若發生黃化則用除色劑處理。

清潔保養 Q023

常聽人說使用大理石很容易遇到吐黃的問題，吐黃是什麼？有可能預防嗎？

濕氣從石材後方經由毛細孔滲漏出來而產生色變現象稱為「吐色」或「吐黃」，只要事先塗上防潮塗料，就可預防。

大理石最常遇到的病變問題為吐黃；之所以會吐黃，主要是因為石材施作時，在潮濕環境下濕氣傳遞而產生化學反應，使濕氣從石材後方經由毛細孔滲漏出來，產生色變現象，稱為「吐色」或「吐黃」。因此在發包前應先要求廠商，在石材施作前塗上防潮塗料，避免石材吐色，不過一般人比較難看出端倪，可委託設計師代勞檢查。

圖片提供＿演拓設計

可要求廠商在石材施作前塗上防潮塗料，就能預防吐黃現象。

清潔保養 Q024 我家外牆的花崗石，最近出現一塊一塊的深色斑紋，師傅說是「水斑」，為什麼會出現這種斑？我可以怎麼處理？

應該是在鋪設花崗岩過程中與水泥接觸，造成表面有部分的區域色澤變深，利用水斑處理劑、石材養護劑去斑。

花崗石常聽到的病變為「水斑」，水斑的形成乃因為花崗石成分含有石英，在施作的過程中與水泥接觸，未乾的水泥濕氣漸漸往石材表面散發，而產生鹼矽反應，造成表面有部分的區域色澤變深。而淺色的花崗石因含鐵量較高，若遇水或潮濕時，表面易有紅色的鏽斑產生。因此在鋪設花崗石時必須謹慎挑選品質良好的防護膠和防護粉，避免在施工中讓花崗岩受到污染。若已形成水斑，可使用水斑處理劑、石材養護劑，依照處理步驟去除水斑。

圖片提供＿畢卡索石材

花崗石雖有吸水率低、耐磨損等特色，但平時仍須做定期保養，以延長使用年限與美觀。

清潔保養還可以這樣做

Plus1 定期拋光研磨

經過長期的使用，花崗石的亮度會減低，定期請專人拋光研磨來恢復亮度。

Plus2 使用專用清潔劑

盡量選用專用的清潔劑，若用一般的清潔劑時，務必選用中性的清潔劑，避免強酸或強鹼，否則會腐蝕表面造成破損。

監工驗收 Q025 薄板是否很容易破裂？驗收時，需要一片一片看嗎？有耗損是否正常？應該抓在多少左右較為合理？

薄板因為強度較弱，相對規格品及厚板來得脆弱，運送過程中較容易破裂。

石材板材的規格品一般在2到3公分，低於2公分的薄板無論在加工、運送過程及施工過程中都相當容易破裂，因而每一道手續都相對需要花費較多心力照顧。向石材廠訂購薄板，收料時，若時間允許，建議一片一片檢視為宜；若向石材廠採購大板來切割為薄板，這個階段的耗損約會達20%左右，而在運送及施工過程中的耗損，則約有5%～10%左右，因此在選用此項建材時，為避免裝修時材料不足，一般都會將耗損值估入所需數量中。

價錢 Q026

大理石馬賽克跟一般馬賽克磚計價方式是否相同？

大理石馬賽克跟一般馬賽克磚，兩者計價方式大不同。

兩者的價錢計價方式不同，而且價格也差很多。一般的馬賽克磚的計價大多以「才」為單位，如金屬馬賽克、鍍鉻處理的馬賽克等，一才要價數百元，視產品為國產或進口而定。至於大理石馬賽克則是天然石材切割成迷你尺寸，再做成馬賽克拼貼，價格約為NT.600～3,000元／片。

圖片提供＿甘納空間設計

一般的馬賽克磚，價錢的差異會依產地而有所不同。

種類挑選 Q027

抿石子和洗石子外觀看起來很像，兩者的差異在哪裡？

圖片提供＿馥閣設計

抿石子所造成的特殊效果，無論是運用在現代空間或是自然休閒風格，甚至和式禪風皆十分適切。

「抿石子」是利用海棉抹去施作時塗抹的水泥，而「洗石子」則是用水沖洗。

一般人常說的洗石子，和抿石子的前期工法一樣，只是洗石子的最後階段是用高壓水柱沖洗多餘水泥，但抿石子則用海棉擦拭表面水泥，讓混拌其中的石子浮現而出。抿石子及洗石子，皆屬於可呈現天然石材質感的運用工法。洗石子的完成面摸起來表面較刺，也較容易卡塵，加上清洗時污水四散，容易污染到附近鄰居或土地，因此現今多採用海棉擦洗的抿石子，其表面摸起來較圓潤，質感也較精緻。

■ 抿石子、洗石子比一比

種類	呈現質感	適用處	不適用處
抿石子	較人工	外牆、電視牆	地面，不好清潔
洗石子	自然	外牆、浴缸外牆	地面，不好清潔

＼ 你該懂的建材 KNOW HOW ／

抿石子價錢會依照是否有打底手續而不同

抿石子施工價錢會依是否進行打底手續而有不同，施工前應先確認清楚。

不打底，僅施工、材料：約 NT. 4,500 元／坪以上

含打底連同施工、材料：約 NT.6,000 ～ 7,000 元／坪以上

種類挑選 Q028 家裡想使用抿石子做裝潢，抿石子有種類之分嗎？各自有什麼特色？

抿石子使用材質一般可分為天然石、琉璃與寶石三類，單價依序以天然石、琉璃至寶石最高。

抿石子除了石材大小，石頭種類也可另行選擇，無論是深色黑膽石，或淺色海貝石，可依空間屬性進行選擇。

抿石子所造成的特殊效果，運用在現代空間或自然休閒風格，甚至和式禪風皆十分適切，

拿捏之處在石材顆粒的大小粗細。小顆粒石頭鋪陳在牆面較為細緻簡約，大顆粒的石頭則呈現自然野趣感，而深色的石頭則會因為時間撫觸的次數而愈顯光亮，是相當有趣的壁面材質。根據使用材質一般可分為天然石、琉璃與寶石三類，單價依序以天然石、琉璃至寶石最高。

1 天然石

多為東南亞進口之碎石製作，僅有宜蘭石為台灣自產，生產時工廠會依照顏色、粒徑分類。若鋪設面積小，可購買不同色彩和大小的天然石，大面積使用建議購買調配好的材料包，以免不同批施作產生色差。

2 琉璃

為玻璃燒製的環保建材，台灣製作的廠商少，市場上也有中國進口產品，但品質較不穩定。

3 寶石

如白水晶、瑪瑙、紫水晶、珍珠貝等製作，折光性與透光性較琉璃高，多進口自東南亞，單價也最高。

你該懂的建材 KNOW HOW

使用抑菌填隙劑防霉

抿石子較常見的問題是水泥間隙發生長霉狀況，這跟當初施工時選用的材料與工法細緻的程度有關聯。在施作時應選用具有抑菌成分的填隙劑，並於施工完成後使用防護漆將水泥間隙的毛細孔洞完全密封，讓黴菌生長的條件降到最低。

監工驗收 Q029

像是花崗岩、大理石這類石材施工完成後，要怎麼驗收比較妥當？

主要注意板材施工後表面的平整度、完整度，以及是否安裝穩固。

石材的鋪設，屬於較高技術性的工程。因考慮到石材多以天然為主，除了有毛細孔的問題外，鋪設應注意是否牢固，表面是否平整，色澤是否協調，有無明顯色差、接縫是否平直、寬窄是否均勻，石材有無缺稜掉角等現象。另外，要特別留意濕式施工處是否產生空心：可用輕輕敲打產生的聲音判別，採用濕式施工須確認水泥砂漿填滿石材與結構面，因而敲打時聲音應為一致，若不一致或有空洞感，則有可能施工不完全。

石材鋪設應注意是否牢固，表面是否平整等。

施工 Q030

聽人家說抿石子施工要看天氣，這是真的嗎？什麼天氣才適合施工？

下雨天及室內外溫差大時不適合施工。

室外下雨時必然不能施工，此外七、八月施工品質會稍受影響，因內外溫差大，水泥表面乾得快、裡面卻還未乾透，因此容易產生細小裂痕。粉色或白色水泥的硬化程度更高，細紋狀況也更多。此外，抿石子鋪設同時也需掌握塑型，因此一般抿石子施工多會多個師傅同時配合，同時進行鋪設與檢查動作。

清潔保養 Q031

石材施工部分是否提供售後服務或保固？若有，時間是多久？

有提供售後服務及保固，平均保固期為一年。

一般稍具規模的石材廠，在進行連工帶料的買賣契約下，基本上都會提供售後及保固服務。以業界而言，平均提供一年保固期，然而，保固細節與責任範圍，仍建議在採購前與工廠確認並簽約，以保護自己的權益。

清潔保養
Q032

薄片石材雖然環保，但是好保養嗎？會不會容易吃色有髒污？

除定期使用撥水劑外，平日養護只需使用清水擦式髒污即可，或者可使用專用的撥水劑進行養護。

現今的環保意識抬頭，針對有限礦產資源的石材，避免在居家裝潢中大塊石材的消耗，因此而製作出薄片石材，或可稱為礦石板，不但保留了石材獨特的自然紋理，也減少取材時的浪費。而由於薄片石材仍為天然石材製成，表面會留有毛細孔，容易被灰塵阻塞，施工後可使用專用的撥水劑進行養護，避免沾染上污漬及手痕；平日除定期使用撥水劑外，平日養護只需使用清水擦式髒污即可，無須使用清潔劑。

圖片提供＿櫻王。石物

由於薄片石材厚度僅約 2mm，施工更簡單、快速、容易，可輕鬆運用於一般厚重石材不易施作的地方，如門片、櫃體、廚具流理檯等。

chapter

2

磚材

選用磚材 TIPS

① 地磚首重安全，應以止滑、耐磨為主要考量，壁磚的裝飾效果強，可將視覺、風格作為主要的採購重點。

② 抛光石英磚最常被運用在居家地面，具有石材的質感，價格又較便 宜，但施工時要特別注意，避免空心或造成澎共。

③ 可從密度和吸水率挑選，直接敲敲看磚材，吸水率過高的話，硬度不足會容易碎裂。

④ 馬賽克磁磚的材質多樣，但縫隙小、易卡污垢，如果使用在廚房或是浴室，平常要多費心保養。

居家空間中，磚材是被大量使用的建材之一，加上種類繁多，近幾年的燒製技術提升，讓磚的花色加入更多的創意，搭配運用也更為跳脫以往，例如仿木紋磚，紋理逼真到和木質地板沒兩樣，對於喜歡木紋的人來說，甚至也能用在怕水的浴室，又好比仿馬賽克磁磚，跳脫一般馬賽克縫隙小的缺點，沒有清潔上的問題，更能營造復古的視覺效果。

圖片提供＿冠軍磁磚　攝影＿沈仲達

價錢 Q033

窯燒溫度決定磁磚價錢，是這樣嗎？

窯燒溫度不一定是決定磁磚價錢關鍵，會依產品種類及製造方式而不同。

以拋光磚來說，雖然都要燒製到攝氏1250度，但依製造方式，價格會有所不同。如微粉拋光磚與多層次微粉，因製造程序不同，所創造出的紋路差異很大，價格自然也不同。

拋光石英磚燒製溫度是 1250 度，但因為製作程序的差異，價格也會不同。

你該懂的建材 KNOW HOW

窯燒溫度	指磁磚燒製時的溫度，陶質的燒成溫度大約在攝氏 600 ～ 800 度，石質的燒成溫度約為攝氏 800 ～ 900 度，瓷質的燒成溫度則在攝氏 1000 度以上。

種類挑選 Q034

吸水率是磁磚品質好壞判斷的標準嗎？

吸水率只是其中一個判斷的要件，吸水率愈低，磁磚才不會因熱脹冷縮造成表面龜裂或剝落。

磁磚品質的好壞不僅僅是看吸水率，當然吸水率愈低是愈好的，如果能達到低於3%，遠低於一般標準值，也能解決台灣潮溼氣候擔心的排水問題，然而要確實判斷磁磚需要搭配以下：

1 看磁磚表面是否有黑點、氣泡、裂紋、缺邊缺角、變形等缺陷。

2 檢查胚底商標標記，以確保由廠商出產之品質保證，合格的產品都有正確吸水率數據，建議可請廠商提供出廠測試報告。

磁磚的吸水率愈低愈好，才不會熱脹冷縮容易龜裂。

你該懂的建材 KNOW HOW

如何測試磁磚吸水率	將磁磚背面滴數滴茶葉水或清水，待數分鐘後，視水滴吸入擴散的程度，愈不會吸水，吸水率愈低品質愈佳。

施工 Q035 所有的磁磚都必須填縫嗎？填縫的工法有哪些？差異是什麼？

磁磚（石材）鋪貼相接合處，中間必須有合理的縫隙存在。

圖片提供＿馬可貝里磁磚

磁磚（石材）鋪貼相接合處，中間必須有合理的縫隙存在。

通常來說依照使用的材料及場所不同，縫隙的大小依需求而需不等的距離。縫隙需要有填充材料將縫隙填平，以避免水、灰塵及髒污掉入縫中而難以清除。市面上使用的填縫劑普遍為水泥基材，所以容易脫落、吸附污染，浴室的縫隙更因為潮濕多水，容易藏污納垢，產生發霉的現象，影響美觀及健康。

種類挑選 Q036 玻璃實心磚適合作為大面積砌牆使用嗎？

建議當作檯面或局部牆面使用，如果是大面積砌牆，切記須加強結構。

圖片提供＿慶王

玻璃實心磚的透光效果很好，可結合隔間牆作引光的功能。

打破紅磚不透光的應用，玻璃實心磚觸感冰涼，光線穿透性良好，在隔間、局部牆面或者需要有光線穿透感的地方是很好的運用材料。當然，也可以直接砌成牆面，可依照尺寸大小、樣式、顏色和不同的地點，分別設計在牆面、檯面等，其採光性較泥作牆面過之而無不及，除了美觀之外也更具價值感。只不過玻璃實心磚非承重結構，因此如果需要大面積砌牆，都需經過計算，並補強結構達到抗壓、防震的功能，建議須以專業的工程人員施工，以保持居家安全。

施工

Q037

地磚膨脹破裂究竟是磁磚不好？還是施工品質有問題呢？

兩者皆有可能，但通常比較可能是因為施工不良加上熱脹冷縮，導致產生擠壓膨脹。

地磚膨脹的原因大部分是因為施工上的關係，或者是選用的磁磚品質不良，例如選了燒製溫度較低的拋光石英磚，或是在施工過程中，沒有將地面做好整地的工作，結果地表面的灰塵導致水泥砂漿與地面的結合度降低，抓合力不足就有可能產生膨脹，另外，拋光石英磚底下水泥砂的比例，水泥過多或過少都會讓砂漿層風化起沙、過硬，如果再遇上熱脹冷縮或是地震，就有可能造成膨脹破裂。

拋光石英磚在施作時需注意水泥砂漿和地面的結合度。

清潔保養

Q038

浴室磁磚偏好白色，但是聽說發霉會很難清，有解決的辦法嗎？

來自義大利的填縫劑有抗污漬、防霉效果。

可在磁磚施作後選擇奈米填縫劑，如果已經發霉則使用磁磚清潔劑。

傳統的磁磚接縫是用水泥基材、海菜粉、水攪拌混勻進行填縫，使用久了加上潮濕環境，熱脹冷縮的情況讓水泥接縫變形、剝落，才會卡污垢發霉，建議採用奈米填縫劑或是有廠商進口義大利的填縫劑，後者具有抗污漬、防霉、抗菌等效果，硬度高且吸水率低，更能強化磁磚整體美觀與使用壽命。

清潔保養還可以這樣做

Plus1 定期拋光研磨

接縫有污垢時，利用刷子刷洗的效果會比菜瓜布來得好，如果污垢太嚴重，建議可噴上一些白醋靜置一小時，再用刷子刷乾淨。

施工 Q039 我家大樓磁磚脱落情況愈來愈嚴重，為什麼磁磚會掉下來呢？

除了水泥年久老化及施工不確實外，另一個原因是目前市售的外牆磚背面設計大都「背溝沒有倒勾狀凹槽或背溝深度太淺」。

長時間的風化、熱脹冷縮或是施工品質不佳皆可能造成磁磚脫落，尤其某些業者為求施工速度快，水泥僅上薄薄一層，每一片平均受力不足，且未填縫完善，造成黏貼不實，磁磚與牆面吸附力不足，時間久了，易造成磁磚脫落危險，嚴重危害消費者居住安全。因此建議消費者在選購磁磚時需慎選磁磚品牌，另外注意背溝的溝紋深度及形狀是否清楚，以及採用乾掛工法，搭配不鏽鋼五金配件，加工安裝固定於建築結構體上，讓結構更為紮實穩固。

施工 Q040 舊有磁磚牆面可以不拆，而直接貼覆磁磚嗎？

磁磚牆面應拆除後再貼新磁磚。

住家空間並不建議使用，免得發生磁磚掉落的狀況。

如果舊磁磚不拆除，直接用易膠泥將新磁磚貼覆，新磁磚和牆面的附著力不足，只能維持短期的效果，一般建議還是應該將磁磚拆除，而且如果是中古屋衛浴，更應將磁磚見底後重做防水再貼新磁磚。

監工驗收 Q041 我在驗收時，發現壁面的馬賽克磚間距不太一致，這樣是正常的嗎？

拼貼好的馬賽克不應該看得出是一張張貼起來的，若有這樣的情形，表示師傅在黏貼時沒有注意到每張的間距。

施作馬賽克牆面時需先整平後完全風乾，且黏著劑不可太厚，易從縫隙溢出，必須等到完全乾後才能抹縫，以免圖形變形。

施工
Q042

如果是自己發包，要如何計算磁磚的量？要估多少耗損？

圖片提供＿冠軍磁磚

磁磚損料一般抓 20～30%，菱形貼法損料會比一般方正的磁磚高。

依磁磚施工組合會不同，建議可請專業的施工團隊討論組合後估算。

如果是整間衛浴的磁磚計算，牆面必須用坪數乘以4，其他如主題牆面的磁磚拼貼，只要算出長、寬尺寸，再用選購的磁磚規格去相除，就可以算出大約的數量，但記得貼磁磚會有損料，一般菱形貼法的損料會比正面貼法較高，而像是不規則的磁磚或是需要對花的磁磚，損料也會比較高，一般建議抓約20%～30%的損料。

種類挑選
Q043

浴室地磚的防滑係數要具備多少才安全？

目前政府並無防滑係數的規範，但浴室地面可選擇浴室專用的磁磚，或是石板類的產品。

建議購買時，可請廠商提供防滑性測試資訊選擇產品，特別是選用在浴室的磁磚，避免長輩或幼兒不小心發生跌倒事件。

以國內冠軍磁磚來說，石板磚其防滑性（穿鞋）不低於0.25，防滑性（赤腳）不低於0.3；浴室地磚其防滑性（穿鞋）不低於0.2，防滑性（赤腳）不低於0.3。

圖片提供＿FUGE GROUP馥閣設計集團

浴室地面記得選用防滑係數較佳的磁磚，避免潮濕造成滑倒。

你該懂的建材 KNOW HOW

防滑係數　防滑係數指的是材質的止滑能力，有些建材的表面平整光滑，就比較容易滑倒。

施工 Q044

磁磚轉角有哪些做法？

可加工磨成45度內角，或是結合收邊條處理。

磁磚轉角處的收邊方式有二種做法，一種是透過加工方式，將磁磚磨成45度內角，就不會太過銳利傷人，產生碰撞的危險，如果是自行發包的屋主，泥作師傅進場時就必須先提出討論，並請泥作師傅先將磁磚送至加工。最簡單的方式是直接利用收邊條處理，而收邊條的材質又分有塑鋼、不鏽鋼（毛絲面、亮面、霧面）、鋁合金幾種，可視挑選的磁磚去做風格和色系上的搭配，另外要注意的是，收邊條有規格上的差異，需搭配磁磚的厚度去做選擇，銜接起來才會平整好看。

圖片提供＿演拓空間設計

轉角收邊條可搭配磁磚色調做選擇，並注意依據磁磚厚度挑選收邊條規格，完工後才會平整好看。

磁磚收邊的方式：

1 側蓋

一塊磁磚蓋住另一塊磁磚側邊，通常是透心磁磚（常見的板岩磚）的收法之一，至於是哪一邊蓋哪一邊要看現場情況而定，以順眼為主。

2 倒45度角相接

將磁磚側邊經由機器加工成45度角（需另付加工費），透心與施釉磁磚都可以這麼做，但這會有一個小缺點，因為是45度角相接所以相接的尖角會比較銳利，很容易撞到就破了。

3 鳥嘴相接

類似45度角相接，不過保留2～3mm厚度不加工到最邊邊，相接起來就像鳥嘴一樣，這是透心磁磚的收法之一，不過所選的透心磚硬度太低也會有破損的情況。

4 收邊條

用收邊條做磁磚轉角的收邊，常見的有方型、1/4圓、斜邊等造型，材質上有塑膠、金屬、鋁製等材質，一般是選可以配合磁磚顏色的收邊條。

5 專用的收邊磁磚

特製的磁磚收邊，有些高檔的磁磚本身就有自己專用的磁磚轉角收邊，整體搭配起來很好看。

施工 Q045 我家壁磚貼到最下面，出現只有「半塊磚」的狀況，看起來很醜，為什麼會這樣？

往下貼時要考量靠近地面的磚，不可大於所用磁磚尺寸。

在貼壁磚時，會依照磁磚的大小決定水平線的高度，然後由水平線為起點，往上或往下開始貼磁磚往上貼比較不用擔心受限，最後可以藉由天花板收掉，往下貼時就要考量靠近地面的磚，不可大於所用磁磚尺寸。以30×30的磁磚為例，假設依水平線往下要貼三塊磚，水平線的高度就要設定在87～88公分，也就是說水平線第一塊磚30公分，第二塊磚30公分，最後一塊磚約28公分，這樣就不會出現「半塊磚」的窘境了。

施工 Q046 地磚的硬底施工、軟底施工該如何決定？

圖片提供＿馬可貝里磁磚

軟底施工適用較小規格的磁磚，硬底施工則多用在拋光磚。

簡單來說，軟底施工適用較小規格的磁磚，硬底施工則多用在拋光磚。

軟底施工一般適用在較小規格的磁磚，施工前要將現場清理乾淨，避免有雜質出現，影響強度，造成未來磁磚拱起，硬底施工則是建議用在規格較大的磁磚上，先在地坪上以水砂泥漿打底，待完全乾燥硬化後，再用黏著劑將磁磚貼上。

■ 軟底施工 VS 硬底施工比一比

名稱	做法	訣竅	優點	缺點	適用磚類
軟底施工	在施工時，先在地坪上鋪上水砂泥漿，在水砂泥漿尚未完全乾燥前，就直接把磁磚貼上，不需使用其他黏著劑。	施工前要將現場清理乾淨，避免有雜質出現，影響強度，造成未來磁磚拱起。	施工速度快、費用較低。	台灣濕度高、水分多，要預防樓下漏水狀況。	室內外較小規格的磁磚。
硬底施工	先在地坪上以水砂泥漿打底，待完全乾燥硬化後，再用黏著劑將磁磚貼上。	善用墨線可做出變化度高的圖案。	施工環境乾燥、較乾淨。	施工速度較慢，費用高。	較大規格的拋光磚。

種類挑選 Q047 假如有地板反潮問題，應該選擇哪一種磁磚較好？

建議選擇低吸水率石板磚的產品較好，止滑係數較高。

如果房子已經蓋好，可選擇表面有小孔隙、會呼吸的建材，如此一來有助於吸收一部分的凝結水，讓表面不會聚集一層水，就可以減少地板濕滑的情形產生。

你該懂的建材 KNOW HOW

反潮　「反潮現象」，多半發生在冬天進入春天季節，南風夾帶溫暖水氣，溫度升高，水氣含量高的空氣在白天進入屋內，但到了夜晚，溫度突然下降，外冷內熱，水氣出不去往上跑，屋內自然會冒汗，稱為反潮現象，特別是像磁磚、防水油漆等具光滑面材質，特別容易形成水珠。

施工 Q048 磁磚為什麼要留縫？不同的磁磚留縫範圍有所不同嗎？

留縫是因為擔心日後冷縮熱脹導致翹起，先預留緩衝空間。

磁磚留縫是因為擔心日後冷縮熱脹導致翹起，先預留緩衝空間，有時候甚至會為此刻意將縫加大，導致縫隙過大、不夠美觀，其實更好的做法應該是加強防水和貼工，而非事後再以留縫補救。磁磚的留縫範圍沒有硬性規定，不同磚材亦有不同最適縫隙間隔，一般磁磚為2mm～3mm，拋光石英磚則為2mm，但有些特殊磚材為了符合風格和美感，則留縫範圍會更大，如復古磚的留縫就為4mm左右。

價錢 Q049 聽說花磚很貴，一般是如何計價？

依產地、品牌、尺寸、設計風格而有很大的差異，進口的花磚相對國產價格高。一般是以片計價。

花磚根據燒釉的花色、尺寸而有價位上的差異，以片計價，每片約在NT.80～300元之間，一般多做局部搭配使用，突顯地壁的變化性，但近來花磚亦有作為整面主題牆設計的方式，且一箱內的花磚圖案皆不同，透過隨機的花色拼貼，可創造獨特的視覺效果。

花磚是以片計價，根據產地、品牌價格也不一樣。

種類挑選 Q050

拋光石英磚的種類有聚晶微粉、多管等，不同種類的拋光石英磚差別在哪裡？

多管的花紋方向固定，表現較不生動，聚晶微粉則因為含玻璃，耐磨程度較差。

拋光石英磚大致分成滲透拋光、多管拋光、微粉拋光、聚晶拋光。滲透釉磚（滲花印刷）整塊是由石英胚土成型，只在表層染印上一層釉色紋路，為早期較常使用的技術。微粉拋光石英磚是利用二次布料機，分別在磁磚本身的胚土和底層胚土灑上色料。石英磚最上層未拋光前，顏色彩紋厚度達2mm，經拋光後，厚度為1.2～1.3mm。多數拋光石英磚是以透心磚製作，但因製作技術的不同而在品質上有所差異。品質較好的透心磚多半有由高科技製造技術的產地進口，如義大利。利用多管布料機可一次下料一體成型，其紋路非僅呈現表層，並且滲透至底層，即使研磨至最後1mm的厚度，仍舊保持其自然紋路。聚晶微粉拋光石英磚與多管微粉的品質並無差異，但在下料時多了石英顆料，因此呈現出較佳的紋理質感。

圖片提供＿冠軍

拋光石英磚透過不同製作方式，如滲透、多管、微粉，讓石英磚表面紋彩與自然石材紋路已經難以區別，目前以自然多管紋路處理方式最接近自然石材。

■ 拋光石英磚各式花紋比一比

產品系列	斷面效果	紋路特色
一般多管	透心	表面多種色粉，搭配紋路而成，類似石紋效果，但產品花紋方向固定， 表現較不生動。
一般微粉	透心	表面細緻微粉，類似洞石效果。
聚晶微粉		微粉層係由含有玻璃成分之微顆粒組成，故經其耐磨程度較差。
多層次微粉	二層 上層微粉 下層基礎粉	表面細微粉＋線條紋路或聚晶及粗顆粒形成然紋路，無方向性可自然拼貼。

種類挑選 Q051 設計師說不用貼壁布，現在用磁磚也可以呈現布面的質感，是真的嗎？

沒錯，不僅僅是布面質感，甚至連砂岩、木紋、金屬、皮革的質感，現在也能以磁磚來呈現。

近年來磁磚的印刷技術日趨進步，可逼真地模擬出各種材質的紋理，布紋磚仿造天然織品，運用色彩突顯織品的纖維與圖案，將軟性材質質感與硬質磁磚結合，流露溫暖的調性，展現質樸、自然的居家感。

磁磚的生產技術透過數位噴墨可以做到仿石材磚、布面質感、金屬磚及皮革磚。

施工 Q052 我家的拋光石英磚鋪不到一年就凸起碎裂，是不是施工方式有問題，我該如何解決？

拋光石英磚凸起碎裂有很多種原因，磁磚的品質不良或施工不確實或施工方式錯誤等原因都可能造成。

錯誤的施工方式可能會造成拋光石英磚不能與地面完美結合，而有凸起破裂的情況，也就是所謂的「膨共」，因此在施作前應和工班確認好正確的施工，

為了減少磁磚脫落或「澎共」發生，師傅施工法的選擇非常重要，建議在施工時，磁磚背面與黏著表面均應塗上黏著劑。再者，施工時應依使用磁磚之種類（仿古、修邊或其他）與屬性（地、壁或外牆等）決定預留磁磚的縫隙大小，以確保黏著劑凝固過程中所產生之氣體能順利排出，磁磚的間隔須預留1.5～2mm 的伸縮縫。無論使用的黏著材料是什麼，請務必在磁磚鋪貼完成後，讓黏貼完成的空間淨空1～3天的時間，之後再進行填縫的動作（最好使用彈性填縫劑或奈 米填縫劑）。

拋光石英磚須預留 1.5～2mm 的伸縮縫。

種類挑選

Q053

地壁磚可以混合搭配使用嗎？

一般的陶質壁磚無法與地壁面混合搭配使用的。

目前業界推出瓷質壁磚可以地壁混合搭配使用，減少因材質不同而有色差，此類型的產品吸水率低，強度高，不容易釉裂及發霉，可延長磁磚的壽命。

圖片提供＿冠軍磁磚

如果是陶質壁磚不能地壁混合使用。

種類搭配

Q054

花磚應該怎麼搭配才能突顯花磚特色，又不致於花成一團？

可選擇一面牆做局部裝飾，或是選用花磚腰帶搭配素色牆面，自然可突顯主題。

花磚分有單塊花磚和拼貼花磚。拼貼式花磚是用數片的磚合併成一幅完整的圖案，尺寸較大，多使用在範圍較廣的壁面，當作主牆牆面的設計。單塊花磚整組採購時每一款花磚的圖案不盡然相同，建議可搭配素色磁磚運用。

KC Design Studio

運用花磚做為餐廳地面素材，並延伸至牆面，成為空間醒目的焦點。

清潔保養

Q055

廚房的地面適合使用陶磚嗎？容易保養清潔嗎？

可使用陶磚，一般設計良好的產品其地面保養非常容易。

由於陶磚表面通常不上釉，容易卡污，不適合施作在油煙較多的廚房，建議使用上釉的陶磚，較好清理。陶磚的表面較粗糙，若作為室內地磚則使用一般的拖把清潔即可。

仿陶面的復古磚表面細緻，有特別髒污再使用中性清潔劑。

清潔保養 Q056

復古磚好清潔保養嗎？

復古磚質感有平滑和粗糙面，平日以清水清潔即可，若特別髒污，再使用中性清潔劑。

復古磚分成仿陶面和仿石面，仿陶面的表面較細緻，表面多上釉沒有毛細孔，不會吃色、卡髒污，比較好保養。仿石面或是仿板岩面的表面滴到有顏色的液體，記得馬上擦拭，而在搬動物品時，也注意勿以推移的方式，要小心輕放以免傷及表面。

施工 Q057

在鋪設馬賽克時，施工上有什麼需要注意的地方嗎？

馬賽克要用專用的黏著劑來增加吸附力。

選用專用的黏著劑。在工程最後階段再進行鋪設為佳。

施作馬賽克時，須選用專用的黏著劑來增加吸附力，要注意使用的黏著劑分量不要太多，以免從縫隙中溢出。而馬賽克的顆粒較小，所以也要等完全乾後再抹縫。此外，在施作馬賽克時，最好保留在裝潢工程的最後階段再進行，才不會因為同時進行其他工程，而破壞到馬賽克的裝飾面。

圖片提供__森境&王俊宏室內裝修設計

板岩磚吸水率低，保養清潔都非常簡單。

清潔保養 Q058 聽說板岩磚鋪起來的質感很好，平時會不會難保養呢？

目前市面上的板岩磚大部分皆以石英磚的材質製作，平時使用清水保養即可。

與天然板岩相較下，板岩磚的材質多為石英質，吸水率低，耐磨且不易熱脹冷縮，養護容易，並有止滑效果，但板岩磚的表面略微粗糙，有些紋理如果高低起伏太大也會容易卡髒污，不太建議用在必須經常清潔的廚房。平日可定期用專門的磁磚清潔劑清潔保養。

監工驗收 Q059 磁磚師傅完工後我要怎麼確認施工品質？

完工後可試敲看看，若有空心的聲音代表磚體和水泥沒有密合，建議打掉重做比較保險。

表面防護有沒有徹底，透水性如何要先了解清楚，如果是拋光石英磚，建議表面防護要徹底以免吃色，如屬於透心材質，基本上要注意到表面滲透與吃色的問題，再來是檢視磁磚與壁面的結合力，用在壁面時要特別注意結合力是否牢固，可用手敲看看或撥弄看看，若聲音不實，或有浮動現象即要馬上處理，以避免剝落情況產生。

圖片提供__雲墨空間設計

可用手試敲看看，如果出現空心的聲音就要特別小心。

攝影__沈仲達

玄關復古磚利用不同尺寸的拼法，結合花磚作裝飾，讓視覺更為豐富。

種類搭配 Q060 想把家裡裝潢成鄉村風格，該怎麼利用復古磚做搭配呢？

藉由不同的拼貼方式，復古磚就能展現跳脫傳統的視覺效果。

復古磚質樸的風格，適合大面積鋪設地坪。可捨棄直線拼貼，改以斜拼方式或是以直線搭配菱形方式排列，增添磁磚的變化性。另外也可以採用色調錯落的拼法，以不同色彩的復古磚交錯拼貼，中間還能加入相同素材但尺寸縮小的復古磚當腰帶使用，如此就能呈現更加分的鄉村風格。

種類挑選 Q061 挑選木紋磚時，有什麼需要注意的嗎？

木紋磚分有陶質、石質和瓷質三種類，瓷質的吸水率最低，硬度和耐磨度也高，很適合用在浴室或戶外空間使用。

木紋磚雖是磁磚材質，但和拋光磚與石材比起來，不但防滑功效比較好，在使用感上雖不及木頭來得溫潤，但還是比較具有溫暖度。

可依照空間特性選擇適合的材質，瓷質的木紋磚因硬度和耐磨度高，適合用在戶外空間，若鋪在浴室，則可以選擇表面紋理較深的木紋磚來增加止滑度。另外木紋磚常會仿效木地板的拼貼方法，因此若磚面不平整，鋪設後的視覺感便會相當凌亂，在選購時，可請店家當場試拼，確認平整度。

種類挑選 Q062 庭院想鋪設陶磚，應該選哪種比較適合？

庭院除了進口價格較高的陶磚外，目前市售的石板磚也是另一項好的選擇，或是選擇止滑係數高的石板磚，一樣可以引進擬真大自然天然石材美景到庭院中。

陶磚根據燒製方式可分為清水磚、火頭磚、陶土二丁掛、蓋模陶磚(壓模磚)、尺二磚，其中蓋模陶磚和尺二磚較常被運用在戶外地面，而清水磚則是用於室內以局部裝飾為主，陶土二丁掛則是沒有結構功能，可以直接黏貼在牆面做裝飾，火頭磚則運於直接砌牆。

除了陶磚之外，戶外也可選用石板磚鋪設。

種類挑選

Q063 如何以肉眼觀察磁磚品質的好壞？

磁磚的顏色，色度清晰自然者，表示瓷化度高，色度不清晰者，瓷化度較低。

磁磚背面有產地及品牌標示，也是確認磁磚品質好壞的方法之一。

磁磚品質的好壞可以藉由以下幾個方法做判斷：

1 細看磁磚外觀表面是否有釉裂、針孔、刮痕、破損、缺角等問題。

2 將磁磚平放至地面，在正常光線下距離三公尺仔細察看，是否有顏色深淺不同或無法銜接的感覺。

3 採目測方法辨識，主要檢測項目為磚體的平整度、不彎曲、不翹角。平整度會影響施工難度。

4 磁磚會隨著出窯後降溫收縮，兩片磚並排靠攏，撫摸接合處看磁磚是否變形。

5 圖案要細膩、逼真自然，沒有明顯的缺色、斷線、錯位等缺陷。

施工

Q064 我家的房間和公共空間使用不同地磚，有辦法避掉兩種磁磚銜接的界線嗎？

可以配合門位置調整地磚界線，讓界線位在門片厚度的中間處，便可隱藏接縫。

兩種材質的交接處也應該要好好修飾，才能讓整體空間看起來更加美觀。

利用不同地材劃分區域是很常見的設計手法，但卻往往忽略了兩種材質的交接處也應該要好好修飾，才能在細節處呈現完美。要解決這個問題，可以配合門位置調整地磚界線，讓界線位在門片厚度的中間處，如此一來就看不到兩種材料的接縫了。

chapter

3

木素材

選用木素材 TIPS

① 除了木種、顏色之外，木頭的紋理關係到居家風格，應列入選擇考量。

② 實木地板除了以木質作為價格高低標準外，使用的才數（寬度、厚度），也會影響價格。

③ 鋪設木地板，先評估家裡地板原始狀況，因為會依鋪設之底面狀況而有技巧之不同。

木素材最能營造出居家空間無壓、溫馨感，常用於地板、牆面甚至傢具。然而隨著環保概念提升，以及實際環境考量，人們開始尋找可取代原木的替代建材；因此漸漸被海島型木地板、超耐磨木地板取代，由於海島型木地板選擇材質多樣，應用較為廣泛，超耐磨木地板則具備好清耐磨的實用特性，因此近年廣受消費者青睞與選用。至於，著重於裝飾的牆面，仍以風化木最受歡迎，尤其梧桐木製成的風化板，價錢較便宜且鋼刷效果顯著，是想打造無壓木空間最常見的選擇。

圖片提供＿甘納空間設計、水相設計、KC Design Studio

價錢＋挑選 Q065 很想鋪木地板，但海島型木地板和實木地板，價錢好像差很多，兩種地板有什麼差別？

想營造自然無壓的空間，就要挑選質地溫厚的木材。

實木地板是以整塊原木裁切而成的地板，海島型木地板表層為實木厚片，底層再結合其他木材製造而成。

一般實木地板通常是指以整塊原木裁切而成的地板，厚度多為5分～7分，特性如同一般原木，易受潮、膨脹係數較大，因此要選用防潮性高的木種因應台灣潮濕的氣候。海島型木地板表層為實木厚片，底層再結合其他木材製造而成，底層通常以雜木、白楊木或是柳安木作為基材，使用膠合技術一體成型，具有防水功效，也因此能抗變形、不膨脹、不離縫；除了能抗變形，好一點的海島型木地板還能防白蟻、防蟲蛀。地板種類也因表層木板的選擇而有不同，大部分都為耐潮性佳的柚木和紫檀木為主。

■ 實木地板與複合式實木地板比一比

同樣都是木地板，但實木地板和複合式實木地板的價格及優缺點各有不同，若有打算鋪設木地板，可先行做一番比較再做決定。

種類	特色	優點	缺點	價格
實木地板	1 整塊原木裁切而成。 2 能調節溫度與濕度。 3 天然的樹木紋理視感與觸感佳。 4 散發原木的天然香氣。	1 沒有人工膠料或化學物質，只有天然的原木馨香，讓室內空氣更宜人。 2 具有溫潤且細緻的質感，營造空間舒適感。	1 不適合海島型氣候，易膨脹變形。 2 須砍伐原木不環保，且環保意識抬頭，原木取得不易。 3 價格高昂。 4 易受蟲蛀。	NT.6,000 ～ 30,000 元
複合式實木地板（海島型木地板）	1 實木切片做為表層，再結合基材膠合而成。 2 不易膨脹變形、穩定度高。	1 適合台灣的海島型氣候。 2 抗變形性能比實木地板好，較耐用，使用壽命長。 3 減少砍伐原木，且基材使用快速生長的樹種，環保性能佳。 4 抗蟲蛀、防白蟻。 5 表皮使用染色技術，顏色選擇多樣，更能搭配室內空間設計。	1 香氣與觸感沒有實木地板來得好。 2 若使用劣質的膠料黏合會散發有害人體的甲醛。	NT.4,500 ～ 18,000 元

※ 本書所列價格僅供參考，實際售價請以市場現況為主

你該懂的建材 KNOW HOW

什麼是「條」？ 一般木工講述厚度時，常用「條」做為計算，簡單來說「條」等於「毫釐」，相對的 100 條＝100 毫釐＝1 公釐（mm）。市面上常見的有 300 條、600 條厚度的產品，就是厚度 3mm、6mm 的意思。

施工 Q066 我家地面原本是鋪磁磚，想改鋪木地板，是否可以直接鋪在磁磚上？

可以直接將木地板鋪在舊磁磚地面上，但事前應確認地板狀況再施工。

鋪設地板時最重要的一件事情就是地板要先確認底面的情況，原來的地板如為磁磚，那麼就要確定是否有與原結構面密貼，如果底面太過鬆軟，那麼不管是平鋪或架高處理，釘子和地面會無法釘合。而且一般老屋或者中古屋最容易有磁磚不平整或施工不良的狀況，所以建議在進行木地板施工前，一定要先行確認地板磁磚鋪設有無任何問題，並依不同的地板狀況，再決定適合的施工方式。

圖片提供＿演拓設計

老屋、新成屋和原地面的材質，都會影響木地板的鋪設方式。

■ 各種屋況比一比

雖然目前木地板多採用平鋪式為主，但施工方式應視屋況新舊及地面狀況而有所不同，建議依照各自不同屋況進行不同施工。

種類	施工方式
毛胚新成屋	地面要先進行打底，鋪好底板後即可鋪設木地板。
原地面為拋光石英磚	底板採用直鋪式施工，不鎖螺絲及釘釘子，以免木地板硬脆裂開，再用矽力康膠合收邊。
原地面為磁磚	老屋的磁磚可能會有不平或施工不良的狀況，應先確認磁磚鋪設有無問題，工序為鋪設 PU 防潮布再鋪上 6 分夾板為底板，以隔絕由地面滲入的水氣，最後再鋪設木地板。
原地面為實木地板	建議不要沿用，連同底板全數拆除至見底，再重新鋪設新的木地板。

清潔保養 Q067 實木地板該怎麼保養比較恰當？可以直接拿濕的拖把清潔嗎？

實木地板千萬不要用過濕的拖把或抹布清潔。

由於木地板怕潮濕，再加上台灣潮濕的海島型氣候，所以平日清潔記得使用擰乾的濕抹布或拖把清潔，甚至只需使用除塵紙將地面上的灰塵擦乾淨即可。若使用濕式清潔方式，恐怕會縮短實木地板的壽命，讓木地板因受潮而變形，另外實木製品若過於乾燥會膨脹裂開，所以要避免陽光直曬，保持通風，雨天時要記得關窗，以免浸水泡爛。每隔1～2個月，可塗抹一次光亮的地板保護蠟，常保面板的光亮度，並降低灰塵與表面的附著力，同時也可以防止地板刮傷、受潮。

清潔保養還可以這樣做

Plus1 上蠟保養

實木板或木地板可定期塗抹保護蠟以降低灰塵與表面的附著力，而實木貼皮外層可上木器漆等保護水氣侵入。

Plus2 避免放置過重傢具

由於木地板怕刮傷，而且表面也比較不耐碰撞，所以要避免安置過重的傢具或物件，也建議盡量不要挑選有輪子的傢具。

施工 Q068 鋪木地板要先釘夾板層，再上木地板？還是直接貼著磁磚施工？

先行確認以何種方式鋪設木地板，再決定施工順序。

木地板依照施工方式的不同，也會有不同的施工順序，目前常見的施工方式為：平鋪式、直鋪式施工法。不論何種施工法，開始前都應該要注意地板的平整度，地面的凸起物要去除、凹處要填平；並預留伸縮縫，考慮濕度和膨脹係數，以防日後材料的伸縮導致變形。靠近浴室附近區域，記得也要先在木頭縫做防水處理。若欲避免日後踩踏地板時發出聲音，在施工時，多注意角材與地面結合是否確實，再者，角材間距大或者板子厚度不夠、板子之間的距離太近、底板與地板著釘不確實，都會造成踩踏有聲音。

■ 各種施工法比一比

施工法	施工方式	優點	缺點	適用條件
平鋪式	先鋪防潮布，再釘 12mm 以上的夾板，俗稱打底板。然後在木地板上地板膠或樹脂膠於企口銜接處及木地板下方。通常以橫向鋪法施作，其結構最好、最耐用又美觀，能夠展現木紋的質感。	1 耐用度高。 2 可利用底板調整地面水平誤差。	會破壞原本地面。	1 實木地板 2 海島型木地板 3 超耐磨木地板
直鋪式	活動式的直鋪不需下底板。若原舊地板的地面夠平坦則不用拆除，可直接施作或 DIY 鋪設，省去拆除費及垃圾環保費，且木地板也比較有踏實感。	施工速度快。	超耐磨密底板木地板的底為密底板，抗潮力及收縮力差，較不適合台灣氣候，必須在鋪設空間四邊預留 1 分公左右的收縮縫隙，並以專用線板收邊，較不美觀。	1 超耐磨密底板木地板 2 在拋光石英磚上加鋪木地板

施工 Q069 很怕鋪了木地板之後，安裝系統傢具會傷到木地板，但一般好像都是先鋪木地板，難道不能先安裝系統傢具嗎？

圖片提供＿演拓設計

先安裝系統櫃再鋪木地板，比較便於日後木地板的維修。

看個人需求，可選擇先鋪地板，也可以先安裝系統傢具。

早期的施作順序為木地板→油漆→系統櫃，但現今系統櫃遷移的機率低，木地板要更換或局部換修的機率反而高，這時木地板若要進行修繕時，就必須先將系統櫃拆解才能進行，因此也可將順序調整為系統櫃→油漆→木地板，不過先安裝系統櫃，在鋪設地板時需做收邊，收邊動作若是沒做好，視覺上就沒那麼好看；因此，若你是對空間美感比較要求的人，可以選擇先鋪地板，讓居家空間看起來較有整體感。

價錢＋挑選 Q070

同樣都是超耐磨地板，怎麼不同廠商報的價錢差這麼多？

超耐磨地板的價位，視其密度、抗潮係數、真實感以及無毒等級、耐磨性等幾個方面而有高低之分。

超耐磨木地板有多種樣式可挑選，且質感也不輸木地板，因此成為現今地板界的新寵。

超耐磨地板經過特殊處理，以原木碎片、碎紙、廢棄傢具、木材廢料經分解後與合成纖維膠合壓縮而成，特色是具有高耐磨性、抗衝擊性強、防蟲防潮、兼具環保性。因此超耐磨地板價格高低，需依其密度、抗潮係數、真實感以及無毒等級、耐磨性等幾個因素做考量。一般而言連工帶料約為NT.2,000～3,000元／坪，但如果是有特殊功能比如：防霉抗菌，則約為NT.2,800～3,500元／坪，至於歐洲進口的超耐磨地板通常也會高於國產或東南亞的產品，另外價格也會因為不同系列、板材以及尺寸等因素有所變動，而高達NT.4,500元／坪。

■ 各式超耐磨地板比一比

超耐磨地板除了最常見的木紋外，其實還有仿石材、仿磁磚等不同花紋，可提供各種空間風格做選擇。

種類	特色	優點	缺點	價格
原始木紋	在視覺上與木地板的紋樣幾乎沒有分別。	1 目前技術益佳，表面上也可處理出浮雕木紋，讓觸感逼真舒適。 2 比一般木地板更耐磨、抗潮性更佳。	並非像木地板具有實木表皮。	NT.6,000～15,000元／坪
石材金屬	具有各種石材圖紋，淡雅、冷冽堅硬……可提供多元的地板表情。	有不同的石材圖紋，可鋪陳出自然質感也帶出空間風格。	由於製作材質特殊，價格較高。	NT.4,000～10,000元／坪
集成材	圖紋較細密，可讓消費者依照空間風格設計選購搭配，讓視覺效果更加完美。	由三～四塊木料拼接而成，有效節省天然木料的使用。	無法百分百模擬自然木質。	NT.5,200～6,000元／坪
仿古風格	仿古地板具有手作特質，適合復古風格的空間。	1 不完全平面的表現反而更能帶來真實的踩踏感。 2 顏色多偏深色，可表現空間沉穩氛圍。	顏色較深，僅較適合用在鄉村、古典風格。	NT.5,500～8,800元／坪
特殊圖案	隨著超耐磨地板的接受度漸廣，廠商也開始推陳出新，研發新的圖樣，其中特殊圖案類是相當有趣的一組。	適合放在商業空間或混搭的家居空間中，能帶來新奇感。	特殊圖案地板的保養比起一般超耐磨地板要花費更多心思。	NT.6,000～8,000元／坪

※本書所列價格僅供參考，實際售價請以市場現況為主

施工＋挑選 Q071 我家在一樓，而且很容易反潮，這樣適合鋪木地板嗎？

不適合，木地板最好不要施作於潮濕的環境。

實木地板顧名思義就是由整塊木頭製成，以整塊原木裁切而成的地板，厚度多為5分～7分（1分＝0.3公分），木紋清晰自然，最能表現溫馨樸實自然質感。由於台灣的氣候較為潮濕，實木地板雖然質感較佳，但抗潮性差始終為其缺點，雖然可選擇檜木、紫檀木等抗潮性高的木種，但防潮性高的木種價格相對也比較高，因此建議最好還是不要施作於潮濕的環境；而且若是使用含水率較高的木質地板，與浴室門口接縫處須特別加強防水處理。另外，出入頻繁及容易沾染灰塵的玄關，也不適合鋪設實木地板。

種類挑選 Q072 很喜歡風化板的紋路，除了拿來裝飾壁面外，可以拿來當木地板嗎？

梧桐木製成的風化板，紋理清晰，且可製造表面凹凸的立體感。

風化板多為軟質木種，因此不建議用於地板。

風化板是利用滾輪狀鋼刷機器磨除紋理中較軟的部位，使紋理更明顯，同時也增強天然木材的凹凸觸感，各種木種皆可做為風化木板，但為了要特別突顯出加工效果，所以通常會選用質地較軟的木種，其中最便宜、生長快速的梧桐木是目前最常使用的木材，但因質地偏軟容易造成凹痕，因此並不適合拿來做為木地板，且經過加工後而變得凹凸的表面，容易卡灰塵，相當不便於清理。另外，風化板與其他木料相同，怕潮濕、溫差變化過大，甚至怕油煙，所以較適合貼覆於室內乾燥區域的壁面、天花、櫃體等，至於廚房、衛浴間則較不適合。

■ 風化板比一比

雖然不適用於木地板，但若喜愛木空間居家，可將風化板用於天花、壁面做為裝飾，讓居家空間展現自然、溫馨感。一般來說，常見的風化板可分成以下兩類：

種類	特色	價格
實木板	鋼刷處理後凹凸感較鮮明。常見尺寸為 1×8 公尺，厚度約 7 ～ 8 公釐，厚度可依個人需求訂做，但寬度以 2 公釐為上限，否則易裂。	以「片」來計價， 但會依不同木種價格有所差異。
貼皮夾板	在表層貼覆的鋼刷實木板，至少要有 60 ～ 70 條（0.6 ～ 0.7 公釐）的厚度才能做出風化效果，若要刷出深淺的觸感則需要 150 條（1.5 公釐）以上的厚度。尺寸多為 4×8 公尺，厚度約 4 ～ 5 公釐。	以「片」來計價， 但會依不同木種價格有所差異。

種類挑選

Q073 挑選集層木地板時，應該要怎麼挑才不會挑到品質低劣的產品？

集層材的上層為實木厚片，下層為多種木料拼接而成的底材。

要仔細觀察表面，並選擇低甲醛建材。

所謂集層材，是拼接有限的木料而成的木材再製品，多以黏膠合成拼接。以木地板為例，集層材可做為運用在木地板表層的實木厚片或底材，像是常見的海島型木地板將集層材運用在表層，而超耐磨地板的底材也是採用集層的技術概念製成。不論選擇哪一種集層木地板，都應注意以下挑選要點：

1 仔細觀察表面

不論板材或木地板，都要以肉眼檢查表面是否平整、有明顯壓痕或正面無光澤、色澤不均的現象。另外也要注意木材邊緣是否崩壞龜裂。

2 選擇低甲醛建材

由於集層材為各種木料黏接而成，最大的問題在於要特別注意黏膠成分，有不少業者為了降低成本，使用具有揮發性氣體VOC的黏著劑，用在居家環境，容易引發呼吸道疾病等。因此在選購時應注意是否含有甲醛、有機溶劑，免得買到危害健康的建材。

你該懂的建材 KNOW HOW

國內外相關綠建材認證

健康綠建材，指的是不會危害到人體健康的建材，目前針對室內建材以低甲醛、低揮發性有機化合物（VOC）逸散為評估指標。除了已通過國內綠建材標章認證的本土、進口產品，還有在出產國、生產製造地已通過審查取得相關綠建材標章認證，包括德國藍天使標章、北歐天鵝環保標章、日本 Eco-Mark 標章、加拿大 Eco-Loco 標章，以及美國的 GreenGuard、GreenSeal、Green Sure 標章等，是選購綠建材的指標。

施工 Q074 軟木地板施工方式和一般的木地板施工方式一樣嗎？有什麼需要特別注意的？

地面不平整，須先行將地坪整平，原始地坪若為木地板，則需先拆除再鋪軟木。

鋪設方式與一般木地板鋪設方式大同小異。軟木地板施工時，如遇到家中地面是瓷磚或大理石，則不需做任何前處理，不論是黏貼式或鎖扣式都可以直接鋪設；若遇到地面不平整，就需要用水泥或小面積補土整平才能鋪設；若原先使用木地板地坪，則要先拆除再鋪軟木，保護漆應該在軟木鋪設後以及空間內部都詳細清潔之後再上，才不容易有灰塵附著。依據鋪設的方式，軟木地板可分為黏貼式、鎖扣式：

1 黏貼式：施工方式類似PVC地板，必需以黏著劑於現場黏貼，可能產生不環保或脫膠起翹的副作用。

2 鎖扣式其構造設計如同三明治一般，上下都是軟木層，中間則是由高密度環保密集板的鎖扣構造所組成，方便現場組裝施工，不像傳統的木地板需要打釘上膠，所以可回收使用。

種類挑選 Q075 設計師建議兒童房可使用軟木地板，想請問什麼是軟木地板，又應該怎麼挑才好？

圖片提供＿尚展設計

軟木地板具保溫、不易變形、耐磨等優點，更是節能環保之上選天然質料，可營造優雅、高尚的現代生活感受。

軟木地板取材自橡樹樹皮製成，成分天然，挑選時注意表面是否光滑，有無鼓凸顆料，軟木顆粒是否純淨。

軟木地板取材自橡樹的樹皮，由於橡樹約在25歲成熟，橡樹樹皮即可剝採使用，且樹皮具有回復性可自然再生，因此人們就針對此項樹材研發出新型的軟木地板。軟木中的主要成分軟木纖維，是由14面多面體形狀的死細胞所組成，細胞之間的空間充滿幾乎與空氣一樣的混合氣體，所以走在軟木地板的時候，就如同走在50%空氣的氣墊上，且具保溫功能，與極佳的彈性、韌性與回復性，若不慎跌倒可減緩衝擊力，而且軟木不含澱粉及醣分，因此不會有蟲蛀損壞問題，也不會發霉、長塵蟎或滋生細菌，可提升居住環境的健康，降低老人、小孩呼吸道過敏疾病，適合有幼兒或老人的家庭。

挑選軟木地板時先看地板砂光表面是否光滑，有無鼓凸顆料，軟木顆粒是否純淨。檢驗皮面彎曲強度，方法是將地板兩對角線合攏，看其彎曲面是否出現裂痕，沒有則為優質品。另外，要看軟木地板邊長是否直、膠合強度是否OK。

施工＋挑選 Q076 我家陽台也想鋪木地板，應該選擇哪種材質的木地板，有什麼需要注意的嗎？

可選擇使用南方松或者環塑木，須預留事後維修、清潔的檢修口。

陽台、浴室等有水的區域，通常會選擇鋪設防潮的南方松或環塑木，而鋪設在較為潮濕的區域，上釘時一定要使用SUS或經過處理防鏽防氧化材質，才能防水且不生鏽。至於在進行鋪設施工時，則要視坪數切割分片，才方便日後自行放置及掀起，遇到檢修口的位置，可配合下方地板尺寸裁切，一般大約裁切成20×20公分左右大小，這樣可便於日後不用將整塊木地板掀起來，就能進行維修或清潔。

陽台若想鋪設木地板，一般多會選擇南方松或者環塑木。

種類挑選 Q077 市面上有那麼多種超耐磨地板，應該怎麼選才不會挑到劣質品？

觀察產品表面，是否平滑無壓痕，紋路是否有明顯缺陷，地板表面不應有腐朽、蟲孔、裂縫或夾皮等缺陷，並以商譽良好的廠商與品牌做選擇。

選購時不僅要注意地板是否真正具有耐磨特性，也要考慮耐刮、耐撞和耐焰等特性；產品是否取得相關檢驗認證，如國家標準檢測等；廠商是否能提供良好服務與品質等；而且須注意成分是否含甲醛、有機溶劑；是否合乎綠建材的規範，通過E1等級。其次到店家挑選時，可肉眼觀察產品材質的細緻度，例如板材接合處有無高低差、表面是否有明顯刮痕或正面無光澤、色澤不均現象，另也要注意木紋立體與清晰度是否足夠。從板材接合的縫隙大小可檢視產品的接合密度；板材邊緣是否出現毛邊龜裂，可了解木材的好壞以及穩定性。

你該懂的建材 KNOW HOW

綠建材

綠建材，也就是環保建材，目前的定義是具備生態、再生、健康、高性能四項中的其中 1 項特性，並由國家標準局檢驗合格，便會貼上綠建材的標章。不論是國內外的綠建材產品，產品的甲醛逸散等級或所使用的總揮發性有機物質化合物（TVOC）濃度、VOC 含量皆須符合綠建材標準的規範，如膠合板材應為 F3 等級以上（F2、F1）、膠合木角料為 F3 等級以上（F2、F1）、系統櫃粒片板材為 E1 等級以上（E0、SE0），講究一點應該選擇市售常見等級高一級以上（F2、E0 等）較為環保健康。

二手木來源多為廢棄老屋的建材、木箱、枕木等，材質種類眾多，保存狀況不一，選用時要花時間比較挑選。

種類挑選 Q078 回收的二手木品質好嗎？會不會容易損壞？

二手木保存狀況不一，需多花時間比較、挑選，以免買回去後，因腐壞而不堪久用。

二手木材的來源，大多是使用過的木箱、棧板、枕木、房屋建材、老屋木門窗等等。通常可到舊木料行或回收木材店選購，這些店家多位於偏遠地區，回收木料擺放較亂，一疊疊堆放，挑木料時不要怕麻煩，可請老闆將適合尺寸的板材一片片拿出來看木紋花色，要多留點時間逛，才能找到好的二手木材。由於木材的品質不一，需要仔細觀察木料的表面是否有泡過水的痕跡，避免買回去後，因腐壞而不堪久用。

種類挑選 Q079 要挑家裡地板建材，實木地板、塑膠地板以及磁磚，哪種比較好？

依照個人喜歡的風格與預算做為選擇標準。

地板，是空間裡必要元素，但是地板要怎麼挑怎麼選，老實說，建材材質往往不是唯一的考慮因素，顏色以及想要呈現的空間風格質感同樣重要，因此在詢價前，建議先衡量自己的需求。其中，實木地板觸感最佳，但在保養上較難維護，價格也比較昂貴，塑膠地板價格雖然便宜，但質感卻略差了一點，至於磁磚價格算是適當，但整體居家空間感覺會比較冰冷，三種材質各自有其優缺點，建議先想清楚要挑顏色、風格，還是要挑材質，最後再針對預算，找出適合的產品。

■ 各式地板材比一比

種類	優點	缺點
塑膠地板	耐磨好保養，施工簡易可自行安裝。	泡水後易發脹，耐磨卻不耐刮。
超耐磨木地板	耐磨、耐刮、清潔保養簡單，顏色選擇多元，施工快速方便。	怕潮濕，自行 DIY 施工須注意預留伸縮縫，否則會突起、變形。
實木地板	觸感佳且沒有人工膠料或化學物質。	價格高昂、抗潮性差，易膨脹變形。
磁磚	清潔保養容易，價格較為親民。	磁磚使用上比較冰冷，磁磚與磁磚間的縫隙較難清理。
大理石	屬天然建材，色澤及紋理最能展現出空間大器的質感。	價格高昂、不易保養，容易吃色。
拋光石英磚	具有石材質感，且不會吃色，價格比較便宜。	品質控管較差，最好連工帶料請廠商施作，比較不會有耗損等問題。

種類挑選

Q080 使用竹地板，會不會有發霉、褪色等疑慮？

由於竹材本身含有大量的醣分及澱粉質，若破損就容易受潮，且會引起霉菌進入，進而有變黑、蟲蛀等問題；但為克服這個問題，另有以仿海島型木地板做法改良的複合式竹地板，此種地板表層為竹片、中間層為夾板、底層則為抗潮吸音泡棉；表層被覆耐磨防護網狀透氣保護層，讓竹材不易發霉，而夾板具防水功能，解決了膨脹收縮問題，同時具有耐潮、耐磨、耐污、靜音的功效。竹地板日曬後容易黃變，因此建議可在安裝空間的窗戶上加裝窗簾，降低陽光直接曝曬導致加速黃變的速度。

圖片提供＿茂系亞

竹地板標榜具有養生、環保、自然等特色，加上紋理優美、色澤柔和，是受消費者歡迎的原因。

價錢

Q081 貴的海島型木地板和便宜的海島型木地板差在哪裡？

海島型木地板表層的實木木皮厚度和木種決定價格高低。

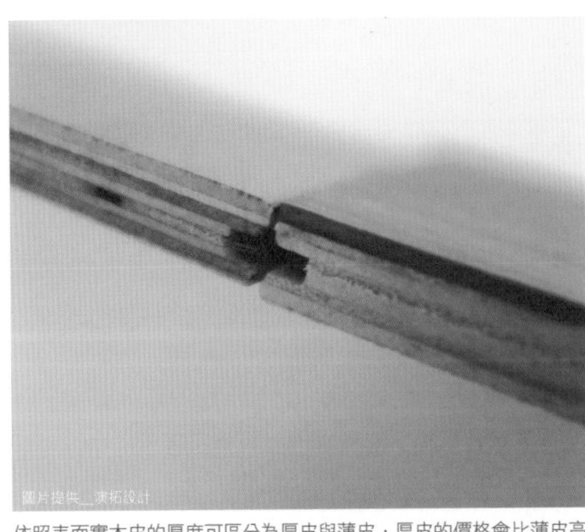
圖片提供＿演拓設計

依照表面實木皮的厚度可區分為厚皮與薄皮，厚皮的價格會比薄皮高。

海島型木地板的表面為實木，再與耐水夾板結合成型，依照表面實木的厚度又可分為厚皮與薄皮兩種，以相同木種來說，厚皮價格比薄皮昂貴，而它的抗潮性與穩定度高，適合台灣潮濕的海島型氣候，也因此被稱為「海島型（木）地板」。海島型木地板表層的實木木皮厚度和木種是決定價格高低的因素，一般常見的厚度有100條、300條等，表層實木的厚度愈厚，價格愈高，其耐用度也愈高。若有預算上的考量，可選擇上層實木低於2公釐以下的海島型複合式木地板，在價錢上會便宜許多，但呈現質感如何，則須看個人要求。

施工 Q082

鋪木地板前一定要鋪設防潮布嗎？其作用為何？

為了避免木地板受潮，延長木地板的壽命與使用年限。

通常在木地板施工前，地面要先鋪設一層防潮布，防潮布得先鋪設均勻，兩片防潮布之間要交叉擺設，交接處要有約15公分的寬度，以求能確實防潮。鋪設防潮布的原因正如字面上所示，就是為了避免木地板受潮，延長木地板的壽命與使用年限。

另外，鋪設地板時，靜音底布與防潮布可二選一，主要也是看地板平整度為何，若平整度不好的話，通常加二層會比較可靠；若是小坪數空間的話，由於防潮布在施工上容易滑動不易固定，因此會建議用靜音底布即可，必須看現場的情況來做決定。通常來說，防潮布可加可不加，只是一般人都喜歡多加一層，以求安心。

圖片提供__演拓設計

防潮布與防潮布之間，鋪設時要重疊，才不會有遺漏之處。

清潔保養 Q083

超耐磨木地板原本就很好清理了，平時還有需要特別保養嗎？

攝影__沈仲達

超耐磨地板的保養方式主要是防髒與潮濕。

平時用擰乾的濕布清潔，並保持通風或使用除濕機，即可延長地板的使用壽命。

超耐磨木地板的保養方式主要是防髒與潮濕。可在入口門外放置腳踏軟墊，防止把砂粒、泥土帶進房屋地板上。另外在重物下層也最好墊上保護物防止地板壓出凹痕。至於室內的濕度也要盡量維持不要有太大的變化，以減少地板的自然膨脹和收縮過大，平日只要用擰乾的濕布清潔，並保持通風或使用除濕機，即可延長地板的使用壽命。由於超耐磨地板表面以硬樹脂高壓成型，本身已具有抗髒污的特點，碰到髒污油墨能有效防止滲透，不需特別打蠟或用化學藥劑刷洗，若遇嚴重髒污，利用中性清潔劑或魔術泡棉即能輕鬆處理污漬。

種類挑選 Q084

很想鋪實木地板，但是應該要怎麼挑，才能找到比較適合台灣氣候的實木地板呢？

適合在台灣鋪設地板的實木，須生長時間長、材質硬的木頭，如櫸木、柚木、橡木。

其實台灣並非不適合用實木地板，因為木材能吸收與釋放水氣，可將室內溫度和濕度維持在穩定的範圍內，反而能使室內環境維持在健康舒適的狀態。只是由於氣候潮濕，因此在挑選地板材時，應就以下幾點多加注意：

1 必須考量居家的地面條件

如是平房或樓房底層，濕度大，應選用楸木、紅松、白松地板，這3種木材受潮後不易變形，高層樓房的地面可採用水曲柳、柚木、杉木、白樺等實木地板，材質以花紋美觀、少節點、質硬的為好。

2 要厚不要薄

潮濕氣候其實很適合用實木地板，因為實木地板會自己呼吸，但是國內坊間一般實木地板，細而長，寬10公分，厚度僅2公分，對木材本身而言，較無法調節周遭氣息。

3 厚實木材好保養

用約20公分寬、厚達5公分的企口實木地板，踩起來就很舒服，平常只要不過度破壞，定期上蠟，也就不太需要特別照顧。

4 選擇含油質高、抗濕性較高的木種

想要在環境濕度較高的地方鋪設木質地板，建議選擇含油質高且抗濕性較高的柚木、花梨木和紫檀木等，其次是抗潮性較普通的櫸木、橡木，避免選擇抗潮性較差的楓木、樺木和象牙木，以免地板變形。

■ 適用地板木種比一比

木種	特性	價格	木紋繁複度	價格親和度	吸濕耐潮度	耐磨耐括度	保養難易度
柚木	1 木質強韌、耐久性高。 2 防蟲害高。	隨種類、產地、加工、心邊材等條件變動。	★★★★	★★★★	★★	★★	★★★
花梨木	1 紋理呈不規則，多略帶紅色。 2 防潮度佳。	隨種類、產地、加工、心邊材等條件變動。	★★★	★★★	★★★★	★★★★	★★★★
檀木	1 油質高、防蟲耐潮。 2 木紋細緻。	隨種類、產地、加工、心邊材等條件變動。	★★★★	★★★★	★★	★★	★★★
櫸木	1 材質剛硬。 2 紋路優美，表面有油蠟感。	隨種類、產地、加工、心邊材等條件變動。	★★★★	★★★	★★★	★★★★	★★★★
橡木	1 硬度佳。 2 紋理優美，吃色容易。	隨種類、產地、加工、心邊材等條件變動。	★★	★★	★★★★	★★★★	★★★★

（以五星滿分評比，★代表 1 分）

種類挑選 Q085 不想大動土木工程，又希望更換建商給的拋光石英磚地板，若是要換木地板質感的建材，我可以有什麼選擇？

可選擇超耐磨木地板、仿木紋塑膠地磚、海島型木地板以及實木地板。

有以下幾種建材可供選擇使用，分別為：超耐磨木地板、仿木紋塑膠地磚、海島型木地板，以及實木地板。超耐磨木地板和仿木紋塑膠地磚兩種的表面材質是塑膠材質，耐磨好清理，比較適合有小孩或者養有寵物的家庭，而且和拋光石英磚比起來感覺比較不會那麼冰冷，但也少了實木地板和海島型木地板的溫潤質感。此外，施工時需要確實了解地坪及完成高度，這樣才不會發生完工後，家裡地板高度不一、門片打不開的狀況。

攝影＿沈仲達

家裡有小孩或者養寵物的人，可選擇好清潔的超耐磨或者塑膠地磚。

種類挑選 Q086 廚房可以鋪超耐磨地板嗎？

可以，但不建議在容易潮濕的區域鋪設。

耐磨地板由於密底板本身吸水性強，容易因吸收過多水分後造成膨脹變形，所以怕潮濕是其最大的缺點。而因為台灣的飲食習慣比較多煎煮炒炸的料理方式，這樣會造成廚房比較多油煙及潮濕的環境，尤其是在櫥櫃洗水槽的下方，因為有熱水管及漏水的顧慮，因此比較建議使用磁磚類地板，其他地方則可使用超耐磨地板來做區隔。但若是開放式廚房，為了和餐廳的規劃有整體感，或有些家庭本來就不太開伙，就可以選擇全鋪超耐磨地板，重點是必須注意「安全性」及「防潮性」，若無法做到的話，一般多不建議在廚房鋪設超耐磨地板。

圖片提供＿甘納空間設計

超耐磨地板質感佳且耐用度高，從客廳、臥室到商業空間均可使用，但怕潮濕是其缺點，所以最好避開運用在潮濕的區域。

施工+挑選 Q087 二手木表面如果有髒污、釘孔，有什麼方法可以改善？

利用砂紙機、電刨磨掉表面的髒污，釘孔可用白色補土補好，然後上漆。

二手回收舊木材表面通常會有髒污、粗糙、有釘孔，所以在挑選二手木材時必須多看多注意；而表面髒污及粗糙可以用砂紙機、電刨來處理，只要多花一點時間及功夫，二手木材就可以煥然一新，不過有些人就愛舊木材的粗糙感，只要將粗糙表面稍微磨一下再上漆，就可以表現較粗獷的木質感覺。另外，若二手木材上有釘孔是可以補的，一般來說使用白色補土後再用乳膠漆上色，就能讓釘孔消失，建議補釘孔時先用白色乳膠漆當底，這樣就可以把白色補土的顏色蓋掉，之後再上其他顏色。

監工驗收 Q088 木地板鋪完之後，應該怎麼做，才能確定師傅鋪得沒問題？

可從走起來是否會發出聲音，接縫大小是否一致，來做判斷。

木地板開始施工前，就應在鋪設施工的48小時前，將木地板置放在施工空間中央，不要將未拆封的地板放置在高溫高濕的環境。至於鋪設完成後則應就下列幾點做驗收，確定是否需再做修正。

1 確認是否密合：先試著走走看，如果出現聲音則需重新校正，並確認房門是否能正確開闔。

2 直鋪式地板要與原結構密合：若原本的地板為磁磚，要確定是否與原地面密貼，以及地面是否太鬆軟。

3 檢視地板接縫的大小：檢視地板有無瑕疵凹凸或邊緣有無高低差，地板接縫大小是否不一，或表面有掉漆、塗抹不勻稱，最好的地板紋路清晰自然，有平滑柔順的觸感及質感。

價錢+挑選 Q089 想讓家裡看起來比較大器，所以挑選比較寬的木地板，但老闆說寬的比較貴，這是真的嗎？

圖片提供＿大雄設計

除了木質以外，不同系列及使用的才數不同，都會讓實木地板出現價格上的差異。

是的，基本上愈寬就會愈貴。

木地板除了以木質作為價格高低標準外，使用的才數（寬度、厚度），也會影響價格高低，因此基本上愈寬就會愈貴。如果2個相同的木皮材質，相同的木皮厚度，相同的材料總厚度，但是只有寬度不同，當然愈寬愈貴。但如果是不同材質，如緬甸柚木就比巴西紫檀來得便宜許多，至於建材本身寬度的加寬或者變窄，對工資是不會有影響的，除非要求特殊做法價格才會有影響。

施工＋挑選 Q090

實木已經會怕蟲蛀及防潮問題，軟木地板該不會更嚴重吧？

軟木地板防潮性高，且吸水率幾乎是零，絕對不會滲水。

圖片提供＿尚展設計

軟木原材料在潮濕和受水的環境下是不會腐爛的，這可以從百年老窖中軟木酒桶和軟木塞的表現找到答案。

其實，軟木的使用起源於葡萄酒瓶的應用，在陰冷潮濕的酒窖中，蟲蟻非常多，葡萄酒瓶都是倒置存放的，如果蟲子和螞蟻對軟木感興趣，那麼葡萄酒早就沿著軟木塞的蟲子眼流光了。無論是潮濕的地中海地區還是在乾燥的非洲大陸，在全世界的任何地區，尚未有軟木地板被蟲蛀過的紀錄。軟木原材料在潮濕和受水的環境下是不會腐爛的，這可以從百年老窖中軟木酒桶和軟木塞的表現找到答案。帶有樹脂耐磨層面的軟木地板，工廠方面在生產工藝上採取了嚴格的防護措施，進行防潮密封處理，上下面以及四周都有防水處理，可以絕對地防潮防水，避免因氣候產生過度收縮膨脹變形的問題，無毒害且材料可回收再利用。

施工 Q091

想將拋光石英磚地板換成木地板要怎麼施工？

圖片提供＿演拓設計

可在不破壞原有地材的原則下，於原有的拋光石英磚上鋪設木地板。

在拋光石英磚地板上直接鋪木地板。

其實做法很簡單，一般而言，拋光石英磚的水平度是很好的，因此可直接在底面鋪上木地板，若想要使用不傷及拋光石英磚的施工方式，可請木地板施作的廠商使用漂浮式施工法，如此一來便不會傷及地板。另外，還要注意的是門片高度，如果門片下方的縫隙不足以讓木地板通過，平鋪式施工就請木地板廠商稍微修一下門片下方的高度；如果是架高木地板可能要計算閃過門片的開闔空間。

清潔保養 Q092 家裡木地板出現白蟻，有什麼方法可以徹底解決？

先找出蟻害發生的原因，再對症下藥。

要處理木地板長白蟻的問題，一定要先弄清楚蟻害發生的原因，找出原因後，才能對症下藥。木地板會長白蟻，不外三種原因，一是房子漏水，二是地板泡到水，三是地板的材質剛好是白蟻最喜歡的。若是房子因漏水而發生蟻害，一定要將漏水問題根治，才能真正根除蟻害。漏水問題解決後，將發生蟻害的木地板拆除，請除蟲公司進行除蟲，再重鋪地板；而且除蟲不能只除自己家，最好連左鄰右舍一起除蟲，才能收效。若是地板泡到水，解決的方式只有一種，就是全部拆除換新。但要是不幸所鋪的木地板正是白蟻的最愛，像是來自北美的楓木、橡木及山毛櫸實木地板，最好的解決方法就是全部拆除換掉。其他像是金檀木、柚木實木地板，抗濕及抗蟲性較差，也是屬於容易發生蟻害的地板，但比起前三種木地板好的是，只要徹底解決蟲害，就能防止蟲害再襲。除蟲的方式，與上述的方式一樣，先將地板拆除，除蟲後再重鋪地板，重鋪時一定要使用抗濕及抗蟲的角材作底。

施工 Q093 南方松價錢便宜，可以拿來用在室內空間嗎？

南方松會經過防腐處理，不適合用於室內空間。

經防腐處理的南方松適合用於戶外或陽台等開放空間。

其實南方松的全名應為「美國南方松仿腐材」，指的就是生長在美國馬里蘭州至德州之間廣大地區的松樹種群所產出之實木建材。因其較不怕磨損且在重壓下不容易劈裂，所以常被用於地板材、陽台、鐵路平台及貨櫃地板等。近年來，台灣正吹起一股休閒空間風格，所以在戶外的商業空間或公共場所也時常會看到此類建材。不過由於南方松多會經過防腐處理，因此適合用於空氣流通的戶外，不適宜用於室內。使用南方松時，由於台灣地處潮濕，若能善用輕鋼架架高南方松避免與地面的接觸機會，注意木材之間的拼貼縫隙便於排水，自然能延長建材的使用壽命。

你該懂的建材 KNOW HOW

如何選購合格的南方松建材？

一般消費者可能不會直接接觸或採購，大多數會交由設計師或施工單位採購。但仍可在施工當天檢視每片南方松的背面是否有美國國家標準及美國防腐商協 AWPA 的品質保證章，以保障自身的權益。

價錢 Q094

一般木作櫃如何計價？計算的範圍有哪些？

一般木作櫃都是以「尺」（約30公分）計價。

若是以最基本的衣櫃來說，使用6分的木心板，筒身的價格約落在NT.4,500～5,500元／尺之間。然而，影響木作櫃的價格因素包含板材厚度、材質和樣式複雜度等；厚度愈厚、材質愈好、樣式愈複雜，價格也隨之上升，像是波麗板材價格約NT.3,000元，若表面貼上天然實木板或是人工實木板的價錢也會不一樣，天然實木板比人工實木板的價格要高。另外，櫃子表面若要做噴漆、鋼刷等處理，由於是二次加工，要再另外加價，若櫃體超過240公分，價格也會再往上加。

■ 木作工程的工資計價與天數表

工程項目	工資	大約天數	備註
高櫃	NT.4,000 元～ 7,000 元／尺	3天	不含漆與特殊五金。（依設計難度天數會增加）
矮櫃	NT.2,000 元～ 4,800 元／尺	3天	不含漆與特殊五金，費用與施工天數，依設計難度、施工人數與材質增減。
平釘天花板	NT.1,500 元～ 6,000 元／坪	3～5天	費用與天數依材質、施工人數與坪數增減。
造型天花板	NT.3,200 元～ 7,000 元／坪	3～5天	費用與施工天數依設計難度、施工人數與材質增減。
裝飾牆	NT.800 元～ 3,000 元／尺	3～5天	不含漆，費用與施工天數依設計難度、施工人數與材質增減。
造型牆	NT.2,000 元～ 3,600 元／尺	3～5天	不含漆，費用與施工天數依設計難度、施工人數與材質增減。特殊材質費用另計。
更衣室（不含門片）	NT.3,000 元～ 6,000 元／尺	3～5天	特殊五金另計，不含漆，費用與施工天數依設計難度、施工人數與材質增減。
室內門（含門框）	NT.10,000 元起／樘	1天	不含上漆。
南方松地、壁	NT.6,500 元起／坪 NT.2,700 元起／平方米 NT.1,000 元起／才	3～5天	依南方松產地與尺寸增減，費用與施工天數依施工人數與材質尺寸、產地增減。

chapter

4

金屬

金屬選用 TIPS

① 金屬材質作為戶外建材時需考慮鏽蝕氧化問題，同時也要注意承重以策安全。

② 質地堅硬的金屬材若運用在動線上應注意安全性，避免因尖銳角刮撞到人。

③ 不鏽鋼材較不易氧化，依價格與成分有各種等級，可依環境需求做選擇。

④ 海濱或溫泉區容易因鹽分與硫磺導致金屬鏽蝕，更須小心選用。

經過時間淬煉與人類不斷地研發利用，金屬早已是我們生活中不可或缺的一環，無論食、衣、住、行、育樂都離不開它，在建築領域中更是從戶外到室內都可見其蹤影，不單被用於機能性或結構性設計，甚至在裝飾藝術上也廣受重用，經常可見其成為牆面表情或者空間聚焦點。事實上，金屬因種類不同而有不同特性，也因此可營造出時尚奢華、古拙自然或者粗獷實用等各種表情，是空間風格設計的優質建材。

圖片提供＿丞展設計有限公司、馥閣設計、水相設計

種類挑選 Q095 不鏽鋼總是給人冷冰冰的感覺，是不是不適合用在居家中呢？

巧妙選擇與不鏽鋼搭配的周邊材料，可以營造出更溫暖的畫面，另外，多變化的不鏽鋼表面處理設計也讓冰冷質感大為改觀。

無論是不鏽鋼的廚房檯面，或是不鏽鋼材的傢具，都可以輕易營造出專業與明亮的空間感受，但相對的也較為冰冷。對此，設計師建議可以盡量與紓壓質感的木質空間做搭配，藉其自然紋路與觸感來融化不鏽鋼的工業感。另外，也可以搭配使用皮革與織布類材質，一冷、一暖作互補，讓空間更有人味，不至於冷冰冰。

其實現在不鏽鋼在表面設計上也已發展出更多變化，例如蝕刻不鏽鋼板可做壓花設計，至於毛絲面的不鏽鋼則感覺更內斂而有人文設計感，使用於居家不僅不顯冰冷，反而能營造出個性美感。

圖片提供__水相設計

衛浴空間利用不鏽鋼訂製鏡面與展示收納架，線條俐落輕盈。

種類挑選 Q096 鐵的種類規格大致可以分為幾種？

鐵材早已被廣泛運用於生活中，也因此發展出更多元的樣貌與規格尺寸，是選擇性與利用性均高的建材。

鐵是自然界中產量最豐、用途也最廣的金屬材料，一般可依據煉製方式與含碳量多寡，將鐵分為生鐵、熟鐵及鋼，而鋼又可和不同金屬合成為合金，如：鉻鋼、錳鋼等。鐵材因應用歷史久遠，發展出各式各樣的種類與規格，不容易全盤掌握，有興趣者不妨從以下簡表先行了解。

鐵材名稱	規格及用途
扁鐵、扁鋼	有多種厚度與寬度可供選擇，不只在現代風格中成為造型裝飾設計元素，早期樓梯扶手也經常使用。
鐵條	如建築材料的鋼筋，而今竹節鐵條也常被作為空間裝飾及藝術鐵雕之用。
鐵板	又分為白鐵、黑鐵、鋞板（鍍鋅）、鋞花板（鍍鋅）各式種類，尺寸上有厚薄不等的各式規格，無論是作為實用的樓板踏階、屏風設計或藝術創作均可。
空心方管、扁管、圓管	方管的切面是正方形，扁管的切面是矩形，圓管顧名思義切面為圓形，有各種尺寸可供選擇，如傢具桌腳或者室內裝潢、空間結構上均可利用。
L 型等邊角鋼	角鋼可併成置物架，或將之作為層板的支撐，L 兩邊長度有等邊與不等邊的造型可供挑選。
H 型鋼	切面是 H 字型的鋼材，主要使用於空間結構中，如雨庇、樓梯或夾層等。

保養清潔
Q097

我家靠近溫泉區，設計師說改用鍍鈦材質可耐腐蝕，是真的嗎？

鈦金屬特性中，最為人稱道的就是它優良的抗腐蝕能力，因此在溫泉區確實可以利用鍍鈦設計來改善金屬易腐蝕問題。

具金屬光澤的鍍鈦材質，其本身硬度頗高，加上具有良好的抗腐蝕能力，以及能耐高溫、耐低溫、抗強酸、抗強鹼等特性，是耐候性極佳的金屬材，適合用於海島型地區。當然，針對空氣中有硫磺氣瀰漫，導致家中金屬器物特別容易腐蝕的溫泉區，若能改用鍍鈦加工的產品，確實可以使金屬形成較好的保護作用，唯因鈦金屬價位不低，在經濟上可能會造成多一些負擔。

施工
Q098

請問不鏽鋼檯面內都是實心的嗎？這樣會不會很重呢？

不鏽鋼檯面通常是以不鏽鋼板包覆木心板做成，既可避免檯面過重的問題，同時也可降低材料價格。

攝影＿王正毅

廚房工作檯面以不鏽鋼打造，呈現簡潔的俐落質感，又滿足好清理的實用功能。

廚房內一座光可鑑人的不鏽鋼檯面，給人專業可靠的簡潔形象，是許多實用族的最愛，不過，看起來堅實的檯面都是實心的嗎？答案當然不是。一般都是以不鏽鋼板包覆木心板設計，一來可降低造價，同時也大幅減輕檯面的重量，若是實心不鏽鋼板其重量與價格都是相當驚人的。

不過，要特別注意設計時盡量將不鏽鋼板以折板方式來包覆木心板，並嚴格檢查接縫的密合度，避免有任何縫隙讓水氣可以滲進木心板內，否則日後可能發生內部腐蝕，鋼板容易出現凹陷狀況。

種類搭配 Q099 很喜歡 LOFT 風格設計，其中常見到很粗獷前衛的鐵件傢具，請問通常是用哪一種鐵材做的？

將鋼樑漆成黑色，簡簡單單就能讓房子很有味道。

選擇質感粗獷的各類黑鐵鐵材或結構感較強的鋼材，較容易營造出LOFT風格的個性化氛圍。

LOFT風始於19世紀中葉的巴黎，並於20世紀的紐約SOHO區內被廣為運用，之後在SOHO區獨有的藝術氣息薰染與傳播下，使其自由、通透的格局感逐漸吸引全球各地同好者的目光，成為一種藝術時尚的代表性空間之一。

由於原始的空間多半由舊工廠或倉庫改造而成，簡約的格局讓室內不只採光良好，同時也讓樑線與建材直接裸露於空間中，因此，想營造此類風格時不妨多運用結構感較強的H型鋼，或者質感較粗獷的黑鐵鐵材等，可營造出個性化的自由氛圍，且應避免做工太過細膩的金屬材或鍛造鐵製品。

種類挑選 Q100 新家要決定樓梯扶手樣式，不喜歡鍛鐵古典花樣，請問有沒有適合現代空間的設計？

樓梯扶手樣式主要在於線條表現，婉約曲線可造就古典美感，若喜歡現代風格則建議以流線或簡約線條設計即可。

早期洋房別墅的樓梯多採用歐式古典設計，最常見就是實木扶手，或者是鍛造鐵材的古典樣式，對於不喜歡古典風格或是歐風空間者，總覺得畫面有些不搭襯。其實樓梯扶手設計主要在於線條運用，無論是鍛造鐵或其他金屬都可以適用於現代風格，建議可以選擇扁鐵或不鏽鋼材做簡潔線條的設計，或者將扁鐵烤噴白色漆來改變質感，讓樓梯的氣氛更為明快，另外，運用鋼管設計流線型扶手也相當符合現代風格。

樓梯移至電視後方成為主牆的一部分，以鐵件＋實木踏階的輕巧設計，藉由鏤空讓光線穿透，令全室光亮通透。

價錢

Q101 不鏽鋼或鐵類建材是不是愈重愈貴呢？

金屬建材多半無法在家自行加工設計，須委託業者製作，因此，價格上除考慮建材重量外，還要詢問製作費用。

就任何建材而言，假設限定用同款材料，用料愈多當然是愈貴。但是，一般金屬建材不會單以重量或尺寸來計價，因為無論是不鏽鋼或者鐵類建材，多半不是一般人可以在家輕易加工使用的，通常還是要委託業者代為製作甚至設計，因此，報價上多採用連工帶料的估價方式，也就是說除了金屬建材的部分是愈重愈貴之外，加工費用也要考量在內。但是加工費用卻不見得是愈重愈貴，常常小工程必須完全客製化，加上工法可能更繁複，因此可能業者需要花更多工時，相對的也要索取更高工資才能完成。

種類搭配

Q102 黑鐵材質在設計上適合與其他何種材質搭配呢？

黑鐵材質運用相當廣泛，可作為傢具飾品或硬體結構的裝飾，而透過不同物件的搭配可呈現出自然或都會的不同風格面貌。

黑鐵材質給人一種蘊藏大地能量的印象，因此在設計上可與原木、清水模、原石等自然材質搭配，呈現出清新又自然的空間風格。也有人將黑鐵表面刻意做舊化處理，讓設計產生漸鏽的美感，搭配抿石子設計則有懷舊南洋風的氛圍。除了呈現出不造作的自然感外，黑鐵材質也可與皮革傢具，或絲織品如窗簾、抱枕，甚至皮草等傢飾品搭配，取其強烈對比的美感，可呈現出都會的優雅氣質，暖化黑鐵本身較冷硬的感受。

圖片提供＿PartiDesign Studio

鐵件的運用廣泛，和木素材搭配不只能呈現個性，還能展現木材質的溫潤質感。

種類挑選

Q103 請問白鐵是不是就是不鏽鋼呢？不鏽鋼真的不會生鏽嗎？

不鏽鋼俗稱白鐵，依成分與等級不同被分為工業用與食品級，其防鏽效果會因等級有所不同，自然價錢也明顯有差異。

不鏽鋼（Inox）是指含有10%～30%鉻的合金鋼總稱，這種合金鋼因較一般鋼材更不易腐蝕、生鏽而得名，由於不鏽鋼顏色白亮，因此也被稱為『白鐵』。

不鏽鋼因具有極佳的耐酸、耐熱與抗蝕性，在生活中廣被運用，從鍋具餐具、醫療用品、各類器材……幾乎處處可見其身影。但是，不鏽鋼因內含成分不同其防鏽等級也不同。一般常聽到304（18-8）、316（18-10）、430（18-0）等代號，此為食品級的不鏽鋼，可作為食用器物，例如鍋具、餐具或醫療器材等。另外，代號201、202的200系列不鏽鋼則為工業用，此類不鏽鋼加入『錳』取代鉻、鎳，成本較低廉，加熱後會釋出錳，不宜用於接觸食物的器具上，可使用在不直接接觸食物的器物或設計上，但其防鏽、抗蝕效果也較差些，若是高鹽分的濱海地區最好選用較好的不鏽鋼材。

清潔保養

Q104 鐵製的物品看起來堅硬又耐久，需要費心保養嗎？

一般居家中的鐵製品硬度較高，也不容易損壞，但是，其最大天敵就是鏽蝕與氧化。

由於鐵件表面已有噴漆，屋主平時不用花太多心力整理。

無論為了提升鐵材的保護層級，或者增加設計感及美觀性，鐵製品常會加上烤漆或噴漆的塗層，因為針對鐵製物品最需要注意的就是塗層的保護。

1 避免尖銳硬物或重力碰撞：

即使有多層烤漆保護，但受到外力撞擊碰撞或是遭受尖銳硬物刮損，表面漆層還是會崩落，一旦漆層損傷就容易與空氣接觸而氧化生鏽。

2 定期刷上保護漆：

如果是刷保護漆或是噴漆的鐵製物，這些漆層有可能因光源照射或者風化等因素老化而失去保護作用，因此建議應每隔一段時間就重新上漆，以維持最佳的保護性。如果已有剝落的漆層則應先將原有漆料磨平後再刷新漆，避免表面凹凸不美觀。

清潔保養
Q105
鍍鈦的電視牆發現有點油污，可以用鋼刷清潔嗎？

鍍鈦金屬板在保養清潔上相當簡單，但為避免刮傷鍍膜層建議不要使用鋼刷，改以棉布擦拭即可。

鍍鈦金屬是近年來逐漸竄起的裝潢建材，但因價格不斐，多半使用於裝飾面，也因此其保養問題特別受到重視。

事實上，鍍鈦金屬板不容易沾附異物，所以表面如有指紋或灰塵可先用乾布擦拭清潔，再用濕布擦乾即可。如果是油垢，可先以濕布沾取中性洗潔劑擦拭，然後再沾清水拭淨清潔劑。雖然鈦金屬硬度頗高，但是為避免鍍膜層遭刮傷，還是建議使用柔軟棉布，避免用粗布或粗的菜瓜布，更不能使用鋼刷清潔。

圖片提供__森境&王俊宏室內裝修設計

平日清潔，避色用強酸、強鹼的藥劑。

清潔保養還可以這樣做

Plus1 勿沾附水泥

鍍鈦金屬最怕沾附水泥，如遇此狀況，要趁水泥未乾之際以大量清水沖洗。

種類挑選
Q106
室內設計經常使用的金屬建材有哪些？

多數金屬被用來作為結構硬體使用，但也有特殊造型與質感如沖孔鐵板或鍍鈦板、鍛造鐵等常被拿來作為風格的元素。

圖片提供__森境&王俊宏室內裝修設計

睡眠區與更衣間以一道懸空的鐵件造型櫃做區隔，半穿透視線讓兩區能彼此延伸。

金屬建材自古以來就是建築物中常用的建材，但由於金屬的質感偏冷、硬，普遍多用於硬體結構上，不過，隨著多元風格的需求，以及工業科技進步，金屬在室內設計上也已被廣泛使用了。例如不鏽鋼、黑鐵板、沖孔鐵板、鋁板、鍛造鐵、C型鋼、鍍鈦板等都是室內空間中常見的金屬材質，不只可作為結構使用，甚至成為裝飾面材，成為風格的重要元素，展現出極佳的可塑性與多樣化。

不論鐵窗或鐵門，價格會因其厚度、尺寸、工法等有所差異，估價前需問清楚。

價錢 Q107 請問鐵窗的計價方式？

鐵窗報價不只要計算材料價格，同時需將施做工法及詳細尺寸一一列出，以方便了解做法並做價格比較。

市面上鐵窗廠商很多，做法也有所不同，因此，每家廠商估價方式不一，造成消費者許多疑慮，常常同一扇窗請不同業者來估價，價差可能高達萬元以上，但不見得愈貴愈好，所以建議消費者可以請業者將材料厚度、尺寸、做法以及加工費用、安裝費用等每筆項目逐一列出，便於了解費用的差異性。

另外，市面上看到的鐵窗做法大致可分為平窗、立體鐵窗與花檯，不同的造型設計所需用料與加工費用完全不同，例如平窗只需丈量窗寬×高的單一平面尺寸，但是立體鐵窗除了窗的寬高面積外，還有上下與左右四片鐵窗組成，做法難度也會提高，造成很大價差，因此，可事先選定款式或請業者分別報價，重點是業者的報價單須詳細，不能含糊帶過。

施工 Q108 想以鐵材打造樓梯，要用多厚才足夠？

為確保樓梯踏階的安全性，並避免因鐵板過薄造成變形，鐵板厚度必須恰當不可過薄，建議1公分左右為宜。

以承重力的角度來看，鐵材確實優於木作，因此，多數樓梯選擇以鐵材作為主要建材，不只在結構上可以運用H鋼構、龍骨鋼構等設計，在樓梯踏階的部分也可用鐵板作為受力材質，之後再鎖上實木板或其他材質做覆蓋設計，當然也可直接以鐵板做踏階。市售鐵板厚度從1.2MM至3CM以上都有，但為了安全起見，也避免日後有變形之虞，踏階鐵板厚度不可過薄，保險估計以1CM左右為宜。但也不能貪厚，因為若踏階鐵板過厚也會增加整座樓梯的重量負荷。

雖然鐵板的承重力遠比木作為佳，但為了安全起見，像是樓梯等需要高度承重者仍宜選用厚板來打造。

清潔保養

Q109 鑄鋁鋼製門或實木鋼製門在清潔保養上有無需要注意的事項？

氣派的玄關門是家的第一印象，為了保持門面的光鮮亮麗，必須定期保養與清潔，讓玄關門的美麗更持久。

鑄鋁鋼製門或實木鋼製門為常見的玄關門款式，為了能延長玄關門的使用年限，平日就應勤作清潔與保養，以下簡單的基本保養提供參考。

1 平日常以乾布擦拭門上灰塵與手痕，以保持門面的乾淨清爽。
2 每隔三個月至半年請以乾布沾取傢具專用的保養乳做定期保養，此動作除了可清潔外，也可以讓門片多一層保護層。
3 若遇有乾布無法擦拭掉的污漬，請先以扭乾的濕布輕輕來回擦去，不可直接用濕布或者拿菜瓜布沾清潔劑擦拭。
4 因鋼木門表面材質為實木，質地較軟，應儘量避免尖銳物品的碰撞以免造成刮損。

價錢

Q110 鐵構樓梯為什麼比較貴呢？若改水泥樓梯會不會比較便宜？

須視現場情況及施工細節評估。

鋼構樓梯依結構設計的不同，分為龍骨樓梯（結構支撐點在中間）、兩側支架式樓梯（結構支撐點在兩側）。造價的關鍵點在於樓梯背後結構是否做美背處理；用雷射切割或電腦切割的方式來修飾螺絲、焊接點等細節，展現鋼構樓梯精緻大器的設計感，但相對地預算數字也會提高。比較省錢的做法是用木作方式木封，不讓樓梯外露，避免結構銜接處的粗糙質感外露。

而泥作樓梯須由泥作工班來施工，若是趁著房子從無到有的建蓋過程，在泥作階段時一併建蓋，花費有可能比鋼構方式來得便宜。

圖片提供＿大雄設計

鐵件樓梯造型輕巧，是挑高住宅設計的人氣設計。

施工 Q111 因為小套房空間很小，想做懸空的鐵樓梯，請問怎樣施工及鐵板厚度如何才有足夠支撐力？

無論表面材質是木板、人造石或者鐵板，懸空樓梯都是以鐵板直接植入牆壁內，藉由牆面來支撐階梯與人的重量。

凡事要求精簡的小套房設計，在樓梯的部分除了可以做懸空設計外，其實也可以做迴旋梯，或者考慮將梯下空間作收納區，讓每一吋空間都作最好的利用。

若就懸空的鐵樓梯而言，要注意工法設計，懸空樓梯的支撐力臂就像是打地基的方式，是直接種進牆壁內的，基本上是種得愈深愈穩固，而且鐵板部分至少要二分厚（約0.5公分）以上，至於寬度與階距同樣要抓好，因為一旦種入牆內就不容易修改。

價錢 Q112 想裝防盜窗，請問不鏽鋼與鍛造鐵窗的價格何者較便宜？

影響防盜窗價格除了材質之外，窗戶的尺寸、造型與材質的厚薄、工序做法都會讓價格變動，必須多方比較再做決定。

雖然防盜窗顧名思義在於提升居家安全防護，但是在規劃時還是希望能同時增加生活美感，因此，其造型與材質都是需要考慮的因素。一般而言，鍛造鐵窗因工法較繁複，所以價格也會較不鏽鋼高些，但是因為有些鍛造鐵窗業者未作熱浸鍍鋅與粉體烤漆處理，而改用刷底漆與噴漆的工法，加上不鏽鋼的厚度不同，其價格也會有差異，因此，很難斷定哪一種材質較便宜，重點還是選擇適合自己喜歡的風格、材質，而且經由貨比三家後再做決定。

chapter

5

水泥

選用 TIPS

① 驗收水泥要注意保存是否良好、包裝是否受潮，防止水泥變質影響品質。

② 施作水泥工程前，泥砂混合調合比例、材料攪拌是否均勻會影響日後水泥表面起砂問題。

③ 水泥工程施作完成後，確實作好養護動作能提升水泥強度，降低龜裂狀況。

④ 水泥能表現極簡現代風格，但價格較高，品質控制較不易，可以選擇替代建材。

水泥為目前建築的主要材料之一，能作為建築的結構材料，過去幾乎都以未經修飾的粗糙表面呈現，使混凝土大多隱藏在表面材之後，隨著清水模建築的興起，水泥的純樸質感成為表現現代風格的元素。可塑性極高的混凝土，灌漿澆置再拆模板是常見的成形方式，但成形過程仍暗藏不可控制的變數和失敗風險；混凝土透過不同的模板，表現多變的造形及表面質感，是混凝土令人玩味的特質。

圖片提供__馥閣設計、無有設計 攝影_沈仲達

種類挑選 Q113 水泥主要呈現的質感特色是什麼？想營造出較現代感的居家空間適合嗎？

屬於原始材質的水泥傳遞出純粹質樸的感覺，本身可作為結構也可直接作為完成面，是表現現代風的重要元素之一。

原本是建築材料的水泥，近年來跟隨著現代建築潮流，也從結構功能走進室內，不需再加以覆蓋裝飾面材，能直接以完成面的方式展現空間風格，表面也透過各種模板現呈現多種表面紋理；隨著施作方式不同，未加修飾的水泥除散發出自然純樸的質感，穩重恆久的材質特色外，可營造出現代風、工業風或者沉靜日式禪風等風格，容易和其他天然材質搭配，受到不少人喜愛。

圖片提供＿邑舍設紀

近年流行的工業風和 Loft 風，也常利用水泥營造空間不加修飾的風格特色。

種類挑選 Q114 混凝土材質本身具有什麼特性？使用時有什麼需注意的？

水泥具耐重、抗壓，不易變形特質，有一定重量，使用於室內需注意樓板承重力。

水泥經過水與石頭混合後為混凝土，在未凝結前具泥漿軟性特性，成形必須事先製模，在工程上需要花費許多精神，但這種有限的可塑性，能隨著模具創造多種一體成形的造型，也是混凝土有趣的地方。然而混凝土雖然耐壓，卻無法承受張力（拉力），容易因拉力而裂開，因此需要在混凝土內加入鋼筋，強化拉力以免混凝土開裂，這也就是常聽到的「鋼筋混凝土（RC）」。

圖片提供＿直學設計

混凝土雖然耐壓，卻無法承受張力，因此須在混凝土內加入鋼筋強化拉力。

■ 混凝土優缺比一比

優點	缺點
抗壓力強。	重量重約 2300 kg/m^3。
耐久高、耐火、耐磨。	容易生龜裂。
隔熱性、隔音性佳。	施工難，品質控制較不易。
造型、取材、生產、澆置容易。	模板費高，約占混凝土工程費之 25%。
成本低。	拉力強度差，約為抗壓強度之 10% 。
	硬化後修改及拆除困難。

施工 Q115 設計師建議採用 SA 工法取代真正清水模，但會不會看起來假假的，很不自然？

想要質感自然，取決於SA工法的壓花技術。

真正的清水模美麗的地方在於自然紋理與色澤，然而SA工法在施作時，為了要呈現清透與自然感，壓花技術就變得格外重要。以天然海棉壓花，塗上三種深淺不一的色砂，透過手壓方式，可模擬出宛如清水模的肌理效果。

施工 Q116 家裡地板想要鋪水泥地板，但聽到很多人說水泥地坪施工好像變因很多，到底為什麼會這樣？

因為水泥加水後，會產生一系列放熱化學反應，不易控制結果。

想要掌控水泥施工品質，必須先大致了解水泥的特性。水泥加水後產生一系列的放熱化學反應，因此水對於水泥的成形影響很大，從初凝到終凝的水泥水化過程，能決定水泥成形成敗。一般水泥的主要成分為各種矽酸鹽混合物，水泥在加入適當的水之後，產生放熱化學反應，會一直持續到硬化產生強度，這個過程稱為「水化」；泥作施工的黃金時間都在水泥「初凝」階段，約在水泥加水後3～5小時左右，這時攪拌、鋪整都不會損傷混凝土品質，「終凝」階段水泥開始產生強度，這時有任何擾動或振動，就會產生龜裂無法復原。水泥在24小時以內仍然相當脆弱，要徹底執行養護工作，才能獲得良好的水泥地坪品質。

水泥要及時並徹底做好養護工作，才能有良好的水泥品質。

施工 Q117 調配水泥粉光地坪，水泥和砂的比例如何才正確？

水泥和砂的調配比例會依不同施作階段和位置而有所調整。

影響混凝土強度因素相當多，水泥粉光如果調配比例不對，加上攪拌不均勻，就會造成日後起砂。泥作施工的每個環節都不能馬虎，水泥和砂的調配比例會因不同施作階段和位置而有所不同；以水泥粉光地坪來說，粗胚打底的水泥和砂比例為1：3，粉光層則為1：2，減少砂而增加水的比例，攪拌均勻後經由水泥師傅仔細平塗，呈現光滑平整的表面；若是地坪鋪設地磚，水泥和砂比例約為1：5。

你該懂的建材 KNOW HOW

粉光 所謂粉光是以1:2比例混合水泥與砂，水的比例較高，砂則是將小石子或雜物過篩後的細砂，混合出質地較為細緻的泥漿，也形成光滑平整的表面質感。

監工驗收 Q118 想要驗收廠商送來的水泥品質，從包裝上應該看懂什麼？

品質良好的水泥包裝紙袋上應註明廠牌、出廠時間、水泥細度等。

種類繁多的水泥依照加入助凝劑多寡，凝固速度不同，各自有不同的用處及適合使用的地方，除了要注意訂購的水泥是否符合需求，水泥是否受到良好的儲存、有沒有受潮都應該要留意。水泥大致有袋裝及散裝兩種供應方式，一般來說大型工程使用散裝較經濟；袋裝水泥每包50kg為基準，水泥單位重1500kg，因此施工面積每立方公尺約30包左右；品質良好的水泥包裝紙袋上應註明廠牌、出廠時間、水泥細度等；當水泥送達時，除了點清數量之外，要觀察外觀是否有受潮、水泥產生變質的情形。

圖片提供＿林淵源建築事務所　攝影＿陳詠笙

原本多用於公共空間的自平性水泥，現在也逐漸運用在居家空間。

種類搭配 Q119 自平性水泥有什麼特性？適合使用在居家空間嗎？

自平水泥施工快速，強度高，過去多用於辦公大樓、廠房等，現在也開始運用在居家空間，但價格較高須考量預算。

自平性水泥厚度薄但具有高強度（強度約5000psi）堅實耐磨、耐壓，加上施工簡便速度快，一般常用於坪數較大的公共場所，或者各種地磚、地板鋪設前之打底整平用，由於施工完成後表面質感自然平整光滑接近清水模，不再需要另外做表面處理，現在也開始使用在居家之中，但材料成本相對也較為昂貴。

施工 Q120 一般常看到的泥作工程是直接使用水泥嗎？

一般建築使用的是水泥混合水及砂石的「混凝土」，水泥只是混凝土裡的一種材料。

水泥是用於營建上膠結性材料的總稱，在加入充足的水分混合之後會變成一種「膠結劑」，進而硬化產生強度，水泥再加入骨材增加水泥強度，並減少水泥硬化後可能產生的變化，才成為建築使用的「混凝土」，混凝土經由灌漿澆置的動作成型，成為建築的重要結構材料。

你該懂的建材 KNOW HOW

骨材　混凝土材料中的砂及石子統稱為骨材，骨材以石英質最佳，石灰質次之。骨材在混凝土中之主要作用為增加成品體積的填充材，降低成本，並抵抗磨損、水分滲透及風化作用等。

監工驗收 Q121 家裡的裝修工程因故延後，但水泥已經送到現場，這樣在保存上會不會有什麼問題？

長期儲存容易吸收空氣中的濕氣，形成硬塊而無法使用，還是儘早使用最好。

水泥最怕受潮，通常使用3～5層之牛皮紙袋或者特殊防潮包裝用紙袋包裝，但長期儲存仍會吸收空氣中的濕氣，形成硬塊而無法使用。儲存水泥地點應能防風、防雨及防潮，因為水泥會吸收空氣中的濕氣形成硬塊，放愈久強度比重愈下降，主要工程為了安全起見不建議使用，而且水泥會吸收二氧化碳產生風化作用，降低強度，延長凝結時間，一般儲藏時間一個月左右，混凝土強度約下降5%，若是超過六個月以上，在使用前需先做各項檢驗，還是儘早使用最好。

種類挑選 Q122 什麼是自平性水泥和水泥粉光又有什麼不同？

圖片提供＿林淵源建築事務所　攝影＿陳家三

自平水泥調合容易，無需特別照顧便能自動流平整個地面，可大幅減少施工時間。

自平性水泥是一種由水泥配合多種添加劑調製而成之高流動性水泥砂漿，具有優越的流動性，能自動流平並且不會留下鏝刀痕跡。

傳統地面泥作施工流程中，需要大量的勞力來完成整平的工作，自平水泥調合容易，只要添加適量清水混合拌勻，即能形成流動性高的水泥砂漿，傾倒於打底完成之地坪上，無需特別照顧便能自動流平整個地面，可以大幅減少施工時間，適合面積較大的樓地板，能夠大幅節省整平修飾作業。

■ 自平性水泥地坪 VS 水泥粉光地坪比一比

種類	特色	優點	缺點
自平性水泥地坪	1 高流動性水泥砂漿能自動流平。 2 表面光滑無鏝痕，呈現類清水模質感。	1 以簡單整平工具就可達到表面平整之地坪。 2 加水即可使用，施工快速方便。 3 接著力強，薄層施工，不鼓起脫落。 4 硬化快速，不影響後續工程進度。 5 強度高，耐磨不起砂。	1 材料成本價格高。 2 需於完全平面上施作，不能有洩水坡度或地面造型。
水泥粉光地坪	1 表現水泥自然本色。 2 人力施作展現手工紋理質感。	1 材料成本便宜。 2 現場能立即檢視環境問題。 3 耐磨，耐壓好清理。	1 人力成本高。 2 容易龜裂、起砂。 3 師傅經驗影響成果好壞。 4 依照天氣狀況，施工時間較長。

種類挑選 Q123

家裡地板想要鋪水泥粉光，但聽說經過一段時間會有起砂的問題，是真的嗎？

以水泥粉光地坪打底，再鋪上一層 EPOXY，能克服接觸時不會有灰砂的狀況。

水泥粉光地板因環境及材料本身等因素，施工完後容易起砂，必須仰賴表面覆蓋面層材料來解決。

水泥粉光施作完成後出現粉塵也就是俗稱的「起砂」，造成的原因有很多，包括水泥與水調配比例不佳、攪拌不均勻，或者後期養護過程不當，材料本身品質等因素，使水泥表面層緊密度不夠，出現一粒粒粉塵現象，要克服接觸時不會有灰砂，建議可在水泥粉光地板上鋪一層EPOXY（環亞樹脂）或者使用撥水漆，在清理時不會受到影響，但是EPOXY在施工上亦有難度，厚度不一時容易出現深淺顏色的差異性。

施工 Q124

水泥粉光地坪久了似乎會產生龜裂的情形，有沒有什麼解決的方法？

水泥粉光最為人所知的缺點是日久會產生龜裂現象，必需從施作工法著手，或者採用特殊水泥產品解決問題。

美國及德國法規就明確規範水泥粉光面的裂紋寬度（稱為雞爪紋或髮絲紋）需在0.2mm及0.4mm以下。雖說這肇因於水泥基本特性，但若是工法施作不夠貫徹，水泥、砂及水攪拌不均，或打底層的結合面施工不佳，最後一個階段的養護時間不夠，都容易造成龜裂，因此施作工程的掌握也是減少水泥龜裂問題重點；另外也有設計師在水泥中添加七厘石或金鋼砂，作為提升硬度及質感的結構骨材，減少龜裂產生。目前美國及德國已研發添加特殊骨材的水泥相關產品，國內已有廠商引進，能大幅降低龜裂，單價就相對高昂。

已有國內廠商引進添加特殊骨材的水泥相關產品，雖能大幅降低龜裂，但單價相對高昂。

施工
Q125
一般的水泥地坪工程之後「養護」的動作是有必要的嗎？

此階段是影響水泥強度的重要關鍵，相當重要不可省略。

泥作施工中的最後一個階段養護，是影響水泥強度的重要關鍵，水泥的水化作用進行的程度愈好，水泥的強度就愈高。水泥經澆置成所需體形狀後，仍沒有固定強度，因此須經由養護讓水化作用順利進行，達到初期養護後所應該有的強度，充分適當的養護對水泥品質非常重要。水化作用的反應和濕度、溫度、時間緊密相關，主要是保持水泥表面的水分不要蒸發得太快，以降低日後嚴重水泥龜裂的情形。一般來說時間愈長水化作用愈完全，水泥強度就高，但時間上仍有一定規範，初期養護至少要3～7天以上。

你該懂的建材 KNOW HOW

養護 水泥加了適當的水之後的膠結作用是放熱化學反應，所以一般正常工序，在混凝土灌漿之後噴水蓋塑膠布保持水分供應，就像幫水泥鋪面膜，這個步驟稱做「養護」，往往要進行三天以上，水分也可以幫助水泥降溫，吸收化學反應的放熱。

施工
Q126
想要省錢自己 DIY 鋪水泥粉光地坪可以嗎？

看似簡單的水泥地坪其實有很大的學問，因此建議交由泥作師傅施作。

要擁有完美的水泥粉光地坪，不光只是水泥、砂和水的調配比例，環境的溫濕度及施工的方法都會影響呈現的美感，並且為了呈現粉光地面的平整，有相當多繁複的整修動作，一般來說泥作工程的程序可分為「打底」、「粉光」及「養護」。首先施作地坪需經過清理並澆濕RC層地面，增加與水泥漿的結合度，才開始進行粗胚打底，待粗胚完全乾燥，接下來以過篩後細水泥砂進行粉光，施工完成並進行養護後，使用電動磨石機及砂輪機修整表面，最後使用樹脂補平裂縫凹洞，並再次研磨平整才算完成，這些程序都必需要仰賴專業技術，而且一但鋪設失敗，水泥拆除非常不容易，因此建議交由泥作師傅施作。

施工
Q127
在泥作貼地磚工程時，師傅說要用「騷底」工法，這到底是什麼？

工程貼地磚的部分主要分成硬底和軟底2種工法，而軟底施工又可分為乾式、半濕式及濕式，而「騷底」就是半濕式施工法。

硬底施工是指打底完成的水泥地坪完全硬化後，以黏著劑黏合石材或地磚等面材，也俗稱二次施工；而軟底施工的濕式施工，以水泥砂漿鋪底，用鋁直尺抹平後，不再用黏著劑直接於水泥砂漿上貼面材，而半濕式是過去濕式施工的改良法，採用分區打底施工的方式，改善過去因為水泥砂乾後容易收縮下陷而導致磁磚隆起，也就是俗稱的「膨共」，這個工法常用於黏貼地板磁磚、室內花崗石、拋光石英磚等。

施工 Q128 施作清水模牆面大致上有哪些步驟？

簡單來說，步驟為：模板組立→澆置→拆模養護。

清水模的品質好壞，需藉由設計師詳細的規劃和施工單位縝密的配合。

施作清水模前整個設計和工作流程都需事先詳細規劃，從材料篩選、分割圖製作、澆置計畫製作演練、各工班協調整合及實作模料加工、組立、混凝土材料管控、混凝土澆置及搗實、拆模養護及保護，各個環節展現工程人員堅持品質的工作精神，呈現一次到位的工程工藝。

想要擁有完美對稱的清水模牆，在正式施作前，事先規劃模板表面分割板線、螺桿孔是施工前重要的準備工作，而施工進行時首先「組立模板」，為承受混凝土之後澆置的壓力，應採用清水模專用繫件加強；另一個重點是「澆置」，過程需一次完成不可分段進行，避免冷縫；最後的「拆模養護」待完全乾後拆卸模板，進行水泥養護，降低日後裂痕產生，最後再塗上一層防護劑填補混凝土本身毛孔，延長使用壽命。

施工 Q129 想要運用水泥製作傢具有什麼條件限制嗎？

水泥材質本身及工法有不同的研發和演進，因此將混凝土設計成各種傢具、檯面已不成問題，樓板承重是需要注意的地方。

自水泥從建築結構，慢慢走進室內之中，水泥的種類也因應需求發展出不同種類，目前水泥不但能表現地坪、牆面，也有許多設計師嘗試直接在現場灌漿澆製成吧檯、電視櫃或者餐桌，可以呈現一體成形的美感，但堅固的水泥重量很重，在決定施作前要考慮大樓樓板的承重度。

監工驗收 Q130 清水模牆施工過程不易，又有多項不可控制因素，監工驗收時要注意什麼地方？

灌漿時拆模後表面須養護、灌漿過程要小心搗實混凝泥土，完成面含有能被接受的氣泡孔仍屬正常現象。

施作清水模須仰賴設計和施工團隊充分溝通合作，施作過程中掌握一些關鍵步驟，能提升成品的成功率及最佳呈現度。灌漿是清水模重要的程序，過程不能中斷，因此漿灌流暢度非常重要，清水混凝土灌漿過程為手工灌漿澆置，並以手工敲打配合外模震動器震動排出多餘空氣 ，避免產生粒料分離的蜂窩現象；拆模後牆面必須進行養護，強化混凝土硬度，若完成面有小氣泡、色差等不完美的小瑕疵，只要程度不算太嚴重，都算是混凝土的自然表情，可以利用修護工法加以修護。

施工 Q131 施作清水模牆面，工班選擇有什麼要注意的地方？

清水模施工過程中有許多不可控制的變數，因此最好選擇具有豐富經驗的工班。

要完成一道完美的清水模牆面需要耗費極大的心力，往往也背負著高失敗的風險，因此考驗著施工的精準度，清水模牆面需藉由設計師規劃和施工單位縝密的配合，由於成敗只有一次，關鍵更在於清水模工法的準確掌握，因此主導工程的人必須具備足夠的經驗、概念和認識，才能有效引導整個施工程序，並統合整個團隊運作，以確保呈現的品質。

圖片提供＿__建築研究室

清水模建築以混凝土的質感做為建築表現素材，展現最極簡、不造作感。

種類挑選 Q132 現在常聽到的清水模建築就是指水泥建築嗎？

是的，清水模建築就是水泥建築，只是其施作工法與一般水泥建築有所不同。

隨著日本建築大師安藤忠雄的清水模建築受到矚目，愈來愈多人喜愛這種質樸自然的建築風格，清水模是利用較為精緻的模板灌漿澆置混凝土，拆卸模板後混凝土表面反映出模板本身質感，呈現較為細緻面的一種建築工法，完成後表面僅塗布防護劑，不再作任何粉飾或裝飾處理，展現水泥原始色澤質感，透過模板的規劃配置，施作完成的牆面不但光滑並具有一致的切割面。

保養清潔 Q133 水泥粉光地板好保養嗎？

水泥粉光容易有起砂現象，清潔上的確會有困擾。

水泥因施作或者泥砂沒有拌勻，表面會有起砂的現象，清潔上的確會有困擾，若表面經過拋光或者上EPOXY薄層保護，形成完全無接縫地板，無論清潔保養都會容易許多，而經過拋光打磨與保護漆處理的水泥粉光地板表面，可以解決水泥起砂問題，平時只需用拖把清水拖地或除塵紙清理即可。

清潔保養還可以這樣做

Plus1 使用防護劑

施作廠商一般都有自己推薦的防護劑可使用，多半只要加在清水中，定期以拖地方式養護即可。

Plus2 使用水蠟

若不想使用價格相對高昂的防護劑，也可選擇水蠟為家中水泥粉光面進行保養。

Plus3 避免深色液體沾染

完成面的水泥因其易吸水特性，使用上要盡量避免深色液體如可樂、醬油等沾染，免得染色後影響外觀。

施工 Q134 清水模牆拆模後都會有小氣泡或者不平整，難道就沒救了？

雖然清水模工法施工難以控制品質，但事後還是可以利用水泥修飾工法修補些許瑕疵。

清水模因結構完成後就不再表面處理，結構就是表面，但清水模工法施工有一定困難度，灌注過程中，難以避免表面會出現小漏漿、色差、麻面等情況，為了修補這些瑕疵，目前有清水混凝土保護與修飾工法，利用獨特的修補材，根據表面的實際情況進行配比，調製最接近現況混凝土原色，以「水泥」修復「水泥」的方法對各種瑕疵進行修補及美化，並在混凝土的內部形成防水層防止老化，讓整體呈現一致的美感。

施工 Q135 水泥質感牆面除了灌漿澆置的作法，是否還有其他運用手法？

還可以木板模代替鋼板模先在工廠預鑄，再運到現場組合；或將混凝土漿以特殊噴槍噴均勻塗於牆面後刮平，最後噴以保護劑做表面處理。

由於水泥的可塑特性，想要成型都必須事先製作模，在工程上也需要花費更多心力，但這也是混凝土令人著迷的地方。除了一般灌漿澆置的作法，許多國內外建築師嘗試不同做法運用混凝土，像是以木板模代替鋼板模先在工廠預鑄，再運到現場組合，這種做法適合較小型的工程；或者將混凝土漿以特殊槍噴均勻噴塗於牆面後刮平，最後噴以保護劑做表面處理，表現更為細緻質感的表面。

由於水泥的可塑特性，想要成型都必須事先製作模，在工程上也需要花費更多心力。

清潔保養 Q136 清水模牆面表面要做保養才用得久嗎？

是的，清水模完成後仍保有水泥原始特性，因此需定期做保養才能用得久。

清水模完成後仍保有水泥原始特性（龜裂、變色），因此之後的養護及保護動作一定要確實執行，才能延長使用壽命和質感。清水模牆面在歷經灌漿澆置、粉光等工序後，為了降低水泥的可變因素，繼續以水進行養護的動作不能省略，同時為了減少紫外線、雨水、風化等自然因素對清水模牆面的損害，可以噴灑專用保護劑（奈米光觸媒、壓克力漆等）加以防護，若表面產生難以清洗的髒污，用顆粒較小的細砂紙即可磨掉。

種類挑選 Q137

清水模牆除了常見的平滑表面還能有別的紋路嗎？

水泥種類繁多，調製成混凝土後是一種可塑性高的材質，透過不同的板模、模具設計，能玩出許多變化，表現出各種質感造型。

清水模是大家比較常聽到的一種，清水模板材質種類大致有鋼模、鋁模、硬化塑膠模、紙模、木板模等，鋼模大多用於道路、橋樑等公共工程，柔軟度較好的紙模可用於圓柱結構造型。混凝土專用夾板模有以下幾種：

1「菲林板與芬蘭板」，完成面平整接近霧面質感。

2「日本黃板」，又稱優力膠板，具有良好的防水、抗熱及抗酸效果，呈現較光亮表面。

3「木紋清水模板」，大多使用杉木或者南方松，可以利用加木料的方式，形成清晰的木材紋理，增加表面立體感。

攝影＿王正毅

天花特別利用噴砂處理後的南方松木板做為板模的板材，拆板後不做裝飾，讓木紋自然留在水泥表面。

種類搭配 Q138

哪一種居家風格表現適合採用水泥質感牆面？

圖片提供＿直學設計

水泥調性比較冷，建議搭配較溫潤的木材，平衡居家空間感受。

散發原始水泥色澤的牆面，適合運用在極簡的現代風，或者近年興起的工業風、Loft風。

水泥灰色基調給人一種未完工的感覺，早期並非一般居家空間所能接受，隨著清水模建築流行至台灣，不但成為現代風的重要元素，也隨之大量運用在工業風格中。

由混凝土構成的清水模牆面，傳遞出恆久寧靜的現代感，能表現理性冷靜的現代風格，但水泥調性比較冷。建議搭配較溫潤的木材，平衡居家空間感受。噴而散發原始水泥色澤的牆面，同樣適合運用在近年興起的工業風或者Loft風，配合紅磚牆、金屬傢具和裸露的管線，可營造粗獷無拘空間感。

價錢 Q139 家裡很想有清水模牆面但是預算有限，有沒有其他較便宜的替代方法？

利用水泥板做裝飾材時，可在表面利用木工技術壓開圓孔，有加強清水模意象之作用。

受到現代人喜歡的清水模牆面，因為施工不易，造價不斐，讓許多人望之卻步，目前已有建材廠商仿造出類清水模牆面的材質，質感也不輸給清水模的表現。隨著清水模受到愈來愈多人喜愛，坊間已有相當多元的仿清水模建材及施工方法。

1 水泥板：以水泥為主要原材料加工生產的一種建築平板，因此質感和水泥相近，質量較輕，防潮不防水，適合使用在室內。

2 水泥粉光：一般泥作師傅都能做到的水泥粉光，同樣能創造出類似清水模的效果，最後表面需作防護層處理。

3 仿清水模瓷磚：現今磁磚燒製技術不但能表現出清水模樣式，同時保有瓷磚好清理、好保養的特色。

4 特殊裝飾塗料：屬於可厚塗的塗料，透過特殊塗刷工具可呈現清水模質感。

■ 清水模灌注 VS 仿清水模感建材比一比

空間想營造清水混凝土質感，除了清水模灌注外，還有其他替代方法，一樣可以製造出清水模效果。

種類	材質	優點	缺點	價格
清水模	混凝土	擁有一體成型的美感，紋理色澤均勻相當自然。	施工期較長，考驗施工的精準度，成敗只有一次。	依施作環境、施工難易度進行估價。
水泥板	以水泥為主，還會加入其他添加物共同組成。	可作為隔間材也能當作裝飾材。	各家水泥板防水率大不同，並非所有都適合使用在衛浴，若要使用仍要多加留意。	由於各家水泥板材質、尺寸、厚度均不同，各家計價方式也不同。
水泥粉光	以水泥為主，還會加入其他添加物共同組成。	可以在表現上進行不同處理，製造不同效果。	前置水泥砂漿的調配相當重要，比例不對效果也就大不同。	多半以「坪」為計價單位，依施作情況而有所不同。
菊水清水混凝土保護與再修飾工法	以三種深淺不一的色砂為主，再搭配特殊調合劑共同製成。	施作速度快、效果也能比擬清水模灌注。	需現場手工施作，耗時較久，施作磨平階段會有粉塵。	以「平方米」計價，室內每坪方米約 NT.3,500 元，室外則會依環境、施工難易度再計價。

施工 Q140 水泥粉光雖然好看，但好像有點單調，有可能在水泥粉光牆上做變化嗎？

以水泥粉光製造出仿清水模的效果，粗獷質感和螺栓孔特色，在家就能感受清水模之美。

可在水泥粉光牆面上做變化。

牆面施作水泥粉光時，可在最後視需求在壁面上做點變化，有的會在最後再塗上一層透明漆，讓表層呈現亮光面；有的則是會挖孔洞，比擬螺栓孔意象，加強清水混凝土的視覺效果；另外，若想要呈現粗獷質感，也可以請師傅刻意留下塗抹水泥的刷痕，製造充滿個性、獨特的感受。

價錢＋施工 Q141 聽說有種用塗的仿清水模施作較容易、價便宜，到底是什麼？

是由日本菊水化工開發出的清水混凝土保護與再修飾工法，又名SA工法。

為了克服清水模昂貴的缺點，同時擁有如同清水模的表面質感，因此產生後製清水工法。日本菊水化工開發出的清水混凝土保護與再修飾工法（又名SA工法）能修護清水模牆面，也能創造仿清水模的效果。清水模牆面避免不了一些表面瑕疵，日本菊水化工SA工法是以混凝土混合其他特殊添加物製成，主要功能除了用於修補清水模的基面不平整、漏漿、蜂窩、麻面、歪斜等缺失，還能仿製出清水模質感運用在室內裝修。優點是，厚度只有0.3mm適用於任何底材，在施作前能先打樣確認色澤花紋，也可依喜好決定表面紋路（打孔、木紋、溝縫等效果），效果極為類似清水模且失敗率低，是喜好清水模質樸風格，但有預算考量時的新選擇。

以SA 工法施作的牆面，不易產生粉塵，並具有好清潔特性。

施工 Q142

近期家裡的泥作工程因為天氣不穩定導致進度落後，難到泥作施工還要看天氣臉色嗎？

水泥容易受到環境乾濕度而產生變化，過快或過慢都不行。

因為水泥容易受到環境乾濕度而產生變化，因此天氣太熱或是連續的雨天都會影響水泥硬化的速度，過快或過慢都不行。若是在天氣炎熱伴隨著較低的環境濕度的情況下進行水泥施工，會加速水泥的水分流失，使得水泥乾燥和凝結過快，導致混凝土收縮強度降低，就會發生嚴重開裂，在澆置之前將基底充分濕潤，可以防止水分過早流失，反之，以室內來說，如果澆置完成接連的雨天，只是對初凝階段有影響，但減緩了硬化時間方便養護，反而可以強化水泥硬度。

施工 Q143

很喜歡水泥粉光的感覺，但就只能使用在地板嗎？

水泥粉光是泥作工序的一部分，因此不只可以用在地板，同樣可以用於牆面。

近年來工業風興起，愈來愈多人喜歡具有「未完成」感的水泥質感，由於水泥給人較冰冷的感覺，早期剛流行時大多使用於地面，其實粉光是泥作工序之一，也是上漆牆面批土前的重要步驟，因此使用在牆面是沒問題的。水泥粉光牆面施作工序和地面大致相同，需粗胚打底再做粉光，為避免起砂同時顧及日後清潔保養，最後仍要上一層保護漆，但牆面較不用擔心磨損問題，可以上水性透明漆或者撥水劑。

圖片提供＿直學設計

粉光是泥作工序之一，也是上漆牆面批土前的重要步驟，因此使用在牆面不會有問題。

價錢 Q144

製作清水模建築設計師報價都不便宜，為什麼會那麼貴，計價標準到底是什麼？

由於清水混凝土建築拆模後表面不再修飾，所有呈現細節都受到嚴苛的考驗，為了僅有一次的成敗機會和最佳呈現，所有材料、模板、施工都須拉到高規格，造價也因此昂貴。

許多人無法理解，看起來只是水泥灌漿的清水混模建築，造價為什麼如此昂貴，原因是，一般建築結構灌漿拆模後仍會修飾，不用在意呈現的美感，反之，清水混模建築結構本身就是完成面，不斐的造價就在追求完美表面的過程，建築本身及空間細節包括門窗框、插頭位置等，都必須一次到位，每個建構環節都需由專業團隊嚴謹控管，是一門高深的建築藝術，從設計、施工、管理成本，到材料及模板等工具都比一般建築要求，造價成本因此提高，計價標準需視建築規模、設計、材料及施工團隊而定。

chapter

6

塑料

選用 TIPS

① 目前 PVC 地板仿真技術成熟，已經能呈現接近天然素材的樣貌和觸感，而且施工快速方便。

② PANDOMO 或 EPOXY 皆能表現無接縫地坪，但呈現的表面質感仍各有特色，價格也有所差異，可根據需求和預算來選擇。

③ 塑合木穩定度高，改善實木因為氣候或者環境因素異變的缺點，是一種相當環保的景觀建材。

自然環境的改變，造成天然資源逐漸匱乏，使得木材價格逐年攀升，加上生活型態轉變，現代人希望擁有更容易清潔保養、同時展現個人特色的材質，為了因應當代生活需求，逐漸研發由塑膠原料製成的替代建材；像是能呈現木材質感的PVC地板及塑合木，具有防潮、耐損、好清潔的優點，而早期使用在廠房、辦公室或者學校地坪的EPOXY和PANDOMO，因為無接縫、易清理的特性，現在也開始運用在居家之中，多彩的顏色讓現代居家空間有更豐富的風格變化。

圖片提供＿廣蒼實業、維東興業

價錢 Q145 PANDOMO 或 EPOXY 鋪薄一點可以更省錢嗎？

EPOXY和PANDOMO材質須留意鋪設厚度，過薄容易龜裂，過厚則會增加成本費用。

一般來説EPOXY鋪設厚度約2～10mm，而PANDOMO約5～7mm，鋪設愈厚材料使用就愈多，成本高價格自然貴，但太薄會影響使用品質。EPOXY和PANDOMO均是以「坪」來計價，由於各家廠商材料等級、施工繁複度，以及現場規模不同，價格略有差異，建議施作前應多詢問。目前EPOXY鋪設價格每坪約NT.4,000元～7,000元不等，PANDOMO則每坪約NT.13,000元～15,000元不等。PANDOMO還可以加入小碎石，展現出如磨石子的風貌，但施作天數較多費用也更高，每坪約NT.26,000元～27,000元左右不等。

圖片提供＿陳亞平空間設計

無縫的表面能表現水泥地板的粗獷自然，搭配米白色色調更突顯空間質感。

種類挑選 Q146 家裡有小孩，設計師建議鋪設較好清潔的 PVC 地板，擔心觸感會不會太塑膠感？

早期PVC地磚耐用度低，塑料感重，印製木紋的表面紋路也容易因久磨而褪色，因此大多用在商用空間，但隨著科技及印刷技術進步，目前的PVC地磚已經可以達到幾乎擬真的效果。

圖片提供＿維東興業

家裡有小孩或者寵物，很適合鋪設 PVC 地磚，耐用且價格也較為親民。

不少人對於PVC地板還停留在早期廉價、低質感的印象，其實，現在的PVC地板已可以滿足美感和耐用的需求，獨特的印刷工法還有壓紋處理，不僅樣式紋理豐富多元，甚至有的仿真技術能做到觸感相當逼真的「仿石紋」、「仿木紋」、「仿金屬感」、「其他幾何花紋」等，不去細看，讓人還以為是天然材質，同時具有較好的吸音降低噪音效果，如果是有小孩或者寵物的家庭，是不錯的選擇。

價錢 Q147

聽說鋪 PVC 地板可以省下不少費用，是真的嗎？

隨著原木材質的價格愈來愈高，因而衍生替代性建材，其中PVC地板隨著技術進步，觸感和質感已能接近原木，施工也快速容易，成本和工資因此相當親民。

原木一直是不少人喜愛的地板材，但由於天然資源取得逐漸不易，原木地板價格也隨之攀升，每坪價格約NT.6,000元起跳，讓許多人望之卻步，近年來PVC地板的質感大幅提升，相較於原木價格也便宜許多，依其材質、耐磨等級區分，市場售價自一坪NT.2000元起，而且施工簡單，工時短，就連施工產生的垃圾量也少，對於預算有限，又想擁有木質感地板的人來說，可以節省更多成本。

PVC 地磚的清潔相當簡單，平日只需以拖把或濕抹布擦拭乾淨即可。

■ 塑膠地板 VS 實木地板比一比

類別	材質	外觀	優點	缺點	價格
塑膠地板	塑膠原料	花色樣式多元。	仿真技術高超、施工方便、修繕便利。	仍不適合潮濕空間使用。	每坪約 NT.2,000 ～ 4,000 元不等
實木地板	天然實木	原木自然紋理與香氣。	具調節空間濕氣、溫度功能。	害怕被尖銳物品刮傷。	每坪約 NT.6,000 ～ 30,000 元

※本書所列價格僅供參考，實際售價請以市場現況為主

種類挑選 Q148

塑合木似乎較耐用，但價格卻比南方松貴，該如何取捨？

塑合木相較於天然的南方松，穩定性較高，更能適應多雨潮濕的環境，雖然價格比南方松高，但從經久耐用的角度來看，塑合木相對經濟。

南方松是最常見的戶外地板材質，需要利用防腐劑達到防腐、防蟲的能力，而且容易變形及開裂，使用的年限都不太高，而塑合木屬於塑料和木粉混合的建材，改善實木遇水容易膨脹翹曲的缺點，不需添加防腐劑也不會腐爛，質感與木材相近但又防焰，耐用年限較木材久，長遠評估是更省錢環保的材質。

木纖塑合木表面木紋與實木相同，但比實木更耐潮防污。

種類挑選 Q149

PVC 地板品牌種類繁多，大致可分為哪些種類？

一般PVC地板可分為「透心地板」與「複合材地板」兩種，「透心地板」花色較少，質感較差，而「複合材地板」則花色較多元，目前在台灣市場較為普及。

PVC地板就是以塑膠為原料製成的地板，大致可分為「透心地板」與「複合材地板」兩種，兩者組成元素都相同，由下層至上層是由底料、中料、印刷面料、透明料（耐磨層）組成，印刷面料與底料之間的中底料層穩定產品規格不易變形。塑膠地板還有分「背膠式」、「塗膠式」及「卡扣式」，業者會將「背膠塑膠地板」底料以下的背膠和離型紙納入組成元素之中，這也關係到黏合度。另外，塑膠地板製成方式分為油壓機和壓出機兩種，油壓機生產速度較慢，壓出機則可一次大量生產。

PVC 地板種類繁多，要仔細挑選才能挑出適合自己的花紋與款式。

你該懂的建材 KNOW HOW

透心 PVC 要以水蠟封住毛孔　由於透心的 PVC 地磚有著粗糙的毛面，所以在施作完後需先上一層水蠟將表面的毛細孔封住，以免日後特別容易變色或因髒污染色。

■ PVC地板比一比

種類	特色	優點	缺點	適用區域	價格帶
透心塑膠地板	均質透心表裡花色一致，有塊材及捲材兩種。	厚度分 1.6mm、2.0mm、2.4mm 及專業指定場所需求的3.0mm～5.0mm 以上，耐磨層較厚，比較耐磨。	1 花色選擇較少。 2 完工必須先上一層水蠟將表面的毛細孔封住防變色。	商業空間使用較多，如百貨公司、賣場或醫院。	NT.350～2,00 元／坪（不含施工費）
印刷複合塑膠地板	分壓出及油壓製成，壓出產品物性穩定但價格較高。	1 價格便宜。 2 花樣選擇多。 3 施工方便且快速，直接鋪上且不必再上蠟。	耐磨層較透心塑膠地板薄，但仍可使用 5 年左右。	客廳、餐廳、書房、臥房。	NT.500～4,00 元／坪（不含施工費）

※本書所列價格僅供參考，實際售價請以市場現況為主

種類挑選 Q150 PVC 地板材質有什麼特性，選擇上要注意什麼？

PVC地板是以塑膠為原料，因此具有輕薄，不易碎化的特性，品質好的PVC地板可彎曲不易斷裂。

由塑膠製成的PVC地板，耐磨、輕薄、易更換，其中不易碎化的特性也是用來判別底材材料是否有一定品質， 品質較佳的塑膠地板，用手拗折360度不會斷裂。塑膠地板可回收再使用，只要經過技術重新製作，即可再製成塑膠地板的底料，也算是符合環保概念的一種。坊間也有強調PVC地板100%採用純原料製成，但如果選用回收塑料再製的地板，要留意塑化劑的含量是不是經過無毒認證。

圖片提供__隱巷設計

具有木紋觸感的進口 PVC 地磚，無論在觸覺或視覺上都相當擬真。

種類挑選 Q151 PVC 地板花紋及種類非常多，挑選有沒有什麼訣竅？

圖片提供__維東興業

可請廠商鋪一坪左右面積，確認所選的紋路花色鋪成面的實際感覺。

PVC地板製作技術日趨成熟，有多種圖案和紋路，品牌也相當多，因此在選擇時最好多看幾家不同品牌的產品樣本，在紋路花色的自然度及質感上都可以有所比較。

挑選PVC地板時最好多比較不同品牌的產品，才可以在品質及價格上有所拿捏，但挑選紋路花色時建議除了看樣本之外，最好請廠商鋪一坪左右面積，確認所選的紋路花色鋪成面的實際感覺，避免選到重複性高，花色呆板的地板樣式。而顏色樸實厚重、紋路明顯、觸感溫潤的PVC地板是近年流行的樣式，有凹凸壓紋的地板能讓日後傷痕較不明顯，但壓紋太深也較容易卡髒污，另外要提醒，PVC地板拼接難免會有縫隙，深色較淺色看起來不明顯。

種類挑選 Q152 同樣是無接縫地坪 PANDOMO 和 EPOXY 有什麼差別？

PANDOMO和EPOXY雖然都是無接縫地坪，其實呈現效果和特性有各自的差異和特色，價格上也有落差。

從成分來看，PANDOMO是以水泥為基底的高分子聚合物，可以呈現多種單一顏色，或者加入石子呈現抿石子般的地板樣式，表面擁有自然氣孔及紋理，略帶霧面光澤，質地較自然，本身也不像水泥般無彈性，不會因熱脹冷縮後容易有龜裂的問題，還具有防火特性，原本常見於商業空間，近年也隨著現代風格進入居家，由於國內僅有少數廠商引進，價格較為昂貴；而EPOXY則為環氧樹脂，本身材質踩起來有些許彈性，最初大量用於工業廠房、地下停車場，僅能表現單色色彩，好保養、耐用，表面呈現亮面塑膠感光澤，價格較PANDOMO便宜，兩種材質共同缺點就是不耐刮，重物拖拉會造成痕跡。

■ PANDOMO VS EPOXY比一比

種類	特色	優點	缺點	施作天數	價格
PANDOMO	以水泥為基礎加塑料的高分子聚合物。	1 材質色彩自然，也可加入小石頭呈現如抿石子地板。 2 能配合室內風板調配顏色。 3 不需事先整地就能附著在表面。 4 無接縫不易卡髒污。	1 表面有孔隙容易吃色，若有髒污較難處理。 2 不耐刮，移動重物要小心。 3 施工程序較繁複。 4 材料成本價格較高。	約7～8天	約 NT.13,000 ~ 15,000 元／坪
EPOXY	無溶劑高級環氧樹脂。	1 可調配多種顏色。 2 較容易清潔保養。 3 價格較便宜。 4 施作天數較短。	1 僅能呈現單一色彩，表面塑料感。 2 無毛孔較容易濕滑。 3 若底層沒做好防潮，容易膨脹破裂，表層不耐刮。	約2～3天	約 NT.2,000 元／坪

※本書所列價格僅供參考，實際售價請以市場現況為主

施工 Q153 EPOXY 施工方法中「薄塗法」和「流展法」有什麼不同？

一般EPOXY施工方法大致分為「薄塗法」和「流展法」，這兩種方法的鋪設厚度不同，適合使用的地點也不一樣。

薄塗法是指在水泥素地上以滾塗的方式施作，先上一層底漆，兩層面漆，達到防塵不起砂以及美觀的效果，厚度約在0.3～0.5mm左右。流展法是在水泥素地上以鏝塗的方式施工，完成面平滑無接縫，施工厚度約在2～3mm之間，居家空間或使用頻率較高的地方適合流展法。流展砂漿法是流展法的延伸，將樹脂加入骨材，使結構更加堅固，厚度約3～10mm適用於需重壓的場所。

塑合木雖然價格高於南方松，但耐用度和持久度更高，長遠來看是個更省錢的建材。

種類挑選 Q154 塑合木的種類有哪些？

一般可分為木纖塑合木與玻纖塑合木，若是在製程之中植入鋼管或鋁合金金屬材質，則可製成「木纖塑鋼木」和「玻纖塑鋼木」，可作為結構或支撐樑柱之用。

木纖塑合木由55%無毒塑料聚乙烯PE及聚丙烯PP，加入45%木纖維為填充物擠出成形，表面質感與實木相似，能取代實木所使用的範圍。玻纖塑合木則是70%聚乙烯及聚丙烯，再與30%玻璃纖維混合擠出成形，吸水率比木纖塑合木更低，耐腐年限可長達50年以上，適用於山區、海邊等高濕度區域。

種類挑選 Q155 選擇塑膠地板時要注意些什麼？材質、厚度還是耐磨係數？

PVC地板最主要是依使用空間來選擇不同耐磨程度的地板，影響耐用性則是取決於耐磨層的厚度，耐磨層厚度從20條、50條、70條到100條都有。

選擇塑膠地板時首重考量鋪設的場地，依不同的場地選用適當的地板，依耐磨層厚度作區分，一般坊間的PVC地板耐磨層厚度大致分為20條（0.2mm）、50條到100條，由此可知「條」數愈大愈耐磨，價格也愈高。一般居家人潮流量較少，耐磨層用0.2mm就足夠，而商用空間建議0.3mm以上，耐磨層0.5mm以上則適用於輕工業。一般3mm厚PVC地板正常使用下可用3～10年，選購的時候可以請業者出示耐磨層證明書，確保採購的耐磨系數符合需求。

獨特的製作技術，模仿各式各樣的木頭紋路，甚至做出立體刻痕使得 PVC 塑膠地皮可以產生不同效果。

施工
Q156
PVC地板施工時應該要注意什麼？

鋪設PVC地板首先最重要的是整地，因此無論是水泥地坪或者是磁磚地坪，都需要仔細整平，如果地面不夠平整，容易造成日後邊角曲翹；施工前也要先確定鋪設方式，減少材料浪費。

整地是鋪設地板最重要的步驟，這個準備工作決定PVC地板呈現的美感。水泥地須等完全乾後才能施工，如果是磁磚地板，可以用批土將地板接縫處補土抹平，或者直接鋪防潮墊達到防潮及平坦地的作用。鋪設前要先確定鋪設方式，像是交丁拼法、人字拼法等；鋪設時先找出施工空間的中心十字線，第一片對準中心點沿基準線逐一鋪設，塗布上膠應力求均勻，並在每片地磚四周輕壓，讓每片地板與地面完全貼合。

圖片提供＿隱巷設計
地面平整，可以讓PVC地磚鋪設工程更加便利迅速。

種類挑選
Q157
塑合木為什麼有綠建材之稱？

塑合木為塑料與木料混合後，高溫高壓充分混合擠出成形，具耐腐朽的優點，能取代木材使用於陽台、公園等戶外休憩場所，可減少樹木砍伐。

圖片提供＿環塑科技有限公司
塑合木無毒性又防焰的優點，除了可作為戶外地板使用，甚至可設計成景觀座椅。

塑合木之所以環保，是因為塑合木以原木絞碎後加塑料以高溫高壓製成，成形後材質穩定度高，吸水率低，不加防腐劑也不會腐朽，遇水也不會有膨脹起翹的疑慮，觸感接近木材，適用於戶外對應晴雨氣候，製作過程不需砍伐巨木，也可利用再生木製造，因此能減少樹木的使用，對健康及環境也較友善。

施工 Q158 較少使用的客房 PVC 地板有些翹起現象，是施工不當的關係嗎？

「背膠式」、「塗膠式」PVC地板都是利用黏著劑和地板固定，溫度過高或較少使用的區域，都會使黏度減低而發生翹起的情形。

PVC地板邊角翹起可從以下幾點來看：

1 黏貼方法：PVC地板常見有「背膠式」、「塗膠式」和「卡扣式」，「背膠式」施工容易節省工資，但黏著力較不夠，使用久邊角就容易翹起，「塗膠式」黏著度最好，拆除後地板會有殘膠。

2 環境因素：高溫會使PVC地板的黏膠產生變化，如果鋪設區域經過長時間日曬，黏膠黏性會逐漸減低，也會使地板翹起。

3 使用頻率：塑膠地板鋪完後要經常踩壓，增加感壓膠與地板的黏合度，因此太久未使用的空間，容易發生地板翹起的情形。

你該懂的建材 KNOW HOW

感壓膠 PVC 地板於施作時建議使用環保型地板專用感壓膠，膠水本身是依據地板的特性調配而成，不僅對於地板黏性強度較高，且於室內空間內不會揮發對人體有害的物質，之所以會稱為「感壓」膠，是因為膠的特性受到壓力愈踩愈黏，施作時需用刷膠板薄薄均勻上一層，等候約 10～15 分鐘後，等感壓膠的水分略微揮發呈透明狀，用手觸摸時有拉絲但不黏手時，是貼合最好時機。

施工 Q159 原本家裡地板是地磚，可以不拆除直接鋪設 PANDOMO 嗎？

無論是鋪設EPOXY或PANDOMO都不需要敲除原有地磚，可以直接覆蓋。

圖片提供__廣蒼實業

除了木地板需拆除之外，其他地磚或大理石地坪皆能直接覆蓋鋪設。

選擇鋪設EPOXY或PANDOMO的好處之一，就是可以省下拆除工程的費用，直接覆蓋在地磚上，但前提是不可以是木地板，同時要確認地磚或大理石的地面平整，沒有其他問題，施作前需以鑽石刀將磁磚或石英磚表面刨粗，增加抓地力，才能鋪設出平整的地面。

施工 Q160 好清潔的 EPOXY 或 PANDOMO 地坪適合鋪設在所有居家空間嗎？

一般來說EPOXY或PANDOMO不易卡髒污，清理容易，但仍要儘量避免潮濕、油煙的環境。

雖然EPOXY與PANDOMO材質有防潑水作用，但材質本身經長時間接觸到水或帶有油漬的油煙，仍會影響材質使用壽命，因此不建議運用在衛浴等潮濕的空間或是會產生大量油煙的廚房，其他像是客餐廳的地材、天花板，甚至壁面都很適合。

圖片提供＿廣葳實業

因此不建議運用在衛浴等潮濕的空間或會產生大量油煙的廚房，較適合運用在客廳等區域。

施工 Q161 EPOXY 和 PANDOMO 地坪施工完成後為什麼不能立刻入住？

EPOXY和PANDOMO屬於液體材質，施工完成後都需要給予養護期，提升材質的穩定度。

EPOXY和PANDOMO鋪設方式相近，鋪設完成後材質都需要一段時間才能完全硬化，建議最好給有3～7天的養護期，主要是讓材質更具穩定度。養護期中，不建議將重物直接放於EPOXY或PANDOMO地板上，尚未硬化完成的地坪一但受到重物擠壓，容易產生凹陷痕跡。過了穩定期後，建議在重物的下面增加軟墊，以保護地材使用年限。

圖片提供＿邑舍設紀

地面的平整度是影響最後完成美觀與否的最大關鍵。

監工驗收 Q162 EPOXY 和 PANDOMO 驗收時需要留意哪些地方？

無接縫地坪EPOXY和PANDOMO驗收重點在觀察地面是否均勻平整，是否有沒被覆蓋的地方。

選擇鋪設EPOXY和PANDOMO就是希望擁有平整無縫的地坪，如果原本地坪修整不夠確實，就會影響平整呈現度，驗收時要特別注意檢查邊角處，是否有沒被覆蓋到的地方。而驗收EPOXY地坪時，需留意是否有沾黏粉塵或異物；PANDOMO地坪除了確認紋路和顏色有無誤差外，易吃色的特性，也要仔細檢查是否因施工過程不當，而留下不應該有的痕跡。

清潔保養 Q163 PANDOMO 平時維護清理會不會很困難？

PANDOMO最大的缺點就是容易吃色，也容易留下水漬，若滴到有色飲料要盡快處理。

PANDOMO地坪其實滿耐髒污，平日只要用吸塵器或除塵紙就能維持清潔，但由於PANDOMO有氣孔，容易產生滲透水漬造成吃色情況，一但沾染茶或咖啡等有顏色飲料，建議要立即擦拭乾淨，儘量避免吃色狀況發生。為了防止PANDOMO氣孔累積髒污，可以定期進行上蠟處理，讓地坪恢復乾淨光亮的樣貌。

圖片提供＿廣蒼實業

PANDOMO 平時保養不建議使用一般地板蠟，用清水擦拭即可，若表面須處理，可請專業廠商重新磨光即可。

監工驗收 Q164 鋪設 PANDOMO 地坪要怎麼避免顏色和紋路與當初討論時有落差？

圖片提供＿邑舍設紀

PANDOMO 的顏色眾多，可依居家風格做選擇。

對室內裝潢來說，PANDOMO最大的優點就是能配合風格，調配出多種色彩，施工前要請廠商針對選好的顏色打樣確認，以免因為認知不同造成糾紛。

PANDOMO能隨心所欲依照自己喜好選擇顏色、紋路，讓室內風格更具多元化，但PANDOMO的這項優勢，卻通常是工程爭議的地方，建議初期討論時能以樣板輔助，確認完成面是否符合期待，由於空氣濕度會改變顏色，最好施工前一個月請廠商再次打樣。

你該懂的建材 KNOW HOW

可加入磨石子做搭配

除了多變的顏色之外，PANDOMO 也可以加入石頭，展現出如磨石子地板的外貌，此種地坪既擁有磨石子地板樸實特性，且厚度又比磨石子地板來得薄，展現出科技與技術的進步，此外，磐多魔 施工期短、抗污耐髒、無縫都是其優點。

施工 Q165 房子是用租的但想要鋪PVC地板，自己DIY會不會很困難？會不會留下殘膠？

容易操作是PVC地板的一大特性，「背膠塑膠地板」只要掌握一些訣竅，自行DIY施作也不會有太大問題；若是租屋日後需要回復原本地板，只要多鋪一層底料，到時只要將塑膠地板連同底料一起拆掉，就不會傷到原本地板。

PVC地板施作速度快又方便，且價格經濟實惠，成為許多租屋族挑選地材時的首選。塑膠地板的型式關係到操作的難易度，「背膠塑膠地板」只需要撕下離型紙後，即可黏貼使用；「不背膠塑膠地板」需要再搭配塑膠地板專用膠或感壓膠來進行貼覆，比較建議請師傅貼，較能掌控接著劑的使用量，避免發生溢膠的情形；另外「扣卡式」則不需使用接著劑，板材有特殊卡接設計能輕鬆準確嵌合。「不背膠塑膠地板」黏合度較高但拆除後會有殘膠，如果不想要傷害原本地板，鋪設塑膠地板前只要先鋪上一層黑色塑膠底料，之後再一併拆除就可以。

圖片提供__維東興業

在鋪設地磚時，除了地面要清掃乾淨，與牆壁要預留約 1mm 空間做伸縮縫隙。

清潔保養 Q166 市面上販售的清潔劑都可以清潔 EPOXY 地坪嗎？

在正常使用下，EPOXY的清潔保養都很簡單，用清水簡單擦拭即可，若要用清潔劑，最好使用弱鹼性才不會傷到表面。

環氧樹脂EPOXY是弱鹼性材料，一般保養方式只需用清水清理就很乾淨，但如果有特別髒污需要處理，最好使用弱鹼性清潔劑清理，強酸、強鹼或特殊溶劑的清潔劑都會腐蝕EPOXY表面，使其地坪變色甚至溶解，也儘量避免使用像菜瓜布等較粗的刷具，以免造成明顯的刮痕。

種類挑選 Q167 要怎麼選擇品質優良的塑合木？

市面上塑合木的品牌相當多，品質也不一，一般來說可以由切面來判斷塑合木的品質良莠。

塑合木的品質取決於原料的纖維粗細與混合的均勻度，品質較好的塑合木，木粉顆粒接近麵粉粉末狀，這樣能使木粉與塑料充分混合，降低吸水率，提升耐腐性；從塑合木斷面內壁可以觀察木粉與塑料是否有充分混合，如果內壁有凸起氣泡，表示材料沒有混合均勻，這樣容易發生變形。

清潔保養
Q168 PVC 地板平日應如何保養才能耐久使用？

塑料製成PVC地板耐磨又防霉，但防水性不高，要留意清潔時不可以濕度太高，更不能以水直接沖洗，同時要注意環境防潮。

PVC地板不是永久使用材料，保養可延長使用壽命，平日清潔相當簡單，以下為保養祕訣：

1 平時只需以拖把或抹布擦拭即可，但擦拭的拖把或抹布不宜過濕，擰半乾濕使用較不會讓PVC地板太快變質。

2 住在氣候較潮濕的地區，定期除濕能延長PVC地板壽命。

圖片提供__維東興業

由於台灣氣候較潮濕，定期除濕也能延長使用壽命。

3 PVC地板耐磨不耐刮，因此在門口放置腳墊，可預防鞋子將砂石劃傷地板表面，搬動傢具重物時也要特別小心，以免留下刮痕。

4 雖然PVC地板是防火等級地板，仍會被高溫煙火燒傷，要注意不要將燃燒的煙頭、蚊香、帶電的熨斗等直接放在地板上面，以防造成地板傷害。

5 定期打蠟更可常保地板亮麗如新。

種類搭配
Q169 EPOXY 和 PANDOMO 適合搭配哪種空間風格？

比起一般石材、磚材或者木地板，EPOXY和PANDOMO無接縫式的特色有放大空間的效果，適合呈現現代風格的俐落感。

圖片提供__廣意實業

EPOXY 和 PANDOMO 給人俐落冷靜的視覺感受，適合表現前衛的現代風格。

EPOXY和PANDOMO早期常用於工業廠房或者商業區，由於本身材質特性可呈現光亮潔淨的空間感，近年因應空間風格多樣化，愈來愈多設計師嘗試運用在居家空間中，強調無接縫的EPOXY和PANDOMO給人俐落冷靜的視覺感受，適合表現前衛的現代風格。而PANDOMO能與木地板、特殊磁磚搭配，更可以不受侷限變化出多樣空間風格。

施工 Q170 設計師說施作 EPOXY 前，水泥基地需要放乾一個月，為什麼需要等那麼久？

空間施作EPOXY之前，原本水泥基地要放乾至少1個月，避免將來水氣反滲，導致塗料破裂無法補救。

由於EPOXY本身無毛隙孔，在施作前水泥基地必須確認乾透，否則鋪上EPOXY後可能會因為水氣反潮，使得表面產生氣泡進而破裂，事後也無法再修補，通常水泥沙需一個月左右才能完全乾透。施作前也要確保地面清潔確實，無粉塵、碎屑，再入內完成後續工序，因為粉塵會造成地面突起。若有其他地面設備需求建議及早提出，以免影響整體施工。

清潔保養 Q171 家裡的 EPOXY 不小心被剪刀刺穿了一個凹洞，有辦法修補嗎？

EPOXY或PANDOMO雖然具有一定的硬度，卻容易產生刮痕，尤其是EPOXY一但損傷破裂就無法修復。

害怕刮傷EPOXY和PANDOMO，平時居家時應避免重物拖行，像是搬動椅子、傢具時，最好抬起搬移以免留下嚴重痕跡。不少人擔心這類地材容易有龜裂情況產生，其實以水泥為基材的PANDOMO沒有水泥大面積易收縮龜裂的缺點，若真有裂開的狀況發生，可利用拋磨處理來進行修補；而塑脂類的EPOXY受到尖物刺傷，或者鋪設前地坪處理不好而破裂，目前技術無法進行修補。

種類搭配 Q172 客廳地坪想要有水泥粉光的感覺，EPOXY 或者 PANDOMO 也可以呈現同樣的感覺嗎？

雖然EPOXY和PANDOMO的完成面乍看相當相似，但二者的組成成分不同，表現的質感和味道並不一樣；以水泥為基底的PANDOMO，才能呈現水泥粉光的感覺。

EPOXY、PANDOMO和水泥粉光，是目前常用於居家空間中的無接縫地坪，但水泥粉光易起砂，容易產生裂痕的缺點，讓許多人想找替代建材。PANDOMO是以水泥加上塑料的高分子聚合物，因此不會有一般水泥地板龜裂的情形，能呈現有如天然石材的質地或水泥粉光的感覺，但價格較為昂貴；成分為環氧樹脂的EPOXY完成表面為光亮塑膠感，無法呈現天然材質質感。

藉由板材、天花板與盤多磨地板呈現整體純粹、自然的一面。

種類搭配 Q173

PVC 地板使用範圍有限制嗎？還是只能使用在地面上？

隨著居家風格日趨多元，PVC地板展現多變風貌，其中模仿天然材質的樣式最受到喜愛，容易施工的特質應用範圍相當廣泛並不只限於使用在地坪。

PVC 用途多元，不只能用於地面，用於牆面更能彰顯 PVC 不怕髒的優點。

目前的PVC地板改良了過去的缺點，不但擬真天然石材紋、木材紋，視覺效果和觸感都和真實材質接近，加上耐磨、清潔容易、價格親民等特性，成為預算有限小資族的最佳替代材料，除了地板之外，牆面也是很好發揮的地方。但PVC地板因底部以黏著劑貼合，因此並不適用於像衛浴之類的潮溼場所，大量的水若滲入地磚底部，容易降低地板與地面的附著力，而易使地磚翹曲變形。

■ 塑膠地板 VS 其他地板材比一比

種類	塑膠地板	木地板	傳統瓷磚	
花色多樣化	勝			塑膠地板＞傳統瓷磚＞木地板 塑膠地板花色多樣豐富，選擇性較多
腳感舒適度	勝	勝		塑膠地板＞木地板＞傳統瓷磚 塑膠地板無傳統瓷磚腳感冰涼
施工迅速	勝			塑膠地板＞木地板＞傳統瓷磚 塑膠地板施工簡易快速，當日施工即可使用
更換便利性	勝			塑膠地板＞木地板＞傳統瓷磚 塑膠地板如有損壞可局部更換，便利性高
易清潔保養	勝		勝	塑膠地板＞傳統瓷磚＞木地板 塑膠地板清潔、保養簡易
價格便宜	勝			塑膠地板＞木地板＞傳統瓷磚 塑膠地板售價較瓷磚低廉，鋪設效果絕佳
耐用性			勝	傳統瓷磚＞塑膠地板＞木地板

圖片提供＿廣管實業

PANDOMO 若表面須處理，可請專業廠商重新磨光即可。

清潔保養 Q174 PANDOMO 可以用一般的地板蠟做保養嗎？

不建議使用一般地板蠟做保養。

使用一般地板蠟容易造成PANDOMO表面黃化或色澤暗沉，建議清潔前應先用吸塵或除塵紙輕輕將灰塵去除，避免粉塵積附在PANDOMO表面，每周保養用清水擦拭即可，但不要將過多水分留於表面。若年代已久，遇到表面刮傷或龜裂，可商請廠商重新研磨拋光，即可具原有地坪般美觀效果。

種類挑選 Q175 EPOXY 有種類上的分別嗎？挑選時應該怎麼挑？

EPOXY地板僅能選用單一色彩，無紋理的變化。在色調的選擇上有灰色、米色、蘋果綠等多種顏色，可視空間本身的需要調配，種類上大致可分為下列幾種：

1 普通EPOXY

穩定性高，耐磨好清洗、表面光滑。

2 抗靜電EPOXY

環氧樹脂流展法是在水泥等素地上以鏝塗的方式施工，施工之大約厚度為2～3mm之間。具有抗電效果，使居家更安全。

3 耐酸EPOXY

在樹脂地床施作工程中加入玻纖網（亦可加入鋼網、鐵網），鋪貼含浸，使結構更為堅韌、強硬。

圖片提供＿

EPOXY 可有多種顏色可挑選，可視個人喜好與居家風做為選用依據。

監工驗收 Q176 監工時發現塑合木拼接間隙好大，一定要預留那麼寬的伸縮縫嗎？

由於塑合木含有塑膠成分，熱脹冷縮比率略高於實木，因此要預留較寬的伸縮縫。

塑合木和實木不同的地方在於，塑料成分會使塑合木隨氣溫變化熱脹冷縮，施工時塑合木板相交處應要預留約5～8mm伸縮縫，施作大面積平台用扣件固定，以利於熱脹冷縮伸張的現象，因此鋪設塑合木時，是否預留伸縮縫是監工的重點之一。

chapter

7

板材

選用TIPS

① 板材製成後，容易散發甲醛等有害物質，因此選用木質板材需選用「低甲醛」的製品。

② 挑選線板時，可輕易從重量判斷出品質好壞，重者為佳。

③ 美耐板基本上都具備耐污、防潮的特性，但若長久處於潮濕的環境，邊緣仍會出現脫膠掀開。

板材已不再侷限於作為黏貼在天花板或壁板的平面建材，近年板材建材趨向多元，除了強調防火及隔熱、隔音及防震等基本功能外，還開發出具有抗菌、調濕、負離子、防臭等特殊功能。市面上大多採用實木、矽酸鈣板、石膏板、礦纖板等做為隔間天花板材，由於天花隔間相當重視防水、耐壓的功能，因此材質選用上需謹慎小心。木質板材多用於空間裝修和櫃體，需留意板材品質來源、耐用性和防潮度。其餘如水泥板、線板等，主要用來作為室內裝飾，營造出不同的居家氛圍。

圖片提供_榮隆建材、永逢建材　攝影_方宏齊、Amily

種類挑選 Q177

常聽到黑心建商偷天換日，把矽酸鈣板換成價格便宜的氧化鎂板，我該怎麼預防呢？

最簡單的辨識方式就是看板材的側面。

選購矽酸鈣板時，由於各板材間價差大且表面看上去類似，容易有不肖業者以氧化鎂板代替矽酸鈣板，賺取工程利潤，最簡單的辨識方式就是看板材的側面。矽酸鈣板是一體成型，無論表面、側面都相同，而氧化鎂板的側面則類似夾板，拿起來兩者的重量也不同，若敲擊表面，氧化鎂板由於有細小空隙，因此聲音會有空心感，矽酸鈣板則較為實心。在觸感上，矽酸鈣板至少有一面是平滑面，而氧化鎂板則可明顯看出格狀紋路，可以此作為判斷標準。

攝影_Amily

矽酸鈣板是一體成型，表面、側面都相同。

你該懂的建材 KNOW HOW

矽酸鈣板產地影響品質	依照產地的不同，矽酸鈣板的品質也有所差異，以日本出產的品質最佳，台灣居次，大陸為末。

種類挑選 Q178

有一種叫美耐皿的板材，和美耐板的差別在哪裡？

美耐板和美耐皿板最大差異在於表層牛皮紙的層數，及高壓特殊處理的過程，因此美耐板的強度、硬度及耐刮性皆較美耐皿板來得更好。

美耐板又稱為裝潢耐火板，發展至今已有將近100年歷史，由進口裝飾紙、進口牛皮紙經過含浸、烘乾、高溫高壓等加工步驟製作而成，具有耐火、防潮、不怕高溫的特性。

一般常見的木紋飾材不外乎木皮產品或木紋美耐板，其他如金屬美耐板、皮革美耐板這幾年來在商業空間的運用十分出色。而絲絨與編織布面的美耐板，更讓原本較為單調的板材飾面，有了其他的選擇。另外，常聽到「美耐皿板」建材，是指在塑合板表面以特殊膠貼上牛皮紙，再於牛皮紙上塗上一層「美耐皿」（melamine）硬化劑，同樣具有防潮、耐刮、耐高溫的優點。

圖片提供_富美家

防潮耐磨的美耐板適用於廚房等地。

挑選＋價錢
Q179 美耐板表面貼皮有除了素面以外的款式可選嗎？有哪幾種？

圖片提供＿富美家

除了素面花色外，大致上還有木紋、金屬、特殊花紋可做選擇。

美耐板材發展至今顏色及質感都提升很多，尤其是仿實木的觸感相似度高，許多高級傢具在環保的訴求下，也逐漸以美耐板來展現不同的風格。其中，木皮產品可依表面材質或樣式分成素色、木紋、金屬，以及特殊花紋四種種類。

深色的皮紋和周遭木質素材的搭配，呈現俐落的現代風，且美耐板防髒，不用擔心清理問題。

■ 各式美耐板比一比

種類	特色	優點	缺點	價格帶
素色	多達上百種顏色。	色彩選擇多，好搭配。	單一顏色略顯單調。	NT.1,300～1,700元／片
木紋	表面質感、紋路媲美實木木板。	比木板產品好清理，又保有天然木紋特色。	表面因具有紋路凹痕，較易堆積灰塵。	NT.1,300～1,800元／片
金屬	為金屬表面與牛皮紙經過加工製成。	能呈現低調奢華的現代氛圍。	遇水易變色。	NT.6,000～16,000元／片
特殊花紋	可展現獨特個人品味。	讓單調板材飾面，有了其他的選擇，也能美化空間。	不一定找得到想要的花紋。	視花紋款式而定。

※本書所列價格僅供參考，實際售價請以市場現況為主

施工
Q180 裝修不到三個月，就發現天花板的線板接縫處裂開了，是出了什麼問題？

圖片提供＿演拓設計
線板相接處不可密合，要預留溝縫防裂。

有可能是施工的問題，也可能是因為使用的是劣質品。

線板的主要材質為PU 塑料，塑型時需添加發泡劑；但因近期塑料價格攀升，劣質產品會添加過多發泡劑降低成本，導致密度不足；若線板的密度不足，熱脹冷縮的效應就顯得相當明顯，輕微者會在線板接縫處看到明顯的裂痕，嚴重者甚至脆化斷裂，影響整體室內美觀。另外，施工時線板相接處若為密合，未預留溝縫，也會導致線板接縫裂開。

清潔保養 Q181 線板平時好清潔保養嗎，會不會容易堆積灰塵？

不可用水，以乾布擦拭即可。

PU 線板材質相當容易保養及清潔，平時只要以乾布擦拭或拍掉灰塵即可，盡量不要使用水來擦拭線板表面，避免掉漆的可能性，以延長線板使用年限；另外，PU 材質也不可用有腐蝕性的清潔劑擦拭，如松香水等，否則會造成線板損毀。

線板相當容易保養及清潔，平時只要以乾布擦拭或拍掉灰塵即可。

種類挑選 Q182 有想營造清水模的日式風格，設計師推薦我使用水泥板，這種材質的特色是什麼？

水泥板運用廣泛，可運用在壁面、地材甚至是天花板上。

質地如同木板輕巧，具有彈性，隔熱性能佳，施工也方便。

水泥板，結合水泥與木材優點，質地如同木板輕巧，具有彈性，隔熱性能佳，施工也方便。另一方面又具有水泥堅固、防火、防潮、防霉與防蟻的特質，而且仿日本清水模的質樸外貌，也是水泥板近年受歡迎的原因之一。水泥板表面特殊的木紋紋路，展現獨特的質感，再加上水泥板的熱傳導率比其他材質的板材低、掛釘強度高，使用上更方便，完成後無須批土即可直接上漆。因水泥板具有不易彎曲和收縮變形特點，且耐潮防腐，再加上材質輕巧施工快速，用於外牆也相當適合。

施工 Q183 哪些板材適合用來施作木作隔間？

通常會使用木心板或夾板來配合強化隔間。

木作隔間除了表面的矽酸鈣板之外，通常會使用木心板或夾板來配合強化隔間，木心板上下為夾板，中間通常是傢具加工廠或夾板工廠裁板時剩餘的小塊剩料，以熱壓機壓製而成，而夾層為多層的薄板堆疊膠合製成，這兩種板材其釘合力較佳，不易變形，亦具有隔音效果，因此多被使用於木作隔間。

施工 Q184 很喜歡水泥板的質感，想把地面的磁磚打掉換成水泥板，適合嗎？

圖片提供__永逢建材
水泥板運用於地材時，要特別注意地面是否平坦，否則容易造成水泥板龜裂。

水泥板若用於地板需注意厚度。

水泥板本身材質屬性為硬脆性質，一定要鋪於水平面上，只要地面有些許凹凸不平，再加上傢具重量不均，會容易導致水泥板龜裂或破碎。因此施作於地板上時，底板最好採用較為堅固的木心板，木心板加上水泥板的總厚度最好超過20公釐，才能避免地面破損的疑慮。

■ 水泥板價格比一比

水泥板會因厚度、大小以及產地而有價格上的變化，以下為水泥板價格參考：

種類	厚度	大小	價格
進口水泥板	6mm（2分）	4m×8m	約 NT.420 ～ 550 元／片。
國產水泥板	6mm（2分）	分 4m×8m 及 3m×6m	4m×8m 約 NT.380 ～ 450 元／片； 3m×6m 約 NT.170 ～ 250 元／片。
國產水泥板	9mm（3分）	分 4m×8m 及 3m×6m	4m×8m 約 NT.380 ～ 450 元／片； 3m×6m 約 NT.170 ～ 250 元／片。
國產水泥板	12mm（4分）	分 4m×8m 及 3m×6m	4m×8m 約 NT.650 ～ 750 元／片； 3m×6m 約 NT.380 ～ 450 元／片。
木絲水泥板	6mm（2分）	4m×8m	約 NT.40 ～ 550 元／片。

※本書所列價格僅供參考，實際售價請以市場現況為主

監工驗收 Q185 我家的浴櫃已經使用防潮的美耐板，為什麼還會膨起來？

要預留伸縮縫，才不會發生美耐板膨脹擠壓造成翹起的狀況。

美耐板具有防潮性，適合使用於潮濕的浴室，但是美耐板與美耐板相接時，要預留1.5mm左右的伸縮縫，才不會發生美耐板膨脹擠壓造成翹起的狀況，若事前沒有預留縫隙，事後要再請木工重做，不但多一道程序且影響美觀。

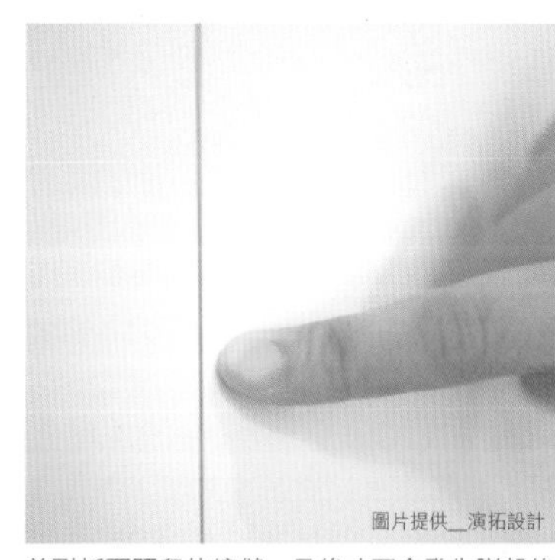
圖片提供__演拓設計
美耐板要預留伸縮縫，日後才不會發生膨起的狀況。

施工 Q186 想在木心板的外層貼皮，有什麼應該注意的事？

想在木心板的外層貼皮，要注意避免產生波浪紋路以及木貼皮的紋路方向。

若在櫃體板材外層貼上木皮，需要注意貼邊皮的收縮問題。選擇較厚的實木皮，在不影響施工的情形下，用較厚的皮板或較薄的夾板底板，避免波浪產生。貼木皮時要注意紋路方向，上下門板要有整片式的結合，紋路的方向性要一致，避免拼湊的情況發生，影響美觀。

圖片提供＿KC Design Studio

除了在板材上貼皮裝飾外，也可以挑選一分厚的板材略微染色、上保護漆，展現木紋的天然質感。

圖片提供＿六相設計

水泥板早期單純多作為建築上的基礎建材，近幾年在台灣則成為一種壁面的裝飾建材。

種類挑選 Q187 想挑選水泥板在室內做仿清水模效果，挑選時要注意什麼？

挑選時應從水泥板添加的成分、色澤及厚度三方面做考量。

想在室內空間營造清水混凝土質感，質感相近、質量較輕的水泥板確實相當適合，由於市面上水泥板種類繁多，因此在挑選時要特別注意以下幾個重點，以避免挑錯建材，反而導致影響居家空間表現與健康。

1 勿挑選含有石棉成分的水泥板

石棉是一種石矽酸鹽的化合物，它具有耐高溫、耐酸鹼、耐磨等特性，因此很快被廣泛用到建築、紡織、鍋爐隔熱等用途。但其實石棉是致癌物，纖維狀石綿會釋出有毒物，吸入可能致癌，早期的纖維水泥板也含有此成分，建議挑選時仍要多加留意。

2 水泥板愈厚，隔音防火效能愈高

雖CNS國家標準有針對水泥板厚做定義，但無論是各家廠商自行研發製作，或代理國外產品，厚度均不相同，若想要加強隔音與防火效能，當然是可以選擇厚一點的款式，但建議最好請設計師、業者依空間評估最適合厚度較佳。

3 隨添加物使水泥板色澤不同

由於水泥板有很多種類，隨添加物質的不同，再加上製作過程、方式不盡相同，因此水泥板所呈現出來的色澤、紋理也都就互有差異，選擇上可依風格呈現來挑選。

種類挑選
Q188
最近家裡正在裝潢，想問一下天花隔間的板材應該怎麼挑才好？

用來施作為天花板及壁板的板材，除了要具備隔音、吸音的效果外，同時也要有防火、好清理的特性。

用來施作為天花板及壁板的板材，除了要具備隔音、吸音的效果外，同時也要有防火、好清理的特性，像是矽酸鈣板及石膏板不含石棉，具備防火、防水、耐髒等優點，就很適合作為室內裝潢的建材。氧化鎂板雖然造價便宜，但其吸水率低且不防潮，容易發生漏水問題，不建議使用於隔間。有不肖業者以氧化鎂板代替矽酸鈣板，賺取工程利潤，導致房屋漏水嚴重，消費者在裝修時要多謹慎注意。

■ 各式天花板、壁板比一比

種類	特色	優點	缺點	價格帶
矽酸鈣板	矽酸鈣、石灰質、紙漿等經過層疊加壓製成。	1 表面硬度及抗壓強度較佳。 2 膨脹係數較小。 3 受潮變化不大。	1 重量較重。 2 不同生產配方及技術會影響日後穩定性。	施作隔間連工帶料價格，約 NT. 700 ～ 900 元／平方公尺。
石膏板	天然低密度的礦石「二水硫酸鈣」（$CaSO_4, 2H_2O$）組成。	1 防火、吸音、調濕。 2 質輕耐震。 3 隔音效果佳。 4 表面平整，不用進行任何修飾。 5 施工容易，安裝成本降低。	1 受潮會產生腐化。 2 表面硬度較差，易脆裂。	施作隔間連工帶料價格，約 NT. 450 ～ 650 元／平方公尺。
氧化鎂板	氧化鎂及氯化鎂添加木屑、膨脹珍珠岩等為原料，再與玻璃纖維及無妨布結合、烘乾而成。	1 不含對人體有害物質及重金屬。 2 防火等級為耐燃一級。	怕水易受潮。	約 NT.190 元／片（90×180cm、厚 6mm）。
化妝板	化了妝的矽酸鈣板，其板材表面經過特殊耐磨處理。	耐酸、抗髒污、抗菌。	單價較高。	約 NT. 750 ～ 800 元／片（60×240cm、厚 6mm）。
礦纖板	無機質岩棉纖維組成。	1 吸音性、隔熱性佳。 2 防火等級為耐燃一級。	1 怕水易變形。 2 易有粉塵掉落，目前多使用於辦公室。	產地不同，價格落差大。
線板	做為天花板、櫃體的收邊裝飾之用。	樣式繁多，易於營造鄉村古典風格。	材質會因熱脹冷縮於接縫處裂開。	NT.100 ～ 3,000 元
水泥板	結合水泥與木材優點，質地如同木板輕巧，具有彈性。	防火耐燃。	容易吃色顯得髒污。	NT.300 ～ 1,250 元／片

※本書所列價格僅供參考，實際售價請以市場現況為主

種類挑選 Q189

設計師建議我使用水泥板裝潢，但不常聽到這種建材，裝潢後使用上會不會有什麼問題？

水泥板是以水泥為主要原材料加工生產的一種建築平板，有很多種類，主成分包含水泥外，還會加入其他添加物共同組成。

水泥板自歐美引進國內已有二十多年，初期仰賴歐美進口，現在國內已能量產，早期單純多作為建築上的基礎建材，像是樓層隔板、隔間隔板等用途。建築業仍普遍使用水泥板這類基礎建材，但近幾年在台灣也成為一種壁面裝飾建材。若將水泥板運用於居家空間時，要注意下列事項：

1 使用在浴室仍要特別留意

因水泥板種類不同，隨其組成成分、製作方式不同，進而材質本身防水率也大不相同。建議使用在濕氣較少的空間較佳，若要使用在廁所或廚房，選購時要問清楚材質本身的防水率效果，再評估是否適合使用。

2 注意水泥板吃色問題

水泥板表面仍有毛細孔，使用時，應避免拿尖銳物刮擦才是，另外也有容易吃色問題，若想作為桌面裝飾，使用上更要小心留意。

3 水泥板壁面欲吊掛物品時，要加強結構

水泥板作為壁面裝飾材時，若該牆壁需要吊掛大型重物，如電視機，應事先告知，好讓設計師在規劃時，可以在內部加強結構，避免承載性不足，進而破壞牆面結構甚至裝飾建材。

4 確認黏著劑強度與適用性

水泥板施工是以黏貼方式掛在欲施工的位置，施工時要黏著強度外，也建議要選擇專業膠來黏貼，以免發生不牢固情況。

■ 各種水泥板比一比

種類	特色	適用區域
木絲水泥板	以木刨片與水泥混合製成，結合水泥與木材的優點，兼具硬度、韌性與輕量之特色。	多半被用來作為裝飾空間的面板。
纖維水泥板	以礦石纖維混合水泥製成，吸水變化率小、具防火功效。	適用於乾、濕兩種隔間上。

希望隔音效果好，選擇哪板材種隔間比較好？

選擇輕隔間，以石膏板的隔音效果比較好。

木作隔間多半只是木材為骨架，並用兩片板子封住而已，隔音效果並不佳。若想要有好一點的隔音效果，其實泥作隔間牆是最好，但是價格相對地也會比較高。退而求其次的話，可以選擇以石膏板或矽酸鈣板建構的輕隔間，其中又以石膏板的隔音效果較佳；當然坊間也有推出特別具吸音效果的吸音板，但價格又偏高了。

價錢 Q191 客廳天花板用線板裝修或設計造型天花板，費用會差很多嗎？

用線板裝飾較造型天花來得便宜。

在不需隱藏空調管線或修飾結構柱的前提下，僅使用線板簡單裝飾天花板，會比設計造型天花來得便宜許多。一般裝修天花板的材質可選用最便宜的PVC天花板約NT.3,000～4,500元／坪、矽酸鈣板平釘天花不含油漆費用約NT.3,000～4,000元／坪、木作造型天花則約NT.8,000元／坪起跳，而使用線板於重點處略作裝飾，約為NT.100～500元／尺。

空間設計＿森林散步　攝影＿葉勇宏

利用線板重點裝飾天花，費用上不會太貴，而且更能呈現鄉村古典風格。

價錢＋施工 Q192 需要安裝踢腳板嗎？踢腳板的功能是什麼？費用要怎麼估？

多是為了覆蓋牆壁和地板交接處參差不齊的牆腳，並不一定要安裝；踢腳板以「尺」做為計價單位。

圖片提供＿摩登雅舍室內裝修設計

踢腳板除了功能性外，也是鄉材風最重要的風格元素之一。

其實室內會使用踢腳板設計，多半都是為了覆蓋牆壁和地板交接處參差不齊的牆腳，以免木地板因為熱脹冷縮而有擠壓起翹的現象；除此之外，還有防濕氣及遮電線的效果。另外，若家裡想營造鄉村風格，踢腳板則是呈現這種風格不可或缺的重要元素。想在牆底部加裝踢腳板，一般來說屬於木作工程，不論所使用的板材是柳桉木或PVC板，一般都是以「尺」做為單位，1尺大約為NT.70～80元起，全視材質與設計感而定。不過若是要拆除舊踢腳板，則是採「工時」制，一天拆除工資大約為NT.2,500元起。

施工 Q193 我家的天花板打算貼玻璃裝飾，可以直接貼在矽酸鈣板上嗎？

建議在黏貼時應再做結構上的加強。

由於矽酸鈣板為粉質材料，玻璃黏貼上去有掉落疑慮，因此必須再多加一層夾板，底板建議至少要為4分，黏貼時的附著力才會足夠。此外，玻璃一般為化妝螺絲配合矽力康固定，但若考慮美觀，不打算用螺絲固定，則可以單側嵌入卡榫方式配合矽力康來固定。

想在矽酸鈣板上加貼裝飾材，要注意附著力問題。

挑選＋施工 Q194 我家的木作隔間請工班師傅使用 6 分板了，但為什麼隔音效果還是不太好呢？

若對隔音效果要求高，可再鋪設隔音棉，加強隔音效果。

房間隔間施工時，一定要告知師傅必須用到「足」4分板或6分板。

木作隔間的板材要使用加強厚，才能達到更好的隔音效果，所謂的厚板指的是4分板或6分板，如果是房間隔間，一定要告知師傅必須用到「足」字，否則可能因不到6分厚，導致隔音效果打折。當然木隔間內是否鋪設有吸音棉，也是攸關隔音效果的一項重要因素。

種類挑選 Q195 夾層用陶粒板當樓板，承重力是否足夠？

陶粒板每平方公分可耐壓63公斤，整塊板材的抗彎力可達860公斤。

目前，加設夾層的樓地板多半使用木心板或金屬波浪板，這兩者都怕潮濕且承重有限。而陶粒板每平方公分可耐壓63公斤，整塊板材的抗彎力可達860公斤，鋪設在C 型鋼即可新增樓板；且陶粒板的表面平整，組好後可直接做貼磁磚等面飾。

種類挑選 Q196 陶粒板的隔音效果如何？可以防火嗎？

陶粒板牆的隔音效果與磚牆差不多，但隨其厚度隔音效果也略有差異；具防火效果。

由於陶粒板80% 為1,050℃燒製的陶粒，故遇大火也不變形。熱傳導係數僅0.33lal ／ mh℃；連續火燒兩小時，板材正面升溫至260℃時，背面只有108℃，具有防火的效果。陶粒板牆的造價、隔音效果與磚牆差不多，但重量不到後者的1/3；厚8cm的陶粒板隔音效果略遜於磚牆，厚12cm者隔音與相較磚牆只差四分貝。

陶料板的隔熱效果很好，低膨脹係數能有效減輕熱脹冷縮引發的裂縫，也不像 RC 牆易出現白華等問題。

■ 陶粒板厚度比一比

種類	適用空間	隔音效果
8 公分陶粒板	一般常用於隔間。	隔音效果稍弱。
10 公分陶粒板	常用於隔間、天花，若需在內部埋設管線，建議用到10 公分以上的陶粒板為佳，以免挖鑿孔洞而不小心鑿破板材。	隔音較8公分陶料板來得好。
12 公分陶粒板	一般用於隔間外，也常用於天花夾層等。	厚度較厚，隔音效果較好。

挑選 Q197

運用木質板材做裝潢時，應該怎麼挑，才不會挑到劣質品？

可從外觀、重量，以及是否有環保標章幾個重點做為挑選原則。

在空間裝修或是製作系統傢具時，通常都會用到木質板材，木質板材的種類繁多，應該怎麼挑才不會挑到品質不佳的產品呢？以下為幾個挑選要注意的事項：

1 注意外觀的完整度

判斷木心板、夾板及塑合板的好壞，最基本就是從外觀判斷：

（1）從正反兩面觀察，注意板材表面是否漂亮、完整。

（2）檢視厚度的四個面，確認板材中間沒有空孔或雜質。

（3）板材厚度差異不能太大，否則會影響施工品質及完工後的美觀程度。

2 重量愈重，品質愈好

挑選時，可感受板材重量，品質較好的板材通常重量較重。

3 選用有綠建材標章的板材

板材散發出的甲醛會危害人體健康，且較不環保，在選購時可挑選通過綠建材及環保標章的板材，確保居住環境健康。

你該懂的建材 KNOW HOW

做櫃體層板需注意木心板條方向	使用木心板做櫃體時層板需注意木心板條方向，避免變形。

chapter

8

塗料

選用TIPS

① 所有塗料使用前，牆面平整度很重要，有了平整的牆面才能展現塗料塗刷於牆面的細緻質感。

② 塗料需配合適當的施工方式，才能讓牆面有完美呈現。

③ 天然塗料雖然無毒、健康，但對於底材要求高，單價也比一般塗料來得高。

想要改變居家室內色彩與氛圍最簡便的方法，就是運用各式各樣的塗料。除了千變萬化的顏色選擇外，塗料更從平面變成立體，利用各種塗刷工具，做出仿石材、布紋、清水模等材質觸感幾可亂真的仿飾效果；科技愈是進步，人們反而追求貼近自然，因此強調無毒、健康的天然塗料近幾年也蔚為流行。塗料不僅肩負著創造空間色彩與改變氛圍的重任，隨著現代人追求健康的居家空間，市面上更推出許多機能性塗料，強調可調整室內濕度、消除異味、防水、抗菌，以滿足消費者追求健康生活的需求。

圖片提供＿樂活珪藻屋、鼎磊塗裝、Dulux得利塗料

施工 Q198 塗刷水泥漆時都會有刺鼻的臭味，這種味道會不會影響健康？

有些VOC經年累月散發，會在無形中造成人體傷害。

水泥漆便宜又好用，不過最讓人詬病的是揮發性有機化合物VOC（Volatile Organic Compounds）的揮發問題。油性水泥漆在施作時須添加二甲苯加以稀釋，而水性水泥漆本身含有甲醛物質，因此塗刷完後，無論是水性或油性水泥漆都會散發讓人不舒服的化學味道，有些VOC經年累月散發，甚至會在無形中造成人體傷害。近來環保意識抬頭，油性水泥漆的使用機率已大幅降低，水性水泥漆方面，各家廠商也開發出低VOC的綠建材，強調水性環保配方、低VOC，無添加甲醛及鉛、汞、鎘等重金屬，有的還符合歐盟CHIP安全規範與健康綠建材認證，在選購時最好認明符合國家標準之正字標記產品或是具環保標章、綠建材標章之產品，比較有保障。

圖片提供__Dulux得利塗料

水泥漆具有好塗刷、好遮蓋等基塗刷性能，幾乎各種材質牆面都可以塗刷。

種類挑選 Q199 聽說珪藻土有調節濕度的功效，那可以用在浴室的壁面上嗎？

圖片提供__采荷設計

珪藻土不僅有淨化空氣的功效，還可加入色粉調色，讓牆面展現鮮豔活潑的色彩。

最好不要用在容易遇水沖刷的區域，以免造成表面脫落。

雖然名為土，但它本身並不是一種土壤，而是由水中屬於藻類的植物性浮游生物製作而成的塗料。珪藻土有著無數細孔，能將空氣中的水分吸取並且排放，達到安定室內濕氣及乾燥的調節功能。珪藻土屬於天然材質的黏土，成分溫和不易對人體健康造成傷害，適合用在室內客餐廳、房間等處，最好避免用在浴廁等容易遇水沖刷處，以免成分還原，容易造成表面脫落。

種類挑選 Q200 天然塗料真的對人體比較好嗎？和一般油漆有什麼不同？

天然塗料強調材料取自於自然環境，可讓居家環境無毒又健康。

天然塗料強調材料取自於自然環境，其中灰泥塗料為熟石灰與水混合而成的泥狀物，對室內的空氣濕度調節有正面幫助，天然特性就是防濺水、防靜電、具高度的透氣性、防霉、抗菌、不含揮發性物質。灰泥塗料的施工簡易，只要塗刷兩層就可完全遮蔽，而且透氣性佳，遇潮濕會呈鹼性，具抗菌、殺菌效果，適用於浴室和地下室，且不含揮發物，無臭無味，適合過敏體質使用。至於蛋白膠塗料，則是利用植物性蛋白做成乾式粉料，此種天然塗料具有高度的透氣性，能讓牆面自行呼吸，且不含揮發性氣體，讓居家環境無毒又健康。

圖片提供__樂活珪藻屋

■ 天然塗料 VS 油漆比一比

種類	特色	優點	缺點
一般水性、油性漆	石化產品所提煉，並混和溶劑、黏結劑等揮發性有機化學物質，容易造成顏料中的重金屬成分揮發。	·施工簡單，施工過程不須受限制於氣候條件。 ·具有彈性，塗層作業施工方便。 ·表面均勻，外觀乾淨漂亮。 ·顏色選擇廣。	·易產生不同的化學物質釋放。 ·在潮濕氣候下易發霉。 ·部分含有易燃物。
灰泥塗料	·黏土、石灰和石膏製成，70% 成分為土。 ·具天然色澤。	·可省掉油漆，減少資源消耗。 ·可吸收過量濕氣，防止屋內受潮。 ·防火效果良好。 ·無臭無味，適合過敏體質。	易產生裂痕。
蛋白膠塗料	以牛奶奶酪製成，不含揮發性氣體。	·透氣性佳，能讓牆面自行呼吸。 ·遮蓋力強。	不適合用於潮濕的空間。

價錢 Q201 我家才二十幾坪，結果油漆師傅說要十五個工作天，要這麼久嗎？該怎麼計算合理的工作天呢？

圖片提供＿演拓設計

施工現場狀況會影響工期，最好請師傅到現場做評估，再進行報價會比較準確。

施工期長短除了看工地大小外，也要視現場狀況。

通常以20、30坪住家來說，直接進場就可刷的工程，最多三個工作天；若是最粗的工，像是上個水泥漆，只要一天就可完工了。但若要全部批土的話，光是批土就要兩天了，再加上打磨與上漆，工期增加約三倍，至少得一星期。以70坪的大宅來說，動作快的油漆工班約得花15天方能完成。現場狀況會影響油漆師傅工作內容，而工期拖愈久，要付的錢就愈多，所以最好請師傅到裝潢現場，依狀況進行估價，並在估價單上明確標示工作內容，這樣才能確認師傅報價的價錢是否合理。

施工＋價錢 Q202 壁面油漆跟木作櫥櫃的油漆計價是否一樣？差在哪裡？

兩者油漆計價不一樣，差別在於施工複雜度與用料不同。

油漆估價分有新作油漆與木作油漆，又分為全批土與局部批土。乳膠漆的做法較為繁瑣，全批牆面可呈現平滑質感，水泥漆則比較隨意。因為漆料表現有些不同，因此如果可以自行理解牆面狀況與木作的表面質感，油漆的品質就可以隨屋主要求而調整，自然價格也會有所差異。至於木作油漆，一般來說，底漆塗的次數愈多表面愈細緻，相對質感也會提高，工法上可分為粗面和全光滑面兩種，半粗面的價格約為NT.700元／門片，全光滑面的價格則約為NT.1,000元／門片，門片的尺寸大約為200×50～60公分，可視屋主喜好選擇。

圖片提供＿Dulux得利塗料

壁面油漆會因挑選的油漆種類，以及選擇做全批土或局部批土，而有品質與價格上的差異。

你該懂的建材 KNOW HOW

為什麼要批土？ 牆面上漆或貼壁紙時需要讓平整度更細緻，此步驟稱為「批土」，批土能增加建材表面的細緻度，如此油漆和壁紙看起來才會更平，但並不能取代水泥，且批土愈厚愈容易龜裂。

種類挑選 Q203

一般家裡裝潢應該選擇乳膠漆還是水泥漆，這兩種漆有何不同？

圖片提供＿Dulux得利塗料

乳膠漆的樹脂很細，漆出來的質感遠比水泥漆細緻平滑，適合在室內各種空間使用。

依個人預算與想呈現的空間質感做選擇，水泥漆好塗刷、好遮蓋，乳膠漆漆質平滑柔順，漆完質感較細緻。

塗料的基本款應該算是水泥漆了，具有好塗刷、好遮蓋等基本塗刷性能，便宜又好用是它最大的優點，但最讓人詬病的就是揮發性有機化合物VOC的揮發問題，無論是水性或油性水泥漆，漆完後多多少少有讓人不舒服的化學味道。至於乳漆塗刷後的牆面質地相當細緻，不容易沾染灰塵，又耐水擦洗，而且因應環保，也開發出多種功效，包括抗菌防霉、淨化空氣等，雖然施工成本比水泥漆提高許多，但好的乳膠漆可以維持5年再重新粉刷，長遠來看比較划算。

■ 乳膠漆VS水泥漆比一比

種類	特色	優點	缺點	價格
水泥漆	為大眾化室內塗料，分為水性及油性2種，後者使用時須添加甲苯稀釋，毒性較強。	價格經濟實惠，可塗刷面積較大．施工過程省時省工。	粉刷後質感較差。不耐清洗，壽命僅2～3年。	3公升，NT.250～450元。
乳膠漆	俗稱塑膠漆，均為水性，加水稀釋即可，品質好壞視添加的樹脂、石粉比例而定。	漆膜較厚、漆面較細緻，質感佳、防霉抗菌，不易沾染灰塵。	價格較高。塗刷前置作業較費時費工。	1公升，NT.250～490元。

※本書所列價格僅供參考，實際售價請以市場現況為主

清潔保養 Q204 家裡有面牆想用特殊裝飾塗料做變化，但事後會不會很難清潔保養？

視塗料本身成分，事後清潔保養方式各有不同。

特殊裝飾塗料較無法就漆的本身判定好壞，最好找有信譽廠商，親自觀察他們做出來的實景，比較有保障，而且良好的廠商會提供完善的售後服務，若漆面有小瑕疵可以立即修補。至於事後的簡單保養，若成分為礦物，則好清理保養；若為礦物成分、灰泥成分者，耐候性佳，不易因日曬雨淋而龜裂，因此比較沒有清潔維護上的問題。尤其有些廠商推出的礦物塗料，修補時只需直接塗刷而不需刮除舊漆，維護更為便利。

清潔保養 Q205 牆壁油漆用不到幾年就開始落漆，平時應該要如何維護？

平時應做好去污工作，並定期重新粉刷。

不論牆面塗刷的是水泥漆或者乳膠漆，完工後建議可留下少量塗料或是保留色號，以便日後修補；由於油漆也是會有使用期限，因此最好還是要定期重新粉刷，水泥漆約可維持2～3年，好的乳膠漆則可以維持5年再重新粉刷。另外，因為乳膠漆耐水擦洗，所以平時牆面若有髒污，可以濕布或者海棉沾清水，以打圓圈方式輕輕擦拭髒污的地方，即可輕鬆去污做好平時的保養。

種類挑選 Q206 黑板漆只有綠色的看起來好單調，有沒有其他選擇呢？

除了常見的黑色、墨綠色，還有高達880種色系可選擇，另外也可依所選顏色進行調色。

黑板漆除了常見的黑色、墨綠色之外，現今已突破色系上的限制，提供多種顏色選擇，有高達880種色系，也可依所選顏色進行調色。建議可視居家空間風格，或者想營造的氛圍，挑選適當的黑板漆顏色，讓黑板漆不只有塗鴨功能，也能像一般油漆為居家帶來活潑感受。

黑板漆盡量選擇水性的漆料，無甲苯的成分，在使用上較為安全。

價錢 Q207 設計師都用「坪」計算，應該要怎麼換算用了多少罐油漆呢？

一加侖油漆可漆8～10坪左右，不過除了油漆費還必須計算工時。

油漆工程的估價方式大多以「坪」來計價，工序部分包括批土、底漆、面漆，整體報價會依使用的漆料種類、工序的繁複要求等調整，普通的水泥漆行情約為NT.800元／坪（連工帶料）；但油漆的施作除了牆面外，也包括木作櫥櫃的表層、內裝處理，工程報價會因櫥櫃面積再往上升，所以如果只是把坪數換算成用多少罐油漆，並不盡合理，也因此一般油漆工程多是連工帶料做估價，若真有疑問可請設計師或師傅將報價明細寫清楚，以免日後有爭議。

油漆工程的工序繁複度與工時、價錢有很大的關係，因此無法單以漆料數量做為整體工程的估價標準。

價錢 Q208 家裡沒有預算鋪設大理石，改用仿石材的塗料是不是會比較省錢？

改用仿石材塗料會比較省，其中可替代大理石石材的馬來漆價格約為NT.5,000～6,000元／坪。

仿石材效果的特殊塗料產品，多為天然石粉、石英砂，經高溫窯燒（600℃至1800℃）而成之有色的磁器骨材，以專業噴漆施工後會呈現仿花崗石、大理石的漆面效果，色澤自然柔和，不會色變或褪色，非常耐污又防水，使用在室外至少可以維10年以上。若居家空間想使用大理石石材，又礙於價格上的考量，可以能呈現如同大理石質感，價格和施工相對來得便宜、容易的馬來漆做取代。馬來漆可透過批刀自由創造花色紋路，表現形式不受拘束，搭配各種風格空間都很適合，其塗料內含石膏、灰泥、大理石粉，有的還加入雲母材質，不同的成分含量、不同的施作方式（如批土的凹凸肌理、拋光處理等），能創造出多元迥異的視覺效果。

挑選＋施工 Q209 想在家裡塗一面黑板漆，但聽說黑板漆含有甲苯對人體有害，這是真的嗎？若要漆黑板漆，什麼牆面都能漆嗎？

可選擇水性塗料，無甲苯成分的黑板漆。

早期常見的黑板漆多為油性，成分包含特殊樹脂、耐磨性顏料、調薄劑等，由於油性塗料中含有甲苯，對人體有害，如今環保意識抬頭，已有業者引進以水性為主的黑板漆，成分具水性漆特性外，也擁有耐磨擦寫特性，重要的是還符合健康環保概念。運用在居家空間中，多半是使用在牆面或木材表面上，例如櫃面、門片等。黑板漆不需混合或再添加其他成分，乾燥後的完成面可用粉筆畫圖或寫字；但使用的底材有所限制，像是金屬與玻璃較無法完全吃色，建議盡量少使用於這兩種材質上。

種類搭配 Q210 家裡不想白白的一片，但是又怕挑錯油漆顏色，應該怎麼選比較好？

圖片提供__摩登雅舍

中性色與大地色系可讓人放鬆心情，運用在任何空間都很適合。

先從不易出錯的淺色及中性色系挑起。

由於色彩將決定空間整體感覺，因此在挑選油漆顏色時除了先以空間風格做為考量外，不敢大膽用色的人，可以挑選最不容易出錯的淺色及中性色系，不只在傢具傢飾的搭配上比較不需花費太多心思，也最能呈現療癒、紓壓的空間氛圍。另外，在選擇塗料時，最好到有提供電腦調漆的賣場，不只可有更多選擇，挑選出來的顏色和實際塗刷出的漆色較不會有落差，事後若需補漆也有色號可做依據。

施工 Q211 油漆師傅說乳膠漆上一道就好，這樣的施工方式是對的嗎？

由於乳膠漆遮蓋力較差，因此至少要刷3道才會漂亮。

一般油漆的施工順序為：批土→打磨→刷漆，刷漆指的就是普通常見的刷油漆，又分為「底」（底漆：第一層漆）和「度」（面漆：最外層的漆），通常以一底兩度為基本條件，愈多道牆面越平整，當然價格也愈高，而由於乳膠漆的遮蓋力較差，因此除了要搭配非常平整的牆面才能表現乳膠漆細緻的特性外，建議至少刷3道才會漂亮。不過要注意的是，即使刷再多道還是會在牆面留下刷痕，若真的很介意刷痕，可改採噴漆方式上漆，但價錢相對也昂貴許多。

圖片提供__Dulux得利塗料

若想呈現溫潤質感，細緻的乳膠漆是不錯的選擇。

你該懂的建材 KNOW HOW

何謂底漆？ 是最貼近底材的第一層漆。可以加強漆與建材的附著力，讓漆和材料的接合更好。

何謂面漆？ 是位於牆面最外層的漆料。具有保護、裝飾及呈現色彩與質感的效果。

價錢 Q212 聽說珪藻土除濕效果良好？若家裡牆面想塗珪藻土，價格應該怎麼計算？

全天然無樹脂添加的珪藻土，無毒無甲醛，沾到皮膚也沒有危害，讓居家環境更健康。

珪藻土具有調濕機能，價格以每平方公尺來計算。

珪藻土為多孔質，孔數大約是木炭的五～六千倍，能夠吸收大量的水分，因此具有調濕機能，還可防止結露、反潮，抑制發霉、蝨的發生；而其最大特色就是可針對甲醛、乙醛進行吸附與分解，可用於矯正現代建築因各種內裝物而造成的空氣品質不良問題、避免致病房屋症候群產生；再加上珪藻土的熱傳導率亦低，具有優異的隔熱性，可提高冷、暖氣使用效果，創造冬暖夏涼、溫和舒適的空間；而其微細小孔更可將寵物、香菸、廁所等臭味與異味吸附，具有消臭與脫臭性，是一款適合現代家庭的天然健康塗料；價格以每平方公尺計算，約NT.1,000～1,500／平方公尺（噴塗、連工帶料）。

施工＋監工 Q213 我家天花板的間接照明處，燈打開後才發現油漆品質不是很好，施工時該如何預防？

燈光投射處最容易看出瑕疵，施工時可燈具安裝後施工。

空間的質感往往就表現於細節之處，油漆的刷痕或瑕疵，在燈光投射下很容易被看出，因此天花板及壁面上漆時應特別注意。建議油漆工程施作過程前，先安排天花板的間照燈具出貨、安裝，這樣即可在模擬完工狀況下施作，如此在燈光照射下施工，油漆瑕疵會更明顯利於補強，因此裝好燈具再進行油漆相關工程，有助於提高品質；至於壁面部分，師傅可使用高瓦數的燈打亮、照明，讓瑕疵無所遁形。

在完備的燈光照射之下施作，才能確保油漆完工品質。

監工驗收 Q214 進行油漆工程時，應該怎麼監工？最後完工時又要怎麼驗收？

在施工前、施工中、施工後，都有需注意的事項，這樣才能確保牆面油漆後的品質。

光線明亮處容易看出上漆品質好壞，驗收時可特別留意是否漆面平整。

不論使用的是水泥漆或者乳膠漆，在施工前、施工中甚至是施工後都需注意施工品質，以免牆面漆完後不如預期，以下為油漆工程進行需特別注意的事項：

施工前：須注意壁面平整度、乾燥度，也要確認顏色編號是否和當初挑選的一樣。

施工中：確實注意批土次數。避免偷工減料，或是次數不足而造成美觀的影響；上底漆時，要注意避免在深色底漆上塗淺色面漆。

施工後：完工後選擇天氣晴朗的白天，確認漆面是否平整。牆面需沒有波浪狀、無毛孔且牆面轉角的水平垂直必須工整；摸摸牆體是否平整，檢查有無掉粉或裂開現象。

價錢 Q215 油漆通常是連工帶料一起估價嗎？

是的，一般油漆工程通常是連工帶料計價。

室內裝修在計算油漆費用時，估價方式大概都以坪數作為計價基礎，最常見的施工方式是所謂的「二底三度」，「底」就是批土及打底，「度」則是計算上幾層漆，這樣的施工方式若採用一般的水泥漆，價格約在NT.1,000元／坪上下，若是選用乳膠漆或環保漆，除了材料本身較為昂貴外，因施工方式也有所不同，價格帶會增加到NT.1,100～1,600元／坪不等，因此在檢視設計師提供的估價單時，可向設計師確認清楚，以免事後有所爭議。

■ 各種塗料價格比一比

種類	價格
水泥漆	3 公升售價 NT.250 ～ 450 元
乳膠漆	1 公升售價 NT.250 ～ 490 元
珪藻土	NT.600 元起／平方公尺
天然塗料	NT.3,000 ～ 6,000 元／坪（連工帶料）
特殊裝飾塗料	NT.3,000 ～ 5,000 元／坪（連工帶料）
黑板漆	NT.200 ～ 3,500 元／罐

※本書所列價格僅供參考，實際售價請以市場現況為主

價錢 Q216

設計師建議家裡的木作噴漆會比較好看，但是價錢怎麼好像比較貴？

是的，一般來說噴漆會比手刷來得貴。

由於噴漆工序較為繁複，相對地需要花費的時間也比較長，因此噴漆會比手刷來得貴。進行油漆工程估價時，要注意愈貴的材料計價單位會愈小，所以如牆面、櫃面的油漆通常會以「坪」計算，但其中若是有以鋼琴烤漆和噴漆做處理，因為工序複雜而且施工單價高，所以多是以「才」來計算，估價時要特別注意。

你該懂的建材 KNOW HOW

鋼琴烤漆 鋼琴烤漆是以樹脂為原料，做出像鋼琴外表般的亮漆面，硬度與厚度較高，通常運用在傢具上較多。

施工 Q217

想自己刷油漆，刷漆工具該怎麼選擇？

可選擇油漆刷、滾筒、噴槍三種刷漆工具。

想要塗出均勻美觀的細緻效果，在選擇油漆刷時，可選擇刷毛細緻兼具操作性能佳的塗刷工具。經磨峰加工的化纖絲，塗刷過的漆膜細緻，較一般毛刷施工的牆面美觀，且具有良好的油漆含有率和吐出率，提高工作效率。另外，也可選擇滾筒或者噴槍，不同的刷漆工具各有優缺點，端看個人喜好與期待呈現效果做選擇即可。

■ 各式刷具比一比

種類	優點	缺點
油漆刷	最常見使用方式，刷具取得容易。	會產生刷痕、較不美觀。
滾筒	比油漆刷省力，且因為滾筒材質之故，完工後牆面會有自然的凹凸質感。	油漆容易滴流，且角落處會滾不到造成死角。
噴槍	看不到刷痕，品質比油漆刷和滾筒好。	設備較為專業，一般屋主較難自行完成，且須將傢具等物品包覆、防護，以免被油漆噴濺，較為麻煩；若原本的底不平整，還需先打磨，否則怎麼噴也無法達到效果。

價錢 Q218

在市面上看過一種叫做奈米銀抗菌的塗料，這種塗料有什麼效果，價格大約是多少？

奈米銀抗菌塗料可防霉、抗菌和除臭。

加入奈米銀的純水性PU聚脂塗料，可在被塗物的表層形成防水、防絨的透明防護膜，並可快速防霉、抗菌、除臭。單效產品約為NT.1,200～1,600元／坪（含工），雙效合一的產品價格約在NT.1,600～2,000元／坪（含工）。

施工

Q219

我想改變木作貼皮的顏色，有哪些方式可以辦到呢？

可採用染色、飛色或者噴漆改變木作貼皮的顏色。

要改變木板的顏色深淺，可用染色或飛色的方式，若想完全變成其他顏色，則可使用噴漆方式，不過染色漆料若上的太厚，木紋還是會被蓋掉，飛色雖可局部調整或微調木皮的深淺色，但若改變顏色過度時，也會將原木紋遮蔽，失去原有木紋質感；至於想全面性遮蓋木紋，改變成自己喜愛的顏色，則適合使用噴漆這種方式。

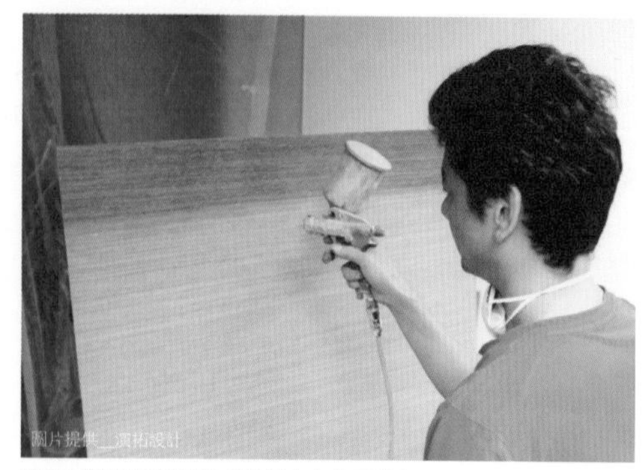

飛色可做到局部調整或微調木皮的深淺色。

種類挑選

Q220

想要自己購買珪藻土施工，但市面上珪藻土的產品那麼多，怎麼挑選才不會買錯呢？

注意不要買桶裝，注意吸水力、調濕能力以及耐火性等，並用手觸摸測試表面堅固程度

珪藻土雖然是強調無毒又健康的天然材料，但要如何才能避免買錯而失去其原有的健康自然特色，以下幾點為購買珪藻土的注意事項：

1 不要買桶裝的珪藻土

桶裝的珪藻土雖然便宜，但加了樹脂後並沒有珪藻土原本的功能，最好選擇日本原包裝進口產品，而不是進口後分裝品或添加其他材料的包裝產品，且要了解產地及其內容物是否添加化學物質，例如化學色漿之類。

2 固化劑成分影響調濕能力

天然珪藻土磨成粉末後，需要與固化劑調和才能塗抹於牆面上，而市面上固化劑成分有黏土、消石灰、合成樹脂、水泥等，若固化劑成分為合成樹脂或水泥，則容易發生阻塞珪藻土孔隙，降低調濕能力等情況。

3 購買時鑑定吸水力

消費時廠商多會提出自家產品的調濕數據（坊間常見為25～200g ／㎡），建議消費者可以請商家提供珪藻土樣板，以現場噴水器向樣板噴水測試，若是吸水量快又多，則代表產品的孔質完好，如果吸水量很少，表示孔隙被堵塞，或是珪藻土的含量偏低。

4 要求耐火性需注意固化劑成分

珪藻土本身為不可燃材質，但耐火性需要注意搭配的固化劑等素材，建議購買前可以請廠商以樣本點火示範，若是冒出氣味嗆鼻的白煙，則可能是以合成樹脂作為珪藻土的固化劑，遇火災發生時，容易產生毒性氣體及煙霧阻礙逃生。

5 用手觸摸測試表面的堅固程度

購買時可以請商家提供珪藻土樣板，建議以手指輕觸試驗，如果有粉末沾附於手指上，表示產品的表面強度可能不夠堅固，日後使用上容易會有磨損等狀況產生。

種類搭配 Q221 配色有沒有什麼原則可遵循，只能憑自己的感覺配色嗎？萬一配出來不好看怎麼辦？

可遵循選出空間中重點元素、面積比例，以及利用白色與強烈色彩做搭配這三個配色原則，為居家空間做顏色搭配。

在居家空間漆上塗料顏色不只可以創造焦點，亦能改變整體空間氛圍，但牆面顏色如何與空間裡的傢具傢飾做搭配，卻不是一件簡單的事，以下為居家空間的三個基本配色原則，只要遵循以下三個原則，相信搭配出來的顏色應該不會有太大的落差。

1 選出空間中重點元素，再依此與之搭配

居住環境的構築，除了基礎裝修外，還有傢具、軟件等元素，完整且面面俱到的規劃方式，應在空間中挑選出使用者最重視的元素（如傢具、主色彩或視覺主體），再選定配色方式來搭配，同時考量各色彩的比例關係，才不會讓空間主體失焦。

2 白色+X色

建議若想使用強烈的顏色，新手不妨利用「白色+X色」兩色搭配原則入門，可保證配色絕不失敗。

圖片提供__Dulux得利塗料

若只是小面積使用單一色彩，可挑選濃度、彩度較高，大膽強烈的顏色。

3 面積 VS 比例

一般而言，若在空間中僅是小面積地使用單一色彩，可挑選濃度及彩度較高的顏色，大膽強烈使用，可讓色彩更加耀眼；相對地，若是在大面積使用色彩，因必須考量到光線與色彩搭配，挑選上就需要相對謹慎。

圖片提供__演拓設計

油漆不只可以運用在壁面，壁櫃門片若需油漆加以美化，皆列為油漆工程費用。

價錢 Q222 油漆的報價通常包含哪些項目？怎麼看報價合不合理？

除了壁面的粉刷、批土，也包含了木作部分的漆面處理。

壁面油漆工程包含了粉刷、批土，其中估價單中會出現二底二度等字眼，所謂的二底就是指刷二次底漆，二度則是指刷二次面漆，次數愈多價錢自然愈貴，批土則要視家裡牆面狀況，若牆面嚴重裂痕、不平，則需要批土的範圍就會愈大，價錢當然也會愈貴。除了牆面的粉刷、批土外，如天花板漆面、木作櫥櫃表面和內部，若有特別要求須做甲醛處理，也是納入油漆工程，油漆價格的費用，則視油漆的面積和油漆種類而定。

種類挑選 Q223 水泥漆只有分油性和水性嗎？有聽人家説還有亮光和平光，那也是水泥漆的一種嗎？差異在哪裡？

水泥漆基本上可分為油性和水性，水性水泥漆又可分為平光、半光和亮光。

水性水泥漆以水性壓克力樹脂為主要原料，配合耐候顏料及添加劑調製而成，光澤度較高，室內外的水泥牆都可塗刷，但不建議塗刷在金屬、磁磚等表面光滑的材質上。而根據其塗刷出來的質感，大致上可分成以下三種：

1 平光：塗刷在牆面上的效果具霧面質感，看起來比較柔和，感覺較含蓄內斂，所以深受大多數台灣消費者的喜愛。

2 半光：室內裝飾比較不反光，塗刷的質感較清亮，表面光滑也較容易擦拭。

3 亮光：粉刷後牆面看起來會相當亮，牆面凹痕等細節也看得較清楚。耐水洗，如果濕氣較重時，牆面也會變得很潮濕。

圖片提供＿Dulux得利塗料

善用多種顏色的水泥漆搭配不同建材，也能玩出空間的趣味。

施工 Q224 我家牆面已經漆上一層水泥漆了，可以直接塗上珪藻土嗎？

圖片提供＿FUGE GROUP馥閣設計集團

珪藻土具有調節濕氣、除臭、防污等功能，且不需定期補刷，沒有使用年限限制，是一種CP 值頗高的素材。

可直接塗抹在塗有水泥漆的牆面。

珪藻土在施工時，絕不能倒入其他油漆混全施工，但如果原本牆面已經塗有水泥漆或者乳膠漆，則並不影響，可直接塗抹在牆面，但若有壁紙則最好刮除後再施工。另外，施作時牆壁不能濕氣過重或有壁癌，也不建議塗抹在玻璃磚等較為光滑表面底材上。

施工 Q225 立體的紋飾圖案看起來施工複雜，可以在家裡自己 DIY 做出來嗎？

室外塗刷難度較高，不適合DIY，若是在室內塗刷，只要運用適當的工具，就可以自己DIY。

只要運用適當的塗刷工具，例如鏝刀、抹刀以及特殊的爬梳工具，立體紋飾漆往往可以創造出非常獨特的藝術效果，有些廠商提供教學體驗，可學習塗抹技巧。而需要使用高壓噴塗工具的石頭漆，則不建議自行DIY。若想在室外塗刷天然素材紋路圖案，由於塗刷工程較複雜，DIY 難度高，建議選擇專業的施工團隊。若想塗在室內，過程簡單DIY 較容易，可在已上漆的牆面上施作，但若有壁癌問題須先處理。

種類挑選 Q226 所謂特殊裝飾塗料的材質成分為何？時間一久會不會褪色？

成分各有不同，通常都耐污又防水，不會色變或褪色。

特殊裝飾塗料扭轉了人們對塗料顏色的印象，不僅有仿木紋、仿石紋，還出現了立體的紋飾料，讓居家空間更添趣味。

特殊裝飾的塗料屬於可厚塗的塗料，成分各有不同，通常可透過不同塗刷工具，呈現立體的砂紋、仿石紋、清水模等效果，或甚至做出仿木紋、布紋或紙紋的仿飾漆效果。其中常見於居家空間的仿石材特殊裝飾塗料，成分多為天然石粉、石英砂，以專業的噴漆施工後會呈現仿花崗石、大理石的漆面效果，色澤自然柔和，不會色變或褪色，塗料成分分為水性、油性合成樹脂類、環氧樹脂類，有的還通過綠健材健康標章。另外，也有成分為無機的礦物特殊塗料，可深入礦物底層，與石質建築物表面合為一體，塗刷後可以做出類似石雕效果，經久耐用而且無法燃燒，即使高溫也不會產生有毒氣體，同時具有「高透氣」、「高透濕」特性，能克服台灣高溫潮濕所引起的壁面油漆起泡、剝落，以及白華、長霉等問題。

種類挑選
Q227
大牌子的乳膠漆就一定好嗎？應該怎麼分辨乳膠漆的好壞？

可從原漆性能、施工性能以及漆膜性能三個面向來分辨乳膠漆的好壞。

一般選購好的乳膠漆，建議最好選擇有國際認證的品牌，或者有健康綠建材認證的品牌，除此之外，也可用下列方式進行分辨。

1 原漆性能：詳察外觀、黏度、密度、細度、遮蓋力。
2 施工性能：了解施工性、塗刷量、活化時間、乾燥時間。
3 漆膜性能：這是乳膠漆最重要的性能，乾燥後看它的漆膜外觀、色差、耐水性、耐刷性、對牆體的附著力。

chapter

9

壁紙

選用 TIPS

① 壁紙種類、樣式多元，建議在選用上要以適合自己居家風格、喜好為主，再決定適合的款式。

② 壁紙有的以「捲」，有的以「平方公尺」，也有的則是以「坪」來作為計算單位 ，無論哪一種計量方式，記得購買時一定要將耗材數量考量進去，才不會發生用量不夠的情況。

③ 貼壁紙時要注意牆面平整性，以及原牆壁是否有壁癌、漏水等問題，若有要記得先處理好才能覆貼壁紙。

壁紙是裝飾居家空間中常用的元素，透過黏貼於牆面就能改變牆面表情，達到美化空間的目的。一般俗稱的壁紙，是由面材與底材相組而成，面材大致可分壁布、壁紙兩種，底材則有純紙、不織布……等；比較值得注意的是，壁紙材質比較輕薄，因此在施工上要記得安排在裝潢工程中的最後，以免木作碎屑、油漆塗料傷及壁紙平整性與美觀性。另外，壁紙怕潮濕，除了濕度較高的空間像是衛浴、廚房較不適用外，平時也可以搭配除濕機使用，以延長壁紙的使用年限。

圖片提供＿樹琳傢飾、雅緻室內工程

種類挑選 Q228 壁紙的主要成分是什麼？一定就是紙做的嗎？還是另有PVC材質？

壁紙主要成分仍是紙，有面材、底材之分，面材大多以印刷圖案為主，底材主要為純紙、PVC、不織布等。

一般俗稱為「壁紙」的壁面裝飾材，是由面與底兩部分組成，底材可分3大類：PVC塑膠、純紙漿與不織布，面材則大致可分為壁布、壁紙兩大類，自從1980年代塑膠工業興盛之後，PVC壁紙幾乎占據80%的市場。不過，現今全球建材界正刮起一股環保風，可回收、再生的純紙漿與不織布的品項明顯增多，消費者的選擇也跟著變豐富了。還有，自然纖維的話題仍持續發燒，廠商們甚至利用古老的技術，重新賦予傳統產品時尚的面貌。

圖片提供_SHERLIN療琳傢飾

挑選壁紙除了考量喜歡的空間氣氛，也可挑選較容易清潔擦拭、耐刮磨、防水、阻燃、吸音等效果的款式。

■ 各式壁紙比一比

種類	特色
發泡壁紙	它是以紙為基材，以聚氯乙烯塑料薄膜為面層，經過複合、印合、印花、壓花等工序製成的一種新型裝飾材料。
純紙壁紙	純紙是傳統壁紙的主要底材，可以直接，上漿再貼於牆上。使用紙質底材的壁紙服貼度較好，然而紙漿價格愈來愈昂貴且稀有，是目前最大的隱憂。
不織布壁紙	用來取代純紙底材的不織布孔隙較大，因此吸收膠的速度也較快。在新舊壁布更換時，不織布背材的壁布可整片撕下，比純紙背材更換快速且方便。

種類挑選 Q229 進口與國產壁紙之間有什麼差異嗎？愈貴愈好嗎？又該如何做選擇使用？

圖片提供_雅緻室內工程

壁紙款式、製作方式、產地來源等不同，都會使得價格有所不同，原則上以自己負擔得起做選擇依據。

壁紙因國產、進口有價格高低之分，依自己負擔得起做選擇為佳。

壁紙有國產與進口之分，兩者之間因款式、材質、製作方式等不同，連帶使得價格有高低之分，施工部分應無太大差異，因此在選擇壁紙時，原則上仍以自己負擔得起、空間適合花色來做選擇為主。

種類挑選 Q230 壁紙之外還有壁布、壁貼，這三者究竟該如何分辨？

壁布面材以棉、麻等織品為主，壁貼材質為不透明的塑料。

壁布與壁紙最大的不同，就在於棉、麻、絲，甚至人造絲等織品所造成的視覺效果，可完整呈現布料的溫潤感。因為印刷限制，一般來說，幅寬53公分以下的是壁紙，大於53公分的就是壁布。壁貼，簡單地說其實就是一張大型貼紙，利用特殊膠水，做成能貼在牆面上但又不破壞牆面的藝術貼紙，來妝點局部牆面。

壁紙、壁布主要是面材不同，壁貼則類似大型貼紙，撕下後即可直接使用。

■ 壁紙 VS 壁布 VS 壁貼比一比

種類	優點	缺點	價格帶
壁紙	1 主要成分仍是紙，有面材、底材之分，面材大多以印刷圖案為主，底材主要為純紙、PVC、不織布。 2 可大面積黏貼於牆面，並能取代油漆。 3 圖騰種類較多，可隨喜好做選擇搭配。	怕潮，因此潮濕空間較不適合使用。	NT.7,000 ～ 11,700 元／碼 （進口壁紙）
壁布	1 壁布為壁紙的另一種形式，表層基材多為天然物質，色彩較自然。 2 由於成分來自於天然，質感觸感也很柔和。	因成分關係須注意使用環境，較潮濕空間不適宜。	NT.5,000 ～ 12,500 元／碼 （進口 A 級壁布）
壁貼	1 壁貼背後已含有膠的成分，撕下後即可直接使用。 2 屬於局部裝飾材的一種，可作為妝點空間之用。	複雜且細緻的高級壁貼須由專人施作。	NT.1,000 ～ 15,000 元／組

清潔保養 Q231 平日又該如何維持壁紙的乾淨與整潔？可以拿濕布擦拭嗎？

平日搭配除濕機維持壁紙品質，再依壁紙種類決定是否可拿濕布擦拭。

元素實業室內配置師呂美貞表示，由於空間環境中有濕度、溫度等自然現象，屬於紙質材質的壁紙較怕受潮，因此建議平日維持壁紙的品質可搭配除濕機一同使用，降低濕氣也延長使用壽命。至於在清潔保養上，呂美貞表示平時可以使用乾布做擦拭，至於濕布的使用則要注意壁紙材質，帶有防潑水、防水性的款式才建議用擰乾後的濕布做簡單擦拭去除灰塵，反之，非防水性壁紙較不建議這樣做。

種類挑選 Q232 市場出現表面有絨布、皮革、仿石材壁紙產品，究竟該如何做選擇？

仿石材、皮革壁紙在市場上常見，可依需求喜好做選擇。

壁紙款式各式各樣，除了一般常見花紋圖騰之外多樣，市面上還出現絨布、皮革、仿石材等款式，建議以自家風格、調性來做選擇搭配，如果是古典風格可以適度加入絨布、皮革元素增加華麗氛圍；不過切記，紋路太繁複、顏色太重的皮革壁紙，只適合局部點綴和小空間，不宜全室鋪設，假若要在大坪數空間全室鋪設，記得選擇顏色較淡一點的款式。若是現代調性，則可以選擇仿石材花樣，突顯特色與創造對比性。

善用壁紙能營造空間不同氛圍，除了常見花紋圖騰外，還可選擇仿石材、皮革等款式。

施工 Q233 壁紙只能使用於牆壁上面嗎？可以貼在天花板或桌面嗎？

壁紙運用範圍愈來愈廣泛，除了牆面、天花板、桌面，甚至櫃面、門面都有人使用壁紙來做裝飾。值得提醒的是，像桌面較為經常使用、摩擦頻率較高，除了可以選擇耐磨擦性貼布外，也可以在黏貼表面加一道透明壓克力板或玻璃，既不破壞美觀同時也多一層防護。

種類挑選 Q234 壁紙的正常厚度是多少？愈厚愈好還是愈薄愈好呢？該如何做選擇使用？

壁紙厚度多半在0.5mm以下，沒有愈厚愈好或愈薄愈好的問題。

各家生產製造壁紙方式不同，所以厚度多少有一點點差異。

壁紙厚度通常在0.5mm以下，沒有所謂的愈厚愈好。或是愈薄愈好，由於各家生產製造壁紙方式不同，所以厚度多少有一點點差距，基本上厚度不會是影響決定關鍵的部分，主要還是應依壁紙圖騰、款式做選擇。

施工 Q235 一捲壁紙可以貼多大的面積？家裡總共有 3 坪左右的牆壁要貼，要買幾捲才夠呢？

貼壁紙時還需要將耗材部分考慮進去，因此建議購買時要多準備 1 ～ 2 捲較為理想。

1捲壁紙可貼1.5坪，含耗材來算，3坪則至少需要4捲壁紙。

對外行人來說，難度較高的環節應該算是事前估算所需的壁紙數量了。計算時，必須考慮到接縫處是否要重疊、圖案的對花等問題。以特力屋販售為例，1捲寬53公分、長1,000公分，可貼1.5坪（不含耗材）若以黏貼面積3坪計算需要2捲，但由於有對花，以及考量到左右兩邊的圖案是否能銜接，往往得裁切掉不少壁紙，乃建議要多備1～2捲以備不時之需。若以3坪為例，至少就需要準備4捲壁紙較為理想。透過以下公式，可估出大約所需壁紙為多少，而不致產生多買的問題。

一般壁紙：（牆面積總數÷1000÷53）＝所需捲數
花色壁紙：（牆面積總數÷1000÷53）× 2＝所需捲數

種類挑選 Q236 壁紙買賣如何計價，是以捲來計算嗎？通常一捲壁紙的長寬大小為多少？

壁紙多半是以捲作為單位，也有以平方公尺或坪計價。

壁紙是以捲作為計價單位，也有以平方公尺或坪計價的。由於各家生產製造不同，每一捲尺寸多少微微有些差異，以特力屋販售為例，1捲寬53公分、長1,000公分，可以透過長寬尺寸來決定使用量的大小。

壁紙是以捲作為計價單位，也有以平方公尺或坪計價，預估費用時最好問清楚。

種類挑選 Q237 壁紙花樣如此多，究竟該如何選擇適合自己的圖騰款式呢？

依空間風格、個人喜好決定適合的壁紙樣式。

壁紙有素色、帶花紋、帶格紋、帶幾何圖騰……等樣式，種類可說是各式各樣，在選擇時建議從風格、空間色系來做選擇，如果是鄉村風就可以選擇帶有小碎花、格紋等款式；如果希望創造視覺焦點那麼可以大膽使用幾何圖騰樣式的壁紙。壁紙也可取代油漆，若不想在牆壁上塗刷油漆即可用素色壁紙來取代。另外，大面積牆通常可以表現出屋主的氣質，以素面、單色、規則性，或花色間距小的圖樣為主，藉以襯托出傢具或藝術品。運用在小空間、重點面積上，則可以花樣突出、呈現立體質感、圖案間距較大或具層次變化的明顯圖形為主。

圖片提供＿雅緻室內工程

壁紙種類、樣式多元，最主要還是依自己喜好以及跟空間風格相不相配來決定樣式。

施工 Q238 住家環境屬於潮濕區域如山區、淡海區，仍適合貼壁紙嗎？

圖片提供＿雅緻室內工程

住家位處於山區、淡海區又想貼壁紙的話，建議搭配除濕機使用，以延長壁紙使用壽命。

家住山區、淡海區仍是可以貼壁紙的。

住家環境若位處於較潮濕區域如山區、淡海區，仍然可以使用壁紙的，但這些環境濕度相對高，建議要更經常性搭配除濕機的使用，讓室內濕度不會過高而降低了壁紙的使用壽命。倘若牆面已有壁癌、漏水現象等，在施作前應先作室內外的防水止漏工程；倘若牆面過於潮溼，不妨設置一層底板，再貼壁紙。

施工 Q239 貼壁紙究竟該請專業人員還是可以自己DIY？

黏貼面積不大可自行DIY，面積較大建議請專業人員較佳。

若需要黏貼壁紙的牆面面積不大，可以自行DIY處理，如果黏貼面積較大，且沒有黏貼經驗，仍建議請專業人員處理，一來遇到突發狀況比較有人可以處理，二來不會產生黏貼不平整等情況。

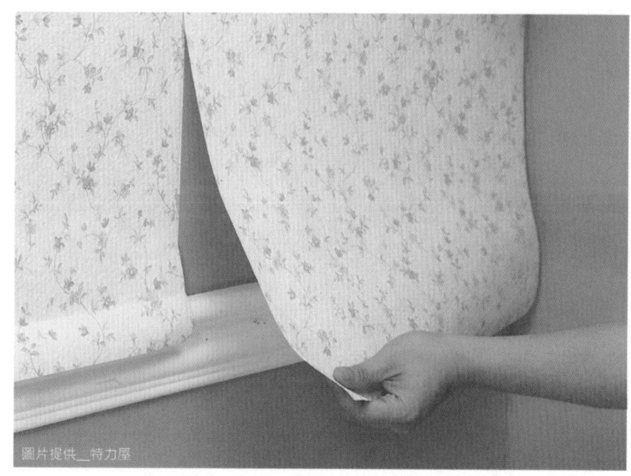
圖片提供＿特力屋

若沒有自行黏貼壁紙經驗時，家中若需黏貼壁紙建議請專業人員施工較佳。

施工 Q240 壁紙黏貼空間如果有西曬問題，還適合貼壁紙嗎？

空間有西曬問題仍是可以貼壁紙，不影響使用性。

元素實業室內配置師呂美貞表示，空間若有西曬問題仍想貼壁紙是可以的，只是很有可能因為陽光大量照射下，產生色差情況。如果介意可每隔幾年做一次更換，不侷限壁紙的使用，便能一段時間就有不同的空間味道呈現。

圖片提供＿雅緻室內工程

壁紙不建議安排在其他工程之前施作，因為很可能因為木作碎屑等破壞了壁紙的平整性與美觀性。

施工 Q241 壁紙工程該排在裝潢過程中的最先還是最後？

壁紙工程應安排在裝潢工程的最後，才不會破壞壁紙的美觀性。

壁紙工程的施作通常是各項工程的最後一道手續，必須等各工種都退了之後才能施作。由於壁紙較為輕薄，若安排在其他工程之前，很可能因為木作碎屑、油漆塗料等，破壞壁紙的平整度或是美觀性，出現小瑕疵情況。

施工 Q242 若要自己DIY黏貼壁紙，該準備哪些工具？

DIY黏貼壁紙要準備刮刀、滾輪、刀壁、壁紙刷等工具。

如果要自己DIY黏貼壁紙，可以到賣場買貼壁紙專用的工具組，裡面包含了刮刀、滾輪、刀片、壁紙刷等，適合一般家中DIY使用，從裁切、上膠、鋪平一次到位，黏貼壁紙也更方便、更有效率。

圖片提供＿特力屋

壁紙刷是自行 DIY 黏貼壁紙時所需要的工具之一。

施工 Q243 壁紙只能適用於乾燥空間嗎？像是較潮濕的衛浴、廚房可以貼壁紙嗎？

壁紙怕潮濕，較潮濕的空間仍是不建議使用。

基本上大多數壁紙仍屬於紙類且怕潮，建議使用在乾燥空間較理想，若較為潮濕的衛浴、廚房空間想使用，可以防水、防潑水款式為主，髒了也比較好清理。

施工 Q244 自己DIY貼壁紙，可以用一般黏貼膠嗎？還是有專業黏貼膠？

圖片提供＿雅緻室內工程

貼壁紙一定要使用專業接著劑，此種接著劑的特性、成份較適合壁紙使用，作業起來才不會覺得黏貼不牢固。

貼壁紙須使用專業接著劑，水與接著劑掌握10：1比例。

貼壁紙時不可使用一般黏貼膠，一定要使用壁紙專用接著劑，膠的成分適合貼黏壁紙，不會發生易脫落或無法黏貼的情況。使用專業接著劑要注意調配比例，水與接著劑比例為10：1，調和要注意是否均勻，攪拌時可適時將接著劑輕微拉起，若拉起呈絲條狀表示已可使用，若呈塊狀則還不能使用，須再適度加水或接著劑做適當比例的調和。

施工

Q245 壁紙可以直接貼在舊壁紙或是已塗過油漆的牆上嗎？黏貼時需要注意些什麼？

貼壁紙是可以直接貼覆於舊壁紙或是已塗過油漆的牆面上的。

壁紙是可以直接貼在舊壁紙或已塗過油漆的牆面上的，但有些事項要注意。特力屋窗簾壁紙專員林鼎皓提醒，若壁紙本身帶有立體圖騰則不建議直接貼覆，因為當新的壁紙再覆蓋上去，會產生微微凹凸不平的情況；另外就是已塗過油漆的牆面若出現裂縫，很可能牆面也有一些內在問題產生，不建議直接做貼覆，宜重新處理好牆面再貼壁紙較為理想。

圖片提供＿雅緻室內工程

壁紙要貼於原本就已貼有壁紙或塗過油漆的牆面上時，仍要再檢查一下是否有凹凸不平或裂縫情況，沒有這些問題再進行貼覆。

施工

Q246 壁紙貼完後發現圖案不吻合該怎麼辦？

建議撕下重貼或是直接覆蓋壁紙重做進行補救。

壁紙貼完後發現圖案不吻合，很有可能是一開始貼時未檢查好圖案紋理走向，也有可能是建物基地沉降不均勻、牆面未平整等，引起跑花的情況。此時建議將壁紙重貼，因為在膠未完全滲透、未完全乾時，仍可以撕下來再做對花重貼；若發現壁紙圖案不吻合是在膠已完全乾時，則建議以直接覆蓋壁紙的方式做重貼補救，但這樣會有些微厚度不一的情況產生。

圖片提供＿雅緻室內工程

建議將壁紙重貼，但若膠已完全乾時，則建議以直接覆蓋在壁紙上方式做重貼補救。

施工 Q247 利用壁貼似乎比貼壁紙方便多了，但壁貼可以反覆撕下再貼嗎？

剛貼上時，且貼在平滑的玻璃、磁磚上，的確可撕下換貼至別處，但當膠定著後，就不易從牆上撕下。

由於壁貼無法一直重複黏貼，所以黏貼時可先確認位置再貼上。

很多人對壁貼的使用有誤解，認為可反覆貼在不同地方，實際上壁貼的膠在剛貼上，且貼在平滑的玻璃、磁磚時，的確可撕下換貼別處，但當膠定著後，若從牆上撕下，就會把日久早已粉化的漆一併撕下來。壁貼貼好後通常必須把表面透明層撕掉，重複貼就無法確保其平整度。若想更換壁貼，可用吹風機把壁貼吹熱，背膠吹融就不容易留下殘膠，年代久遠的殘膠，則可選購專用的去膠產品去除。

施工 Q248 要貼壁紙的牆面如果出現漏水、壁癌問題需要先處理嗎？

壁紙怕濕怕潮，牆面有漏水、壁癌問題要記得先行處理。

壁紙怕潮濕，因為濕氣會降低壁紙的使用年限，而且若在已有漏水及壁癌的牆面貼上壁紙或壁布，貼後不久就會出現發霉變黑的狀況。所以如果要黏貼壁紙的牆面出現漏水、壁癌等情況，建議要先經過處理，把這些問題解決，才不會因為滲水導致壁紙破壞。

施工 Q249 貼壁紙該由上往下貼，還是由下往上貼？

貼壁紙時，應把握由上往下貼的原則。

貼壁紙時把握「由上往下」、「從左至右貼」的原則，可充分將空氣從壁面趕出，以避免空氣中的水氣積在裡頭，造成日後壁紙潮濕脫落的狀況，同時也方便注意是否平齊、膠是否能順勢往下分散到各處。因此最佳的施作辦法是將上好白膠的壁紙由牆面最頂端的邊角往內貼，接著再以刷子由上往下使壁紙平整貼於牆面上。

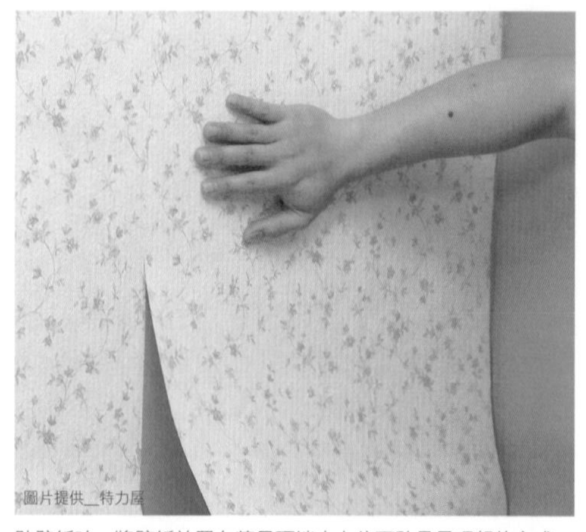

貼壁紙時，將壁紙放置在牆最頂端由上往下貼是最理想的方式。

施工 Q250 壁紙貼完後需要風乾幾天？

壁紙貼完後至少風乾1星期，讓膠完全滲透至牆面。

壁紙貼完以後勿直接將傢具，像是沙發、櫃體、床架等倚靠貼有壁紙的牆面，至少需要風乾1個星期，透過打開室內窗方式，讓膠完全滲透至壁面，同時也讓膠的氣味揮發、散去。另外，由於冷氣較乾燥，容易導致壁紙背後的黏膠「乾裂」，所以，貼上純紙壁紙後最好3天內別開冷氣，讓剛刮好的批土與剛貼上去的壁紙在自然狀態下風乾，這樣才可讓壁紙的壽命更長久。

剛貼完壁紙的牆面須風乾 1 星期，讓黏著劑完全滲透、氣味散去後，再擺放傢具。

施工 Q251 該如何測得壁紙是否貼歪呢？

貼壁紙時搭配水平尺降低壁紙貼歪的可能性。

擔心壁紙是否會貼歪，建議可以搭配水平尺一起使用，貼時在牆面上藉由水平尺標記出第一條壁紙的垂線軌跡，以便之後的各條壁紙保持筆直，這樣就不用擔心貼歪囉！

施工 Q252 如果壁紙貼歪了該怎麼辦？可以撕下來再重貼嗎？

發現貼歪情況，建議趁膠未乾時儘快撕下來重貼。

壁紙貼歪了建議只能撕下來重貼，無論是素色還是帶圖騰款式，貼歪情況下都容易影響壁紙的整體性與美觀性，因此建議當發現貼歪時，記得趁黏貼壁紙的膠未乾撕下重貼較為理想。一般壁紙膠在5分鐘內都還不會完全黏著，所以如果貼歪了，或是不夠平整，就要好好把握這黃金時刻，趕緊調整。

種類搭配 Q253

家裡想貼花紋圖騰壁紙，不過應該怎麼搭配，才不會反而好像花成一團，失去焦點呢？

傢具的顏色風格要與壁紙的花樣相互搭配考慮，這樣才有整體加乘效果。

大花圖案的壁紙，以素色飾材搭配調和；花色強烈的壁紙，建議搭配同色系的傢飾。

客廳裡只要一面主牆採用大型圖騰即可，其他牆面貼上小碎花、素面或條紋的壁紙，可突顯視覺焦點。若牆面貼了花色強烈的壁紙，則該空間陳列的傢具、傢飾或藝術品，最好為同色系的素色。還有，壁紙的花紋如果很顯眼，窗簾布就建議挑選素一點的花色。

施工 Q254

壁紙貼完後出現有氣泡情況該怎麼補救？

在氣泡處刺小洞並搭配滾輪或刷子壓平讓空氣跑出來。

壁紙貼完後會產生氣泡情況是因為空氣殘留於壁紙內，未完全擠壓出來，此時建議可以用針在氣泡處刺一個小洞，搭配滾輪、刷子或刮刀做壓平處理將空氣導出，消除氣泡情況也讓壁紙更加的平整。

施工 Q255

貼好壁紙如果出現折痕該怎麼辦？

利用美工刀在折痕處輕輕割開，補點壁紙專用膠再用滾輪壓平。

貼壁紙時可在施工過程中使用刷子、滾輪等工具，藉由這些工具輔助的按壓讓壁紙更服貼於牆面，若施工未留心或未注意而產生折痕情況時，建議可以使用美工刀輕微的切開一點點折痕，再補上一點的壁紙專用膠，搭配滾輪、刷子來回壓平，淡化折痕情況，也讓壁紙更加地平整。

清潔保養 Q256 壁紙使用一段時間後開始脫落該怎麼辦？

脫落面積僅局部可自行修補，若面積較大建議重新更換。

由於房間內溫度、濕度關係影響，容易使得壁紙使用一段時間後產生收縮、脫落等現象，若脫落面積不大可自行利用壁紙專用黏著劑做修補黏貼，若脫落面積較大，則建議重新更換。

監工驗收 Q257 壁紙或壁布黏貼後，有哪些應該驗收的重點，確定壁紙、壁布的施工沒有問題？

目測壁紙是否平整、對花是否正確、檢查壁紙接縫是否出現毛邊。

壁紙黏貼看似簡單，其實在事前的牆壁整理、拼接黏貼的技巧都有專業的學問，施工完成後，則需仔細做驗收，才能完美展現壁紙原有的質感特性，發揮出不同於一般油漆的品質效果。以下為幾個驗收注意事項：

1 目測壁紙是否平整、對花是否正確

從正面和側面觀察壁紙是否平整，有對花需求的壁紙，須切實對花。純紙壁紙會因上漿先後及厚薄，影響吸收水分的速度，造成不同程度的脹縮而影響對花的準確度，經驗不足的師傅可能因接縫處理不當而讓底牆露出。至於有對花需求的壁布，必須切實對花。部分圖案太過細碎的壁布，可能無法精準對花，如果無法接受這樣的狀況，挑選壁布時須特別注意。

2 檢查壁紙接縫是否出現毛邊

壁紙的接縫應位於不易察覺的地方，在施作時應處理恰當。若光源從側面進入，會讓接縫更明顯，因此在貼壁紙前應作好放樣，將燈光安裝好。此外，若接縫出現毛邊，很可能是施工時裁切不當，也須特別注意。

壁紙黏貼完畢，應就牆面平整度及接縫處仔細檢查。

清潔保養 Q258 正常壁紙的使用年限為多長？多久該做替換？

正常使用可維持10～15年，如果覺得看膩了可以視喜好做更換。

元素實業室內配置師呂美貞、特力屋窗簾壁紙專員林鼎皓均表示，壁紙正常情況使用下，至少可使用10～15年，有的使用期甚至達20年也沒問題。不少人會選擇做更換情況有二，一是覺得壁紙使用久了有褪色情況而做更換，二則是看久了覺得看膩因此決定變換壁紙，調整心情與空間感受。

施工 Q259 在家自行貼壁貼時有什麼需要注意的地方嗎？

貼合面要乾淨、平整且乾燥。

壁貼的用途是最廣泛的！凡是光滑的表面，都可以貼上壁貼。像是廚房牆面上的磁磚、客廳落地窗的玻璃、浴室的浴缸、小孩房雙層床鋪的床版，甚至汽車的擋風玻璃、機車的車身全都可以讓你自由地應用。想要DIY壁貼時，切記必須要讓貼合面乾淨、平整，建議用濕布擦乾淨要貼合的地方，待乾燥後，再將壁貼貼上去。若不小心貼歪了，大部分的壁貼底膠可容許重複撕除、貼覆，毋須擔憂。

圖片提供＿摩登雅舍室內裝修設計
小孩房牆面貼上一系列的造型壁貼，空間充滿童稚的趣味。

施工 Q260 使用壁紙的牆面事前需要注意平整性嗎？

牆面是否平整會影響到壁紙的壽命，因此貼壁紙之前要特別注意。

貼壁紙最重視牆面的平整度，由於牆面的縫隙、孔洞有很多是肉眼所無法察覺的，所以要事先處理牆面的凹洞、裂縫，做整平處理之後，才做貼壁紙的動作，如此才能延長壁紙的壽命。不過，若所挑的壁紙是比較有厚度的，或比較有立體面的，因為能夠掩飾壁面瑕疵，壁面的平整度要求就不用那麼高；換言之，壁紙愈薄，尤其是傳統標準紙質的壁紙，則牆面愈需要先經過精細的工法處理。

挑選 Q261 市面上出現腰帶產品，這也屬於壁紙的一種嗎？與壁紙有什麼差異？

腰帶較不屬於壁紙，而是介於貼紙、壁貼之間。

腰帶比較不歸屬於壁紙種類，它本身後面帶有膠，反而有點介於貼紙、壁貼之間。也因為帶有背膠的特色，撕下後即可直接黏貼於牆面上使用，屬於裝飾材的一種。

chapter

10

玻璃

選用設備
TIPS

① 選擇清玻璃做隔間，最好使用厚達 5 公分的強化玻璃才安全。
② 噴砂玻璃讓空間呈現朦朧美感又不阻礙採光，但是清潔不易，選擇時要先想清楚。
③ 安裝烤漆玻璃要注意玻璃和背後漆底所合起來的顏色，才能避免色差的產生。

隨著工業的進步，玻璃的品項十分豐富，並且具有不同特色，除了傳統清玻璃，最常被拿來運用的還有：霧面玻璃、夾紗玻璃、噴砂玻璃等，對於坪數小的居家空間，可利用玻璃達到放大效果，而採光若不佳，則可選擇鏡面、噴砂玻璃等運用反射與透光效果，達到兼具區隔、採光功能，

圖片提供＿演拓空間設計、蟲點子創意設計

施工 Q262 我想用玻璃隔間做書房，在選材上需要注意什麼問題嗎？

若是落地型的玻璃隔間，為了避免撞擊碎裂的危險，宜選用強化玻璃。

強化玻璃的原理是將玻璃加熱接近軟化時，再急速冷卻，讓強化玻璃具有抵抗外壓的效果，因此抗衝擊能力較優，增加使用的安全度。通常用作隔間的厚度大約10mm左右，一般若用在扶手上則建議需12mm以上，若是用作一般的玻璃層板，選用8mm的就可以了。一般來說，玻璃的隔音效果佳，若想加強隔間的隔音效果，隔間的上下固定框要確實密封。

圖片提供＿蟲點子創意設計

以用來取代牆面結構的玻璃建材來說，須注意厚度的選擇。

你該懂的建材 KNOW HOW

強化玻璃較不易對人體有傷害	強化玻璃只要局部受損，整體會一起碎裂。碎片不易四處飛散，會附著在一起，呈現大片的碎片聚合塊，且破碎面較不銳利，減輕對人體的傷害。

種類挑選 Q263 在廚房壁面上適合安裝烤漆玻璃嗎？會不會過熱導致玻璃爆裂？

烤漆玻璃經強化處理，同時具有清玻璃光滑與耐高溫的特性，很適合安裝在廚房壁面。

由於烤漆玻璃具有多種色彩，又經強化處理，同時具有清玻璃光滑與耐高溫的特性，所以很適合用在廚房壁面與爐檯壁面，既能搭配收納櫥櫃的顏色，創造夢幻廚房的色彩性，又能讓屋主輕鬆清理油煙、油漬、水漬等髒污。

價錢 Q264 想在拉門上裝藝術玻璃，應該怎麼預估費用呢？

價格依玻璃設計的形式而異，大致上可以約NT.1,000元／才先行做初步的費用預估。

藝術玻璃成品愈來愈成熟，已成為居家裝置的一部分，選擇一片門或一面牆嵌入藝術玻璃，居家表情立刻加分。價格則依玻璃設計的形式而異，比如量身訂製的浮雕彩繪玻璃，採取浮雕與彩繪技法雙重運用，製造出鑲嵌或燒鎘的視覺效果，讓平板的玻璃、鏡面渲染出令人驚奇的立體效果，要價約NT.1,000元／才起（含設計、施工）。

清潔保養 Q265 噴砂玻璃表面不光滑容易卡灰塵，有沒有簡單的清理方法？

可以選擇防污或無手印處理產品，降低清潔的難度與時間。

噴砂玻璃的特性在於具透光性又有視覺隱密效果，因此可作為空間屏障，創造霧面神祕的視覺感受，又能保持透光寬廣感。然噴砂玻璃較麻煩的是保養不易，噴砂面容易殘留灰塵，用乾布擦拭亦可能留下毛屑，因此挑選噴砂玻璃時，可以選擇防污或無手印處理產品，降低清潔的難度與時間。好的噴砂玻璃每才價格約在NT.200元。

價錢 Q266 想兼顧視覺穿透和隔間功用，有人建議用黑玻璃或茶鏡材質，這二種玻璃有什麼特色，會很貴嗎？

黑玻璃具穿透性和反射性，茶鏡最大的好處在於既具有鏡面折射效果，又可因本身偏暖的色系而調和空間的冰冷，同時又有隱透視效果；黑玻璃NT.100元／才、茶鏡NT.125元／才左右。

天花板層板使用茶鏡包覆，利用鏡面反射特性，達到擴張視覺的效果。

黑玻璃保有玻璃材質的穿透性和反射性，卻同時具有隱透視的效果，因此適用於各個空間，由於既有遮蔽功能又具穿透性，因此可視使用的需求來調配面積比例。一般來說，黑玻璃可用於隔間，同時也可使用於櫃體門片，既調和過度的溫暖，並帶來低調奢華的質感，若想為居家增添一點低調華麗，黑玻璃是不錯的選擇，至於價格帶差不多約為NT.100元／才左右。茶鏡最大的好處在於它既具有普通鏡面的折射效果，但又可因本身偏暖的色系而調和空間的冰冷，讓空間的調性看來更趨和諧，用於開放式玄關設計很恰當，價格帶約在NT.125元／才左右。

種類挑選
Q267
我安裝的是白色烤漆玻璃，為什麼開燈後看會有點綠綠的，是不是拿到瑕疵品？

透明或白色的烤漆玻璃並非完全是純色或透明，而是帶有些許綠光，所以並非是瑕疵品。

烤漆玻璃基本製作原理是將普通清玻璃經強化處理後再烤漆定色的玻璃成品，因此具有強化、不透光、色彩選擇多、表面光滑易清理的特性。至於一般常看到的透明或白色的烤漆玻璃，其實並非完全是純色或透明，而是帶有些許綠光，所以要注意玻璃和背後漆底所合起來呈現的顏色，才能避免色差的產生。

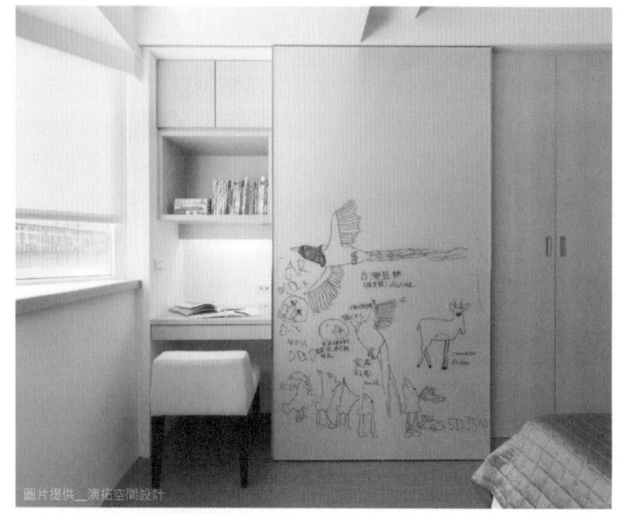
圖片提供__演拓空間設計

烤漆玻璃還可以當成白板使用。

種類搭配
Q268
喜歡鏡面呈現的俐落風格，要怎麼運用在牆面上才好看？

可在壁面利用相異材質拼接，或以立體切割手法呈現豐富的層次感。

鏡面或烤漆玻璃的清透感不僅具有放大空間的效果，其乾淨的線條和反射的光澤，讓空間呈現虛實對比的錯覺，也帶出豐富性，整體呈現現代俐落的氛圍。通常可以在壁面利用相異材質拼接，或以立體切割手法呈現豐富的層次感。另外，鏡面還有「茶鏡」和「墨鏡」二種，可依想呈現的空間風格做選擇。

圖片提供__明樓室內裝修設計有限公司

鏡面玻璃與單色烤漆玻璃不同，具有鏡子般倒影功能，可達到放大、增加視覺空間的功能，因此可以創造視覺假象，感覺空間更大。

種類挑選 Q269 聽說有些玻璃可以隔熱，要怎麼選才對？除了換玻璃之外，有沒有簡易一點的隔熱方法？

可選用複層玻璃或熱反射玻璃，都能有效降低熱能進入室內；較更換玻璃簡單的方法，就是在一般玻璃貼上隔熱膜。

太陽光除了可見光之外，還有紫外線、紅外線等光譜；其中，占了50%的紅外線是熱能的主要來源，因此，窗材的隔熱關鍵在於排除紅外線。一般建築用玻璃，太陽熱輻射的穿透率超過80%，紫外線的穿透率也超過30%，若能降低紅、紫外線的穿透率，就能有效避免長驅直入的陽光加熱室溫。以下為目前市面上常見、訴求隔熱效果的玻璃產品：

1熱反射玻璃：就是在一般清玻璃的表面鍍上一或多層的金屬、非金屬及氧化物薄膜來反射陽光，反射率可達0%以上。不過，熱反射玻璃也因此透光率變得很低，導致室內陰暗。且熱反射玻璃會反光，形成對周遭鄰居的光害。

2複層玻璃：又叫做中空玻璃，俗稱隔音玻璃，有隔熱、隔音、防潮、節能的效果。通常為雙層或三層玻璃，在玻璃之間灌入惰性氣體或做成真空；藉由玻璃層之間空氣無法對流來阻絕熱能的傳遞。

3低輻射隔熱雙層玻璃：簡稱低輻射玻璃（Low-E），俗稱節能玻璃。這種玻璃是在複層玻璃的中間再加入三層薄膜；中央的那層薄膜為Low-E，內外兩層則為PVB膜。如此可以阻絕紫外線和紅外線卻保留光線的穿透。隔熱率約近7成，透光率則為6成。它比複層玻璃擁有更佳的節能效果，反射率也低。

4隔熱節能膜：這種貼膜藉由可透光的奈米塗層反射紫外線及紅外線等光波，宜選擇透光率、反射率較高的產品。

施工 Q270 玻璃和木作結合的時候，應該要怎麼施作才正確？

預留溝縫再嵌入玻璃才會更美觀。

玻璃與木作側面做結合，可以請木工在與玻璃交接的地方預先留下溝縫，這樣讓矽利康可以打在溝縫裡，或是玻璃在結合木作的時候，可以插入木作裡，外面就不會看到矽利康比較美觀。如果是玻璃直接黏貼在木作的表面，像是做鏡面的門片，而又不做側面收邊的框時，在木作門片表面要做一個厚度的框，讓木作門和玻璃中間有一個落差，這樣矽利康可以打在裡面，玻璃黏貼在木作門的表面時，才不會因為打了矽利康而產生木作和玻璃之間的縫。

玻璃和木作結合的時候，可以打斜角避免交接的時候露在外面。

施工 Q271 琉璃磚在施工時有沒有任何限制，或者需要特別注意的地方？

畫作拼貼施工複雜難度高，可選擇30cm×30cm的主流規格，方便施工且不會受限於空間大小。

一般琉璃磚都必須事先訂作，在規格及款式上受限亦多，無法因為空間區域的不同因地制宜變化；並且是沿用國外技術，直接將畫作拼貼，施工複雜難度高。目前新琉璃拼貼磚常見規格為30cm×30cm，可將拼貼完成的圖案作組合，不受限空間大小，可依現場格局做調整，而且款式也較以往多變，方便創造個人風格的空間調性。

種類挑選 Q272 家裡坪數小採光又不好，所以想利用玻璃引進光線，同時希望有放大效果，可以用哪種玻璃比較適合又安全？

可選擇透光同時又能保有隱私的噴砂玻璃。

採光不佳是小坪數最怕遇到的問題，陰暗會造成視覺上更加狹隘的錯覺，因此，遇到光線較為不足卻又需要絕對隱私的空間，可以採用透光的建材材質。噴砂玻璃即為其中一種，透光不透明，可以引入光線，又可以保留私密，光線明亮了，空間感自然形成。不過須注意的是，若想將玻璃建材用來取代牆面結構，須使用至少厚5公分的強化玻璃才安全。

圖片提供＿力口建築

欠缺採光或小坪數空間，最適合運用玻璃建材加強採光製造放大效果。

清潔保養 Q273 浴室想用玻璃拉門做隔濕分離，不知道玻璃會不會容易有水漬？

如果玻璃想用為廚房爐灶面板或浴室隔間面板，須特別勤勞做清潔。

廚房爐灶面板或浴室隔間若是考慮使用玻璃面板，要先有清潔保養上的認知。由於玻璃表面容易留下水漬，建議要盡量保持乾爽，用完即擦，才能保持表面的清潔感。或者也可以選用單價較高的防潑材質，這樣清潔上會方便許多。

施工
Q274

我想在廚房的烤漆玻璃上安裝掛勾，可以直接鑽洞嗎？還是要敲掉重做？

事先丈量預留螺絲孔、插座孔位置才正確。

壁面烤漆玻璃安裝完成後是無法再鑽洞開孔的，因此必須丈量插座孔、螺絲孔位置，開孔完成後再整片安裝。另外要注意的是，鑽洞開孔的玻璃都必須經過強化處理，一旦強化過後的玻璃就不能再做鑽洞或挖孔，因此都要事先預留規劃。

圖片提供__甘納空間設計

舉凡插座挖孔、或是安裝玻璃五金都會面臨需要鑽孔加工，尺寸則視五金的種類而定。

攝影__王正毅

壁面烤漆玻璃安裝完成後是無法再鑽洞開孔的，因此須事先與施工單位溝通好預留插座等位置。

監工驗收
Q275

安裝玻璃的工程，有哪些驗收工作該做？

施工前應就運送來的玻璃製品做檢查；若有需預留插座或吊掛孔洞，事前和施工單位溝通好，事後逐一確認是否施工確實。

所有玻璃製品在運送抵達時第一動作是進行破損檢查，先看整體平面是否完整，色彩或通透度與當初樣本差異不能太大，最後查看收邊是否修邊完整，並且無裂痕、無刮痕。壁面與貼面施工要確實測量水平，同時注意黏著的方法與黏著用品的耐用度。此外，包括廚房、浴室壁面的施工，需要先在玻璃平面預留電器插座或吊掛孔洞，因此這部分必須先與施工單位溝通並精細量測。

施工 Q276 趁著重新裝修，想在廚房壁面安裝烤漆玻璃，不過廚房容易潮濕沒問題嗎？原來的烘碗機和抽油煙機要怎麼辦？

廚房壁面若想安裝烤漆玻璃，須注意安裝順序。

建議先將烘碗機和抽油煙機拆除，再進行烤漆玻璃安裝工程。

使用在廚房、浴室壁面的烤漆玻璃，要特別注意漆料附著強度，因為溫熱、潮濕的環境會使漆料脫漆、落漆，而使烤漆玻璃斑駁老舊。廚房壁面安裝烤漆玻璃壁面時，須先將壁面上原有的烘碗機、抽油煙機等機器拆除才能進行。理想的安裝順序為，先裝壁櫃，烤漆玻璃、再裝上烘碗機、抽油煙機與水龍頭。

施工 Q277 我家的開放式廚房也可以利用玻璃做一些實用的功能設計嗎？

運用垂吊式的方式，將鋼絲玻璃設置在廚房出入口或需要將油煙隔絕處。

開放式廚房最怕的油煙問題，也可以用玻璃協助解決，運用垂吊式的方式，將鋼絲玻璃設置在廚房出入口或需要將油煙隔絕處，利用公共空間消防防煙垂壁的原理，轉化為居家空間中的防煙玻璃隔柵，達到阻隔油煙的目的之外，若鋼絲玻璃因外力而破裂，將會因為鋼絲的緣故，不會整片掉落，清潔上也不麻煩，是相當實用、好整理又安全的設計。

可運用垂吊式的方式，將鋼絲玻璃設置在廚房出入口或需要將油煙隔絕處。

種類挑選
Q278

想利用玻璃做隔間，有哪幾種玻璃可做選擇？

可選擇清玻璃、噴砂玻璃或鏡面玻璃。

可視個人空間美感與需求做選擇。清玻璃是玻璃類中最普及、經濟效益最高的基本產品，具有百分之百的透視性，讓人的視覺可以毫無受阻地穿透，但隔熱效果差，外層需再加裝隔熱膜；若使用清玻璃製作輕隔間，建議使用強化玻璃，厚度最好超過5公分以上。若想保留隱私，可採用噴砂玻璃，因為噴砂玻璃的特色就在於具有視覺隱密效果，又保持透光寬廣感。鏡面玻璃與鏡子一樣可產生倒影，有放大、增加視覺空間的效果，因此可以創造視覺假象，感覺空間更大。

圖片提供＿甘納空間設計

主臥房和小孩房皆採用玻璃隔間，不僅讓光線通透，空間感自然也被延伸放大。

■ 各式玻璃比一比

種類	特色	優點	缺點	價格帶
清玻璃	玻璃裝潢的基本款，完全透明透光。	價格便宜。	單品變化少	約 NT.50 ～ 150 元／才。
噴砂玻璃	以噴砂技術呈現霧面朦朧質感。	兼具透光與不透視性，創造朦朧美感又不犧牲亮度與照明。	清潔不易。	約 NT.150 ～ 200 元／才。
鏡面玻璃	玻璃與鏡子的結合物。	具反射效果，能創造更寬闊的感覺。	常需清潔保養。	約 NT.150 ～ 250 元／才。（特殊品300元／才以上）

※本書所列價格僅供參考，實際售價請以市場現況為主

價錢

Q279 3D 立體烤漆玻璃和烤漆玻璃有什麼不同？收費方式一樣嗎？

價格差很多。兩者最大的差異點是烤漆玻璃只有單平面視覺呈現，所以在價錢上3D立體烤漆玻璃昂貴許多。

兩者最大差異點是烤漆玻璃為單平面視覺呈現，3D立體烤漆玻璃則可以呈現立體視覺感受，後者選用等級最高的平板玻璃，以及經SGS測試為無鉛無毒塗料，採機器手臂噴鍍而成，玻璃表層另添加保護漆料，不易刮傷，且耐候性佳，目前市場上最大尺寸為96×72（英寸），價格為NT.800元／才（含施工）。

chapter

11

收邊保養材

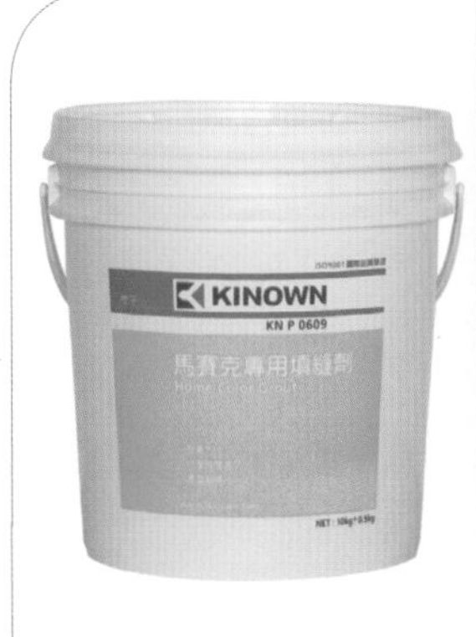

選用設備 TIPS

① 挑選要按照磁磚溝縫寬度來選用適合的填縫劑。否則選錯了，不是難以填入，就是完成表面顯得粗糙，甚或出現龜裂。

② 有添加防霉劑的矽力康，其效力依防霉劑比例，從一年到十年不等；效力愈高價格愈貴。

③ 用矽力康填補鏡子與其他材質間的縫隙，並非萬無一失，正確的觀念應該是矽力康能不打就不打，保持環境乾爽才是最重要的。

多數人知道如何挑磁磚，卻不知道磁磚的填縫劑如果選用和磁磚同色，就能營造無縫光潔的視覺美；收邊條用得好，就能和磁磚的風格調性更match；簡單便宜的矽力康挑選時有技巧，有些矽力康會散發揮發性氣體，長期接觸會引發過敏或呼吸道疾病。因此在挑選材質時，要顧及全面才能打造優質又美觀的居家環境！

圖片提供__櫻王國際、交泰興　攝影_Amily

種類挑選 Q280 護木油和木器漆的差別在哪裡？兩種都能有效保護木頭嗎？

圖片提供＿交泰興

依照適用的空間，護木油產品也可分為室內用與戶外用的。

木器漆附著在木材表面，藉由漆來阻絕外來侵害；護木油則是滲入木材毛細孔，從內而外地加強了木質的防水及防污能力。

相較於附著在木材表面的木器漆，藉由漆膜來阻絕外來的侵害；護木油則是藉由滲入木材的毛細孔，加強木質的防水及防污能力，來防止木材收縮、變形或龜裂。

因此，使用護木油來塗敷木頭，完成後的觸感自然又柔和，既不會出現漆面的反光，也不會蓋住木材的紋理與木色；更無需擔心漆膜會變白、粉化、龜裂、翹起或脱落，耐候性更佳，此外，木料還可保有透氣性，得以繼續釋放出天然芳香（芬多精）。

■ 護木油和木器漆比一比：

種類	特性	優點	缺點	價格
護木油	又稱護木漆，能在木質表面形成一道漆膜，從而達到防護與修飾的目的。主成分為樹脂與顏料，可用於原木或木皮。	保護實木傢具或木作。	有些塗料具揮發性，造成有害物質散播。	NT.300 元至上千元／公斤；NT.400 ～ 7,000 元／公升
木器漆	以植物油提煉而成，藉由滲入木材的毛細孔，從內而外地加強了木質的防水及防污能力，防止木材收縮、變形或龜裂。	保留木質特性又能進行保護與修飾。	無法遮覆木質原有顏色或缺陷。	NT.200 ～ 2,500 元／公升

種類挑選 Q281 所有的磁磚都是用同一種填縫劑嗎？還是要配不同的磁磚挑選不同的填縫劑？

以溝縫的寬度和照鋪面的位置選用適當的填縫劑。

按照磁磚縫寬度來選用適合的填縫劑就對了。目前的市售產品多以縫寬3公釐為界，分成粗縫與細縫用兩大類。由於兩種填劑的骨材粗細有別；如果用錯了，不是難以填入，就是完成表面顯得粗糙，甚或出現龜裂。粗縫用的產品適合3公釐以上的溝縫；細縫的則適合3公釐以下者。至於溝縫寬2到5公釐的馬賽克，使用專用填縫劑，能使成果更完美。廚房、浴室等易淋水處，抗菌防霉的配方能避免溝縫變色、發霉。高樓的輕隔間常會震動，不妨選用彈性好且黏度強的產品。戶外的建材鋪面宜用低吸水度、高硬度的產品，以對抗日曬雨淋。

已經上過一層木器漆了，可以直接上護木油嗎？

若先前已經塗過漆了，應用去漆劑去除乾淨，再塗上護木油。

上護木油之前，除了必須確定表面是否夠乾燥，也應以砂紙磨去塵埃與油脂。由於蠟質成分或木器漆都會在表面形成保護膜，若要使用護木油，曾經塗刷過木器漆與木蠟油的木材，都得先去除表面的漆膜或保護膜，否則，油脂成分可能無法滲入木料內。已經塗過護木油的表面，只要不含過多水分，仍可再塗上木器漆或木蠟油。

施工
Q283

想自己 DIY 施工，不過填縫劑有工法之分嗎？如果有，有哪些工法，怎麼做？

可分成抹縫工法和勾縫工法。

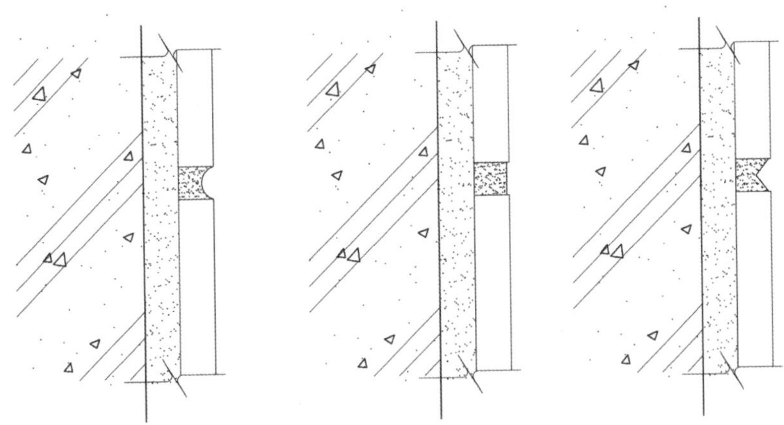

圖片提供__漂亮家居資料室
通常最常見的抹縫工法是平式，而勾縫工法的凹圓及凹 V 式較費工，可展現師傅的技術。

磁磚黏貼48小時之後，就能進行填縫；填縫工法可分成抹縫與勾縫。光滑面的磁磚這兩種工法都適用。復古磚、文化石等粗糙面材，由於毛細孔會吸附水氣與雜質，採用勾縫工法就可避免髒污。

1 抹縫工法

以海棉鏝刀抹過整片鋪面，將填縫劑擠入縫隙。待填縫材八分乾之際（通常約為15分鐘），再用濕布或沾水的海棉擦掉表面的多餘壞料。完成後的溝縫與瓷磚表面齊平，稱為「平縫」。抹縫這種工法既簡單又快速，工資也較便宜。

2 勾縫工法

以勾縫鏝刀將填縫材擠入每條縫隙，再刮出深度。隨著鏝刀的形式，可刮出凹平縫、凹圓縫或是凹V狀的立體勾縫；填縫材經過鏝刀的壓擠，會變得更紮實。由於縫深約為磁磚厚度的一半，因此，勾縫工法不適合用於厚度1.5公分以內的薄磁磚。

種類挑選 Q284 聽說有一種防霉矽力康，真的可以完全防霉嗎？

防霉矽力康的效力依防霉劑比例，從一年到十年不等；效力愈高價格愈貴。

防霉矽力康屬於中性矽力康填縫劑的一種，裡頭添加防霉劑成分能預防矽膠霉變，其效力依防霉劑比例，從一年到十年不等；效力愈高價格愈貴。產品多為白色或透明，目前亦有加入色料的彩色製品，有的品牌甚至可指定顏色及少量訂製。

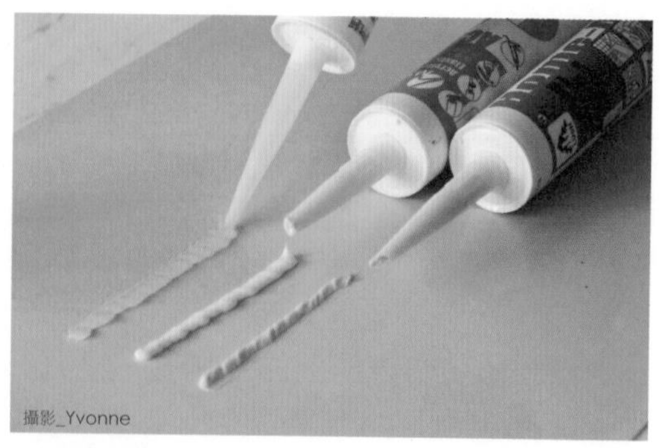

選購市面上較便宜的矽力康，可能用不了多久就會出油，甚至會釋放有機溶劑物質。

種類	特性	優點	缺點	價格
防霉矽力康	1 低釋氣性（Low-VOC） 2 完全無味道。 3 沒有溶劑成分，硬化後不會收縮，使伸縮縫有緊密的氣密性及水密性。	1 防止霉斑產生，讓室內美觀度好。 2 不需要經常將發霉的矽力康割除換新，節省資源更環保。 3 降低過敏源，減少因過敏所引起的疾病，空氣品質更健康。	1 價格較一般矽力康貴。 2 知名度小，經銷點少，消費者要購買較不易。	約在 NT.110 ～ 400 元之間

監工驗收 Q285 家裡牆邊的收邊條看起來歪歪的，這樣可以請工人拆掉重做嗎？

應立即要求工班拆掉重做。

收邊條施工完成後一定要由上往下檢視其角度，確認安裝於突出牆角的收邊條，是否安裝歪斜。磁磚和收邊條的密合度同樣重要，若縫隙的間距過大，亦應要求工班拆掉重做。另外，確認收邊條在施工過程中是否因為碰撞而造成損傷。尤其是低價品，工班可能趁著交屋之前暗中以補土、噴漆的方式來遮掩破裂處，要是屋主未能及時發現，也只能自掏腰包花錢重做了。

施工 Q286 家裡的木門想塗木器漆，要刷多厚比較適當？

木器漆通常得經過多次塗刷，至少須一底一面。

木器漆通常得經過多次塗刷，才能達到預期效果。底漆與面漆各刷一次，是最基本的要求；有時，底漆與面漆甚至會各刷上兩、三次。每次塗刷之前，必須確定前次刷塗的漆膜已經乾燥且平整。

種類挑選 Q287

矽力康有哪些種類，使用上有什麼不同？

依酸鹼值可分為中性、酸性及水性，依填補材質選擇不同類型的矽力康。

矽力康又稱矽膠，與空氣接觸後會固化成具彈性的膠體，密封度極佳，甚至能因應高達30%的位移，且無傳統黏膠的刺激氣味。可接合各種建材、修飾填縫或修補建築縫隙，適用各種日常用品材質的裂縫修補，依酸鹼值可分為中性、酸性及水性。裝潢時，要黏著金屬或玻璃等建材，多半使用酸性矽力康；若建築體或建材出現裂縫，則施打水性矽利康來填補，事後再刷上批土或油漆。至於中性矽力康，可説是通用型，應用範圍最廣；窗框漏水、阻絕螞蟻穴的出口，以及水槽或浴缸周遭的防水，都少不了它。

廚房壁面與檯面交界處是最常使用到矽力康的地方。

施工 Q288

我家在設計上使用了很多鏡子，包含浴室、玄關、客廳等處，這些地方都需要用矽力康填縫嗎？

用矽力康填補鏡子與其他材質間的縫隙，並非萬無一失，正確的觀念應該是矽力康能不打就不打，尤其是運用在浴室防霉上，做好室內空間的乾燥處理，保持環境乾爽反而是最重要的。矽力康應是輔助工具而非萬能，當然所有有縫隙的地方都可用矽力康填補，以達防水、防蟲之效，不只鏡子與檯面交接處要做，其他如磁磚與木作之間、木地板與牆角接縫、廚房檯面與壁面處、系統櫃與地壁貼何處都要施作，才能避免發霉、掉漆、潮濕等狀況。

種類挑選 Q289 收邊條的材質有哪些？哪種材質比較耐久又漂亮？

從PVC塑鋼、鋁合金、不鏽鋼、純銅到鈦金等金屬皆有，價格依不同材質各有不同。

目前，收邊條已發展出圓邊、斜邊與方邊等形式。花色與材質的選擇亦多；從PVC塑鋼、鋁合金、不鏽鋼、純銅到鈦金等金屬皆有。質感、價格及耐用度，隨著材質的厚薄與製造技術而有極大落差。若使用廉價品，可能會出現大幅破壞空間美感的弊端。此外，由於材質的關係，無法要求花色完全與磁磚相同，卻可藉此來當成設計的表現重點。

種類挑選 Q290 聽說有種可以除甲醛的塗料，成分是什麼呢？

在製作過程中會添加蝦、蟹等的甲殼加工。

除甲醛塗料為純水性、無有機揮發物，在製作過程中加入蝦、蟹等的甲殼加工，混合在特定的乳膠、樹脂或水性溶劑中，可與許多氣態的有害物質進行化學反應，因此對於逸散至空氣中的甲醛、TVOC等有害物質都能主動捕捉並消除，達到淨化空氣之目的，而且永久有效，成為環保新武器。一般會建議在裝潢前，就在未上漆的板材先塗刷，效果比較好至於已上漆和貼皮的傢具會阻礙塗料的吸收，效果不如直接塗刷快速。而其水性的材質，透明無色，不會覆蓋原有板材的顏色，施工方便，約等待1～2小時後就可進行後續的加工處理。

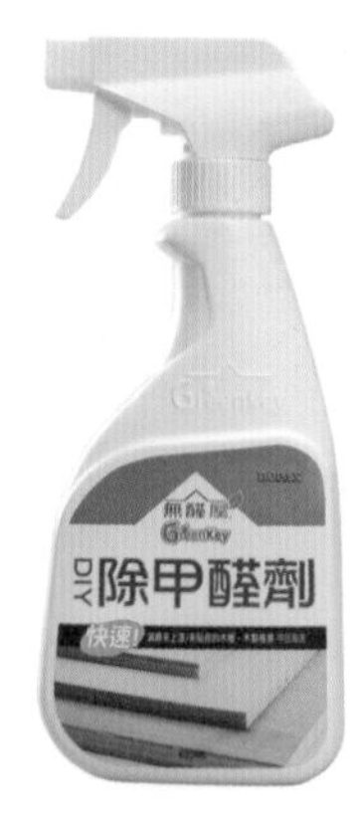

圖片提供__特力屋

除了有除甲醛塗料，市面上還有除甲醛劑，可直接噴在板材上面。

監工驗收 Q291 矽力康填完之後有什麼需要注意的？大概要等多久才算沒問題？

填完矽力康之後，建議留一天時間等待膠體乾燥，之後要注意及時拆除防護紙膠帶，以免膠帶與硬化的膠黏合。

磁磚鋪面的填縫，為避免膠體溢出，最好在施工前先在勾縫兩側貼上紙膠帶。封填好矽力膠並修飾表面之後，應趁著膠體稍硬卻未徹底硬化之前（封填後五分鐘即可動手），拆掉兩側的膠帶。若膠帶已跟硬化的矽膠黏合，就得用美工刀來割除。矽力康硬化快慢與否，會隨著配方、膠體厚度與溫濕度而定。建議留個一天的時間等待膠體乾燥，可吹電風扇來加強固化的速度，切記要徹底固化後才能碰水。

種類挑選
Q292

收邊條是什麼？貼了磁磚就一定要有收邊條嗎？

圖片提供＿演拓空間設計

收邊條不只為了美觀，也是提供安全防護的功能。

磁磚收邊條（或稱「修邊條」），不僅是安全防護建材，也是修飾鋪面的好配件。

以往，較講究的磁磚工程，在90度轉角處會以轉角磚來收邊，一片片的轉角磚，無論材質、色澤，都與瓷磚相同；然而，由於生產成本較高、搬運不便、施工易有耗損且工資不低，因而被市場淘汰，取而代之的是「收邊條」。每道牆角只需加裝一支長約8呎的收邊條，即能一次收好邊，快速又簡便！

清潔保養
Q293

廚房水槽邊的矽力康很容易長霉斑，有沒有辦法可以解決？

可利用漂白劑消除霉斑。

可覆蓋一層浸透漂白劑的紙巾或抹布於霉斑處，約莫半天就能消除。如果擔心氯氣有毒或施工位置不便貼覆，建議購買矽膠專用的清潔劑，塗上約半小時到數小時，就能有效去除霉斑且不傷矽膠。若發霉情況嚴重，建議更新為妥。

施工
Q294

家裡的木門塗上木器漆之前，表面需要重新打磨過嗎？

原有的漆膜未必要除去，油性或水性，皆可被新一層木器漆所覆蓋。

施工區域的表面不宜帶有灰塵與油漬，否則，漆層可能因為附著不夠緊密而導致脱落。至於原有漆膜則未必要除去；即使是水性漆，仍可直接覆蓋在原有的油性漆面之上。只不過若能經過打磨，更可確保原有漆磨的表面平整，施作品質會更好。

種類挑選 Q295 挑木器漆有哪幾種，各有什麼不同？

可分為油性木器漆和水性木器漆。

為溶劑型的木器漆，成分是石化原料合成，通常含有甲醛、二甲苯等有機溶劑。在施作時會散發揮發性氣體，如聚氨酯木器漆在成膜時有50%揮發至空氣中，而硝基類木器漆則有80%的揮發性，在在都對居家健康造成危害。而油性木器漆塗上木頭表面會形成一層薄膜，覆蓋住木頭的毛細孔，使木料的原始香氣無法散發出來。所謂的水性木器漆，則是以水做為稀釋劑，不含有機溶劑的成分，不會發出刺鼻的氣味，塗上木料後，同樣會在表面形成一道薄膜，但透氣性佳，穩定度也較持久。

圖片提供__交泰興

木器漆，主成分為樹脂與顏料，可用於原木或木皮。依照溶劑種類又可分成油性（溶劑型）與水性的產品。

■ 油性木器漆 VS 水性木器漆比一比：

種類	特性	優點	缺點	價格
油性木器漆	有機溶劑 40 ～ 60%	1 乾燥時間較短。 2 施工成本低。	1 含有極高的揮發性有毒氣體，具有強烈的刺鼻氣味 2 燃點極低，容易引起火災。	較低
水性木器漆	20 ～ 40% 為 水，不含八大重金屬、甲醛、苯類溶劑。	1 適噴塗施工中無臭、無毒、無味。 2 透明性佳且能保持木紋的天然美感。 3 穩定性及密著性佳。	乾燥時間較長，施工期較長，因此施工成本也較高。	較高

施工 Q296 怎麼判定木器漆漆得沒問題？

須確定表面是否乾燥，並且確定表面平整。

1 確定表面乾燥

漆料的乾燥速度與環境的溫濕度、成分配方有關。再次進行塗刷時，應以手指觸摸先前的漆面，若不會沾黏，代表原有漆面已經乾爽到一定程度，可以進行新漆面的刷塗了。注意，此時為表面乾燥，並非整個漆膜不見得都已徹底乾燥所以切忌塗刷過厚，以免內外層乾燥不均。

2 確定表面平整

利用砂紙打磨，不僅可讓漆面變得更為光滑、平整，還可藉此除去木料上的油脂，或是漆面沾染的灰塵。

清潔保養 Q297 平常只是用水擦拭收邊足夠嗎？除此之外，需要什麼特別保養嗎？

平時以清水擦拭即可，收邊條無須特別清潔養護，但要注意勿傷及收邊條。

平時以清水擦拭即可，不必特別費心保養。但要注意磁磚工程會先安裝收邊條，之後才填縫、洗縫再清除殘餘墁料（洗縫）。倘若在清潔磁磚表面時，用粗糙材質洗縫，可能會傷及收邊條的表面。至於金屬材質的收邊條，平時可以清水沾濕的乾淨抹布或海棉來擦洗。鋁合金收邊條在進行磁磚抹縫的同時就立即擦去表面沾黏的墁料，否則表面會遭到侵蝕。

種類挑選 Q298 挑選收邊條時，厚度重要嗎？會有任何影響嗎？

收邊條的厚度會影響堅固程度。

不鏽鋼收邊條依含鎳量多寡可分成不同等級，一般來說，含鎳量愈高就愈不易生鏽；此外，厚度也會影響堅固程度。目前的不鏽鋼收邊條多厚約0.4公釐，受外力碰撞時易有凹陷；最好能厚達0.8公釐以上。塑膠材質的收邊條，若使用回收塑膠，可能一敲就破；本體為塑鋼材質的收邊條，比較堅硬耐用。另外，表面使用進口的大理石紋膜製成會比台灣貼膜的較耐刮磨。

種類挑選 Q299 填縫劑究竟是什麼東西？用途是什麼？

圖片提供_櫻王國際

留縫的鋪面，磁磚特別容易脫落，就是因為少了填縫劑的制衡。

填縫劑主要用來修飾磁磚之間的縫隙。

留縫的鋪面，磁磚特別容易脫落，就是因為少了填縫劑的制衡。傳統的填縫劑因為沒有添加防水樹脂，因此可能會出現混凝土常見的白華（吐白）而導致顏色不均。100%水泥的填縫劑若少了矽砂來緩衝膨脹收縮，很容易龜裂；若添加高比例的矽砂，完成面則會顯得粗糙。基材的粗細，決定填縫劑適合填補多寬的溝縫。此外，不同成分的填縫劑也帶有不同的特色。添加樹脂或完全為樹脂的配方，黏著度與彈性皆佳，而且防水又耐髒。

施工 Q300 可以拿木器漆塗刷室外的傢具嗎？

室內用的木器漆可能無法抵抗紫外線的侵襲。

為了延長使用時間，應盡量避免陽光與水氣的傷害。除了一開始就不該拿一般木器漆用於戶外空間，屋內傢具也應盡量避免長時間地暴露在陽光下，以免褪色、表面變白（白化）或粉化。大部分木器漆也無法忍受高溫，因此，裝盛熱湯、熱飲的容器別直接擺在傢具或木作之上。另外，木器漆雖能讓木材增強防水性，但若長時間遭受水氣侵蝕，漆膜也可能因此變質而折損壽命。

大部分木器漆也無法忍受高溫，因此，裝盛熱湯、熱飲的容器別直接擺在傢具或木作之上。

施工 Q301 填縫劑的驗收應該怎麼做，才能看出工人是否施作確實？

首先，可從填縫表面的平整度來判斷，接著可看磁磚面是否有殘留墁料，最後記得填縫乾硬前勿碰水。

填縫劑的施工好壞，不只影響美觀以下為幾個施工完成後，應注意的事項：

1 填縫表面的平整度

無論採用哪種工法，表面都不應出現凹凸起伏，或者沒有確實填入墁料。

2 磁磚面不殘留墁料

填完縫須清除突出溝縫、殘留在磁磚表面的墁料。若為深色填縫劑或粗面磁磚，填縫同時應立即清除磁磚表面的墁料，以免磁磚的毛細孔吃色。

3 填縫乾硬前勿碰水

填縫材的乾燥速度會視材質與天氣狀態而定，從10小時到七天不等，建議至少留三天等它乾凝。若材料在乾凝前碰到水、遭到重撞或陽光曝曬，強度就會被破壞。可用指甲摳一下來測試：如果填縫材沒有掉下來，就代表乾硬了。

雖說填縫劑能抗菌、防霉，但主要還是得靠保持鋪面乾燥，才能長久維持美麗的外觀。

種類挑選 Q302 木器漆的主要成分是什麼？用了安全嗎？

木器漆，水性產品採用水性樹脂，油性漆則分成兩種，各帶有硝基類或聚氨酯的成分，可選擇訴求環保、健康的產品。

蠟漆多半使用蜂蠟、棕櫚蠟等天然臘，與各種植物油。至於以樹脂為基材的木器漆，水性產品採用水性樹脂，油性漆則分成兩種，各帶有硝基類或聚氨酯的成分。大部分漆料使用化學合成的顏料；至於訴求環保、健康的產品則使用來自礦物或貝殼的天然色料。早期的木器漆全為油性配方，約有一半比例為俗稱「松香水」或「香蕉水」的有機溶劑，因而含有甲醛、苯、芳香烴等毒性揮發物質；後來面世的水性木器，則以水分來取代有機溶劑。

種類挑選 Q303 想挑選填縫劑自己施工，不過填縫有分種類嗎？還是只有分防不防水？

大致上可分成：水泥基填縫劑、樹脂類填縫劑以及彩色填縫劑。

自行選購填縫劑時，除了要看品牌外，須依自己的需求，以及填縫劑是否適用來做為挑選原則，填縫劑大致上可分成以下三種：

1 水泥基填縫劑

外觀皆為粉狀，開封後加水或樹脂（乳膠劑），攪拌均勻方可使用。含樹脂的配方防水性佳，可減少白華現象與壁癌，適合廚房與衛浴間。添加奈米矽片的殺菌成分，則可達到防霉效果。

2 樹脂類填縫劑

以合成樹脂為主成分，黏著力和韌性較高，適用於震動頻繁的樓層還具有吸水率低、硬度高的優點，適用建築外牆。

3 彩色填縫劑

添加顏料的填縫劑，幾乎都含有樹脂。有些呈粉狀，須調入清水才能使用，有的則是早已調配成膏狀，攪勻即可使用。

圖片提供＿櫻王團隊

填縫劑種類不同不只成分不同，適用區域也不同，挑選時要注意。

清潔保養
Q304
實木傢具需要定期上護木油保養嗎？上一次油大概可以維持多久？

須定期上護木油保養，維持時效視使用頻率而定。

木屋外牆或木棧道，由於日曬雨淋的破壞，每隔三、五年宜重新塗刷護木油，以免木材受損。住宅內的木地板也由於天天踩踏甚至重物拖磨而損傷木料。視使用頻率而定，隔幾年重新塗上護木油，可延長木材壽命。

施工
Q305
想更換家裡廚房的收邊條，師傅說一定得敲掉磁磚，這是真的嗎？

更新得連同磁磚一起敲掉。

通常達一定水準的收邊條，壽命至少二、三十年以上。若要替換收邊條，就得拆掉連接的整排磁磚，至少得花上四、五千元。建議一開始就採用品質有保障的產品，確認施

工階段有無問題，以避免事後拆除的麻煩與金錢損失。

種類挑選
Q306
最近想幫家裡的傢具上護木油，不過市面上種類那麼多，應該怎麼挑？

選用最適合的配方、確定為優質的天然成分、硬木要選用專屬配方，可從這三點做為挑選原則。

使用護木油來塗敷木頭，完成後的觸感自然又柔和，而且也不會蓋住木材的紋理與木色；挑選時則須注意品質把關，以免失去原本保護的目的，以下為幾個挑選的基本原則：

1 選用最適合的配方

雖說護木油的耐候性不錯，仍建議使用戶外專用的產品，以免防護效果打折扣。還有，護木油目前仍以德國出產的品質最高，但仍得考慮台灣氣候對木質帶來的影響，來選用適合本土環境的配方。

2 確定為優質的天然成分

礦物油也能塗在木頭表面，但滲透力遠不如天然的植物油。真正的蠟製品，在需經過推抹的過程才會逐步顯現天然的光澤，且效力持久。若是油性亮光劑，塗布當下則是立即就油光閃閃，在未乾燥前較容易因為油膩而吸附灰塵。此外，天然蠟品質也有高下之分。

3 硬木要選用專屬配方

一般的護木油，塗在很硬的木頭時，經常會出現表面很油膩的情形。這是因為硬木多半飽含油脂，以致於護木油成分無法滲入木材裡面所致。此時，應該改用硬木專用的護木油，才能達到塗料的目的。

chapter

12

系統櫃

選用設備 TIPS

① 施作系統傢具先貨比三家，但價格若明顯偏低，需小心其板材用料的等級。

② 收納櫃的組合是系統傢具一大特色，可多元選擇加強空間的收納機能。

③ 小格局空間一樣可以施作系統傢具，搭配得宜，坪效反而更好。

現今工資上漲、好木工師傅不容易尋找，加上系統傢具製作愈來愈成熟，其外觀及五金選擇也日益多樣化，加上幾個大品牌的推波助瀾，讓系統傢具在室內裝修中愈來愈普遍。雖然系統傢具在弧線及曲面造型上的呈現無法像木作一樣盡如人意，但因較現場施工工期較短、價格相對低廉，以及低甲醛的板材用料等優勢，讓系統傢具搭配木作施工，逐漸成為設計界的新寵兒。

圖片提供_摩登雅舍室內裝修設計、演拓空間設計　攝影_江建勳

種類挑選 Q307

系統櫃比起木作櫃和現成櫃，在外觀、合用度上有何不同？

各自有其優缺點，選購時應就自己的預算、需求及空間做考量。

系統櫃多為制式使用設計，不過表面材質選擇多，能展現出不同質感。木作櫃的設計無所侷限，造型和使用設計變化多，能隨屋主需求而定。

1 現成櫃：為一般工廠大量生產的固定制式規格，優點是買來即可放置，外觀上看起來也不會太差，但是內部的五金、板材、結構、品質不一，價格也相對較低廉。

2 木作櫃：通常使用木心板，優點是能客製化，樣式、形貌、使用機能能隨使用者所設計，所以變化較多，造型上也較特殊。但工期較長，品質好壞取決於木工師傅及油漆師傅的工法是否精細，與人為因素息息相關。

3 系統櫃：為規格化的產品，其使用機能和尺寸也能隨使用者而改變。外觀面板的顏色及五金配件可依喜好作不同搭配，雖然目前市面上可供選擇的樣式不少，但在弧形及曲線等特殊造型，特殊色彩及風格的呈現上，仍比木作櫃略遜一籌。

監工驗收 Q308

在安裝系統傢具之前，要怎麼檢驗材質是否優良呢？

可從重量、剖面空隙和黏著劑的顏色為指標檢視。板材重量不能太輕；板材剖面的孔隙愈密，材質愈密實；而E1級的板材為綠色，E0級為藍紫色。

一般而言，可從重量和板材剖面辨別。重量不能太輕，再來觀察木屑壓製的空隙疏密，若孔隙太多，表示板材鬆散、不夠密實，品質欠佳。

同時，防潮板材會添加藥劑，因此可從板材剖面看到內部藥劑或黏著劑的顏色，通常E1級的板材會呈現綠色，E0級會是藍紫色。不過顏色不是唯一的標準，因為歐洲氣候乾燥，不一定每家品牌的板材都會添加，這時從板材剖面就看不出顏色了。

可從系統櫃傢具的重量、剖面空隙和黏著劑的顏色做為檢視指標。

價錢 Q309 五金、層板會影響系統傢具的費用，通常價差會差很多嗎？

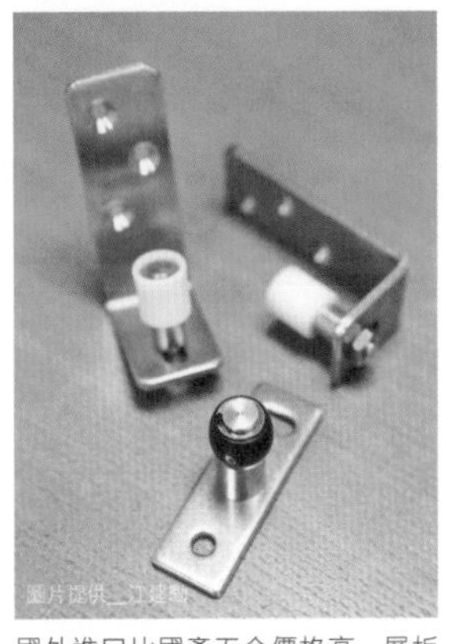
國外進口比國產五金價格高，層板價格則依其厚度而有價差。

進口五金比國產五金價格高，而E0等級的板材比E1的貴兩成。

由於目前的系統傢具多為歐洲進口，為了與之配合，其五金也是以歐洲進口為主。通常進口的五金比國產五金價格還高。另外，板材的等級和厚度也會影響價格，E0級板材成本相當高，通常比E1級貴兩成，因此E0級板材多用於醫療環境中，一般居家多使用E1等級。

系統傢具的層板厚度以1.8公分和2.5公分兩種最為常見，也有厚達3公分的。一般櫃體多使用1.8公分，2.5公分和3公分的板材因為重量較重，因此多作為檯面來使用，若以相同尺寸的層板計算，1.8公分與2.5公分的層板，價差約為NT.50～120元／才。

種類挑選 Q310 許多廠商據稱系統櫃有抗刮耐燃的優點，有什麼方式可以測試？

可利用鑰匙在板材表面試刮，或是利用試燒測試板材品質。

系統傢具板材的表面，以美耐皿處理居多，美耐皿的特性是表層抗刮、耐磨，質地防污、防潮，最簡單的測試方法，就是拿鑰匙或硬幣來回刮刮看，劃過後並不會留下痕跡，系統傢具板材同時也具有耐燃的特質，可倒上酒精點燃或放上點燃的香菸頭測試，板材並不會有損傷。

可簡單利用鑰匙在板材表面測試是否真的抗刮、耐磨。

種類挑選 Q311 國外的進口五金一定比國內的好嗎？

不一定，有些國產五金品質也很優良，可依自己需求選擇。

五金是系統櫃中的配角，雖然看起來不起眼，但使用品質優良的五金，可讓系統櫃在設計搭配上獲得不少加分。然而進口的五金就一定比較好嗎？其實不然。不同產地的五金，有不同的優勢，有些國產的五金都是外銷國外，品質有一定的水準。不妨依照自己的需求和預算，再選擇國產和進口的五金。

種類挑選
Q312
大家都說用系統櫃不錯，但系統傢具的優缺點有哪些？

優點就是施工迅速，缺點就是變化性較少。

系統傢具來裝潢居家也是個節省時間的方案，在現場只需組裝、無須施工，不僅省去施工時間，還可避免切割木料所造成的粉塵污染，對於一般想節省裝潢費用和降低甲醛污染的人，系統櫃就成為首要的選擇，但不可避免地，已有制式規格的系統傢具，變化性絕對沒有可完全客製化的木作來得變化性大。

■ 木作櫃 VS 系統櫃比一比
提及系統櫃的優缺點，通常可與木作櫃一塊兒進行比較，接著就可依自己的預算及需求來選擇。

工法	優點	缺點
木作裝潢	木工師父可依照現場量身訂作出絲毫不差的木作裝潢。	1 釘死的（固定物），看膩了想換想移位或想搬家時，就只能全部拆除重做。 2 木工品質會因選擇的師傅手藝而有差異，不容易控制品質。 3 工資愈來愈貴，且手藝愈好的師父更貴，工期也不容易安排。 4 表面處理為貼紙後再上色，或噴漆，質感比較沒有變化。 5 因為採用木芯板，可能會有甲醛問題。
系統傢具	1 可依現場客製化。 2 變化度比木工裝潢差一點。 3 若是進口板材則甲醛含量符合歐洲環境規範。	1 系統櫃能做的就是特定材質與表面、裁切就是直角，因此客製化能力弱。 2 基本上要做圓弧造型或不同裝飾的表面材，系統櫃無法表現。

※本書所列價格僅供參考，實際售價請以市場現況為主

種類挑選
Q313
什麼時候會比較建議使用系統櫃，亦或是建議使用木作櫃呢？

若強調收納、實用機能的櫥櫃或衣櫃，建議用系統櫃；若想強調風格或空間狹小的畸零區，比較適合能夠多變化的木作櫃。

一般來說，在強調整體風格的公共空間（如客、餐廳），或狹小難解的畸零空間，多會以造型變化性高、木皮選擇多樣化的木作櫃，來打造居家風格，甚至帶出畫龍點睛的效果；但如面對廚房、主臥和更衣室等，強調收納、實用機能更勝風格形塑的空間，通常會需要搭配許多的抽屜、五金或層板，若選用木作櫃的話，在價格上則會高出不少，因此利用系統櫃制式的組合就能滿足使用者需求，價格也會相對便宜。

強調實用機能的空間可選擇系統櫃，木作櫃則較能兼顧風格與美觀。

種類挑選 Q314 櫃子看起來都長很像，要如何分辨是系統櫃還是木作櫃？

檢查櫃子兩側是否有鑽孔，有整齊鑽孔的就是系統櫃。

系統傢具製作上愈來愈精細，許多人覺得和木作傢具難以區分，事實上只要觀察一下櫃子兩側就能得知，系統櫃因為是在工廠大量製作，所以會先有系統地鑽一整排的洞，以便日後因應不同需求所進行的訂製與安裝工程，因此打開系統傢具的櫃子時，會發現兩側有一整排間距固定為32mm的孔洞；反觀木作櫃因為由師傅現場施作，常是確認使用者需求後製做，因此可能就只有上下幾個孔洞而已。不過，使用系統傢具時，若不喜歡那麼多排孔，也可事向系統傢具商或設計師提出需求，決定好所需高度尺寸，就不需要預留那麼多孔洞，但日後如果想要隨意調整層板高度，就沒那麼容易了。

攝影＿江建勳

系統櫃的技術日趨進步，單單從外觀較難看出木作櫃與系統櫃的明顯差異。

種類挑選 Q315 想使用系統傢具，卻仍有固定尺寸的限制，這真的可以量身訂作嗎？

圖片提供＿演拓設計

不一定要量身訂製，用運堆疊的設計手法，製造錯落的層次感，也可以讓單板的線條變得俐落且富變化。

雖有固定尺寸的限制，但仍可因應設計師的要求打造出量身訂製的尺寸。

系統傢具的板材有一定厚度，一般所販售的板材有長度尺寸的限制。45公分、60公分、9公分為一般標準尺寸，想要量身訂製可能會受限於板材的長度。再加上系統板材的邊緣有排孔，每個排孔間距固定為32mm，因此板材最高高度也必須是32的倍數。若以天花板到地板高度的落地高櫃為例，可能最高高度就是256公分（32mm×80）但是系統傢具的廠商也可因應設計師的要求，重新訂製排孔距離，這樣就能符合所要求的尺寸，不過通常需要再多花費訂製的費用。

種類挑選 Q316 常常聽到系統櫃的廠商號稱他們的材質是用V313、V20板材，這些數字到底表示什麼意思？在材質上有何差別？

V313、V20代表其板材的防水程度，其中V313的防潮性最好。

系統櫃板材類型以防水性，也就是吸收水分之膨脹係數來分，有V313、V100、V20三大類。以V313為例，是指將板材放在攝氏20度的水中浸泡三天，在零下12度的低溫環境中放置一天，在攝氏70度的高溫乾燥環境中放置三天，此程序共需重複三次，其厚度膨脹率必須低於6%才可稱作V313板材。

因此，V313的堅固性與密合度最佳。一般來說，V313稱為防水板、V100稱為防潮板、V20稱為普通板，目前V100、V20的板材在大賣場還看的到，系統傢具廠商大多都以V313板材為主。而耐潮度的比較則為：V313＞V100＞V20。

價錢 Q317 聽說系統傢具會比木作來的便宜，是真的嗎？

不一定，必須看挑選的材質、五金以及施作的數量多寡，有時甚至會比木作櫃貴。

系統傢具通常會將板材使用量換算後，以尺或才數計價。一般來說，報價金額已含安裝費用，施工完成後也不需再油漆處理，所以照理說不會有額外的費用。

若以一樣的形狀、一樣的五金而言，櫃體內部一樣都有木紋，木作櫃當然會比系統櫃貴，因為必須在木作櫃體內貼皮、噴漆，工資會花費許多。但系統傢具的板材等級和五金品牌都會影響價格，這時有可能就會比木作櫃貴。

■ 系統傢具計價參考

系統傢具品項	價格
素面門板	約 NT. 200~250 元／才
造型門板或加噴砂玻璃	約 NT. 550~650 元／才
門板框加鋁鐵件	約 NT. 650~800 元／才
基本層板（側板、頂板、底板）	約 NT. 130~200 元／才

※本書所列價格僅供參考，實際售價請以市場現況為主

施工 Q318 系統傢具施工完後，發現層板之間有縫隙，要怎麼修補才好？

可利用矽膠或木板封起。

系統傢具因為板材有制式規格，組裝完成後難免會遇到無法剛好填滿的情況，這時可視情況選擇木板或矽膠將縫隙補平。但縫隙若超過2公分，通常建議還是以木板封平為佳，最好能與有經驗的師傅和設計師一起討論解決方式，以免填填補補讓家看起來東一塊、西一塊。

價錢 Q319 搬家時把舊的系統櫃搬去新家，需要再花一筆拆除組裝的費用嗎？

若是請人拆除，通常需要支付拆除費用。有兩種計價方式，點工或是以公分計價，可依預算選擇。

若要將系統櫃移至別處拆裝使用，只要找專業有信譽的廠商或設計師幫忙拆卸組裝，拆除安裝的費用1公分約為NT.40元。若新的空間與舊有空間的大小有出入，可請原廠商作增減或修改，改裝費和材料費則再額外計算。

另外也可請設計師統籌進行搬運，通常是以點工工錢計價，即為支付工人的工時費用即可，不含搬運的話，約NT.3500～5000元／日不等。因此若有大量的系統櫃要拆除，建議可評估兩種方式哪種較划算。

種類挑選 Q320 聽說系統櫃的板材有分 F1、F2，也有 E1、E0，這到底是什麼意思？

此為標示甲醛含量的指標，E0～E5為歐盟所使用的等級標準，而F1～F3為台灣所使用的CNS標準。此兩種標準的數字愈大，其甲醛釋放量愈大。

由於系統傢具的板材學名為雙面耐磨美耐皿，俗稱塑合板，內部為碎木屑壓製而成，在施作過程中會加入黏著劑使木屑緊密黏合，而其中甲醛源頭多半是由黏著劑所散發出來的。因此為了講究環保和健康，而制訂出甲醛含量的等級表。一般歐洲廠牌的板材都採用歐盟的使用標準，以甲醛含量來分，有E0級和E1級，E0級的甲醛含量趨近於零，E1級的則為低甲醛；而台灣則訂出F1～F3的等級標準，F3級的板材等於E1級。因此可常看到廠商標示E1（F3），這只是使用的等級說法不同而已，其實都是經過政府許可標準的板材。自從2008年起台灣已限定系統傢具的塑合板都需有E1的標準，以保障消費者的健康。

■ 台灣CNS標準 甲醛釋出量等級表

等級	甲醛釋出量平均值 (mg/L)	甲醛釋出量最大值 (mg/L)
F1	0.3 以下	0.4 以下
F2	0.5 以下	0.7 以下
F3	1.5 以下	2.1 以下

■ 歐洲甲醛釋放量等級表

等級	甲醛釋出量 (mg/L)
E0	0.5 以下
E1	1.5 以下
E2	5.0 以下

E0 級板材表面會看到浮水印，最常見到的就是這款黃金鹿的標誌。

石材 磚材 木素材 金屬 水泥 塑料 板材 塗料 壁紙 玻璃 收邊保養材 系統櫃 廚房設備 衛浴設備 門窗 窗簾 照明設備

價錢
Q321

不想多花預算在系統櫃上，可以怎麼省成本呢？

可依照預算和需求刪減設計和配備。

由於系統傢具是每增加一項配備，像是五金或層板，就會增加費用，因此建議可依照空間特色、預算來規劃。裝修之前，將家中每個空間想要使用的系統傢具列出明細，再依優先順序逐項刪減，不必要的費用，像是客廳電視櫃是否一定要有門片？少了門片就能少一項費用。櫃子是否一定要用拉門？拉門的軌道五金比起一般的對開門昂貴許多。衣櫃一定要用拉籃嗎？用現成的收納籃是否就可以？只要逐一檢視各個細項，就能有效率的節省預算。

可考量個人需求，依優先順序逐項刪減不必要的項目，以此降低費用。

施工
Q322

如果使用系統傢具做櫃子，還需要再找設計師或木工另外搭配嗎？在溝通及施作上需要注意哪些事項？

都可以，不過一般系統櫃公司都有配合的設計師及木工，可考慮直接配合。

系統櫃使用至今，其實已相當成熟，單純丈量及施工委託給單一系統櫃廠商通常就可以滿足裝修需求，而一般正規品牌的系統傢具公司也都有提供設計師及木工的配合，在溝通及施作上並不會有太多問題。但若是自家在裝潢時一開始就有找設計師，又指定設計師配合品牌以外的系統櫃廠商，或是裝修風格較為特殊的需求，則應該請設計師或木工，與系統傢具公司溝通及搭配，以顧及空間的整體感，也避免未來在系統櫃與其他異材質相接的部分有任何的爭議或紛爭產生。

跨距以不超過 60 公分為原則，超過時應加裝立板，以防止下凹、變形。

種類挑選
Q323

有人說，系統櫃的層板比較容易下凹，該怎麼解決這問題？

若不想下凹，系統櫃的層板跨距寬度不應超過60公分，而其厚度應該要2公分以上。

系統傢具的承重力不如木作來得好，層板就很容易下凹，因此設計時要用對跨距的寬度和層板厚度。以書櫃來說，書本很重，因此一般書櫃的層板最好要2公分以上，跨距以不超過60公分為原則，若跨距超過60公分以上，應尋找更厚的板材、或是跨距之間加上立板支撐，分散層板的承重力，亦可增設收邊條，加強力度、防止變形。

攝影__江建勳

選擇五金時最好親自試用過，確實感受品質，才能選到適合的五金配件。

種類挑選 Q324

在挑選五金時需要注意什麼呢？

建議親自試用過後挑選為佳，同時必須觀察五金表面是否有損傷。

好的五金不只可以讓操作更加順手，也可以讓原本較為單調沒有變化的系統櫃加分不少，因此可別小看五金配件，千萬別只以價格做為唯一考量。以下列出選購五金時應注意的事項：

1 以使用者需求為導向：主要配合空間設計選擇適合的五金配件。若小物品擺放所需的空間不大，可選用格架以增加擺放空間。

2 挑選適量的五金：選用愈多五金，相對費用愈高，所以適量是很重要的。挑選五金時可以先比較一下重量，因為有些五金可能是空心的，相較之下就能分辨出虛實。五金在材質上大多為不鏽鋼、鍍鉻製品，不鏽鋼的材質較堅固耐久。另外，還有鐵製加工的材質，但此類五金較容易生鏽，使用上要特別謹慎。

3 親自試用感受五金品質：在使用的五金種類中，以鉸鏈和滑軌是最常見也是最重要的，建議一定要親自使用展示的實品，像是開關櫃子的順暢度，緩衝裝置的速度快慢，都是能看出品質的好壞。以鉸鏈為例，需觀察開闔與緩衝的機能是否優良，以及與掀蓋銜接所裝置的角度是否有接合緊密，這樣才能挑選到品質好的五金。

施工 Q325

木作櫃和系統櫃可以局部更換施作嗎？在作法上有何差別？

木作櫃局部更換需要重新施工，等同於重做一個櫃子；而系統櫃為獨立板材拼接，局部拆除的變化性大，難度並不高。

系統櫃是靠一片片板材拼接而成，假設一排衣櫃是由三個獨立系統櫃組合，拆卸時只是移動板材，並不會影響櫃子的結構，因此可局部拆卸，高櫃也能變矮櫃，變換性較大。

而木作櫃通常會用木板釘出一個框架，再隔出三個櫃子，因此若要拆掉某一邊，支撐力就會改變，另一邊也必須跟著拆，最後幾乎重新做一個新櫃子了，若是木作貼皮的衣櫃，想要局部拆除還必須先將貼皮全部磨掉，再重新上色，花的工資可能比原本貴上許多，所以木作局部更換並不見得划算。

攝影__江建勳

最好先評估局部更換面積及難度，有時局部更換或施工費用不會比較便宜。

種類挑選 Q326 聽說系統櫃比木作櫃較不耐重，有什麼方式可以檢驗，以免買到不耐用的櫃子？

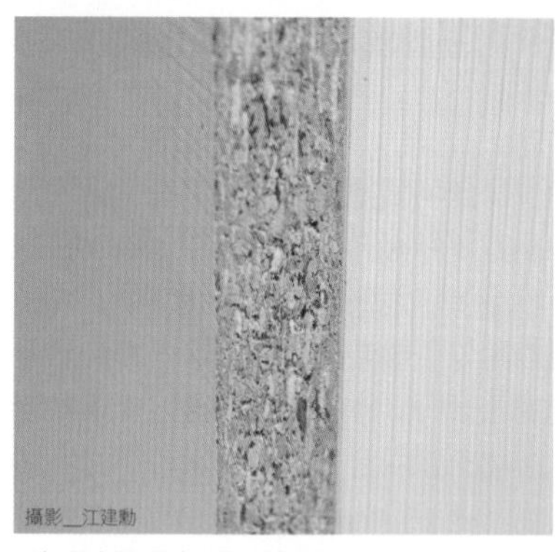
攝影＿江建勳

層板厚度關係到承重，所以應配合櫃體選擇適當的層板厚度。

可洽詢廠商出示相關的承重檢測報告，並注意層板、背板及底板的厚度需夠厚。

系統櫃內層板的承重量很重要，不但關係著能置放多少物品，也與會不會使用沒多久就變形息息相關，一般層板的厚度約為2公分。若想進一步確認其堅固性，可以詢問層板是否有經過承重測試，例如長期在上面擺放多少重量的碗盤測驗其耐重程度。同時，在組裝櫃子時，所挑選的背板或抽屜的底板厚度一定要足夠，才能支撐整體架構，目前已有厚達8mm的底板和背板可供選擇。

■ 系統櫃適當厚度與面寬

種類	面寬（W）	層板厚度（M）
開放式書架	一欄的寬度在 60cm 以內。	建議用厚度 25mm。
小書櫃	一欄的寬度在 60cm 以內。	建議用厚度 18mm。
大書櫃	一欄寬度在 60 ～ 120cm。	建議用厚度 25mm。
衣櫃	一欄寬度 100cm 以內。	建議用厚度 18mm。

施工 Q327 系統傢具不斷拆卸又組裝，其結構支撐度不會因此而鬆脫嗎？發現有孔洞要如何修補才不會醜醜的呢？

由於板材接合處有制式插梢配合，不會因多次組裝而鬆脫。。

系統傢具在組合時，不是直接裝訂在板材上，板材的接合處通常有制式插梢配合，因此即使多次拆裝組合，依舊可以牢固不易鬆脫變形。

而拆裝後板材上的損傷或拆卸時留下的鑽孔洞，可以利用修補筆遮蓋，畢竟系統傢具是以板材計費，使用五、六年後，難免有損傷。這時只要用修補筆塗一下，舊板材就可以再重複利用，能省下不少預算。

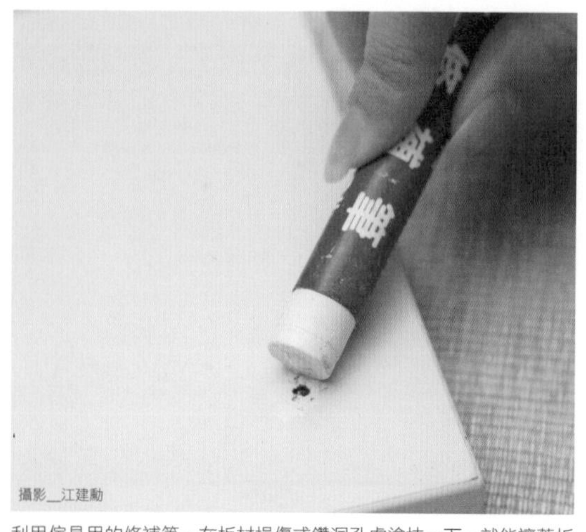
攝影＿江建勳

利用傢具用的修補筆，在板材損傷或鑽洞孔處塗抹一下，就能讓舊板材重複使用。

保養清潔 Q328 系統傢具該怎麼保養比較好？

以乾布擦拭灰塵、五金上油保養即可。

系統櫃的保養其實相當簡單，系統傢具的板材通常是雙面耐磨美耐板，表面已有一層保護，清潔起來自然不困難，一般而言，開放式層板比較容易積灰塵，但只要用乾布或濕布擦拭就可以。部分立體紋路的系統板材，相對的也較容易藏灰塵，清理時只要順著紋理，就可以解決這個問題。

若想盡量延長使用年限，建議時常上油或上蠟保養，保持軌道的滑動順暢。

1 不用強酸鹼清潔劑：若要使用清潔劑，建議用中性的清潔劑即可，避免使用含有強酸鹼的產品，以免破壞表面保護層。

2 不用尖銳物品刮磨：雖然系統傢具有耐磨耐刮的特性，也禁不起尖銳物品刻意刮磨，因此清潔時不要用粗糙的菜瓜布，這樣容易造成損傷，縮短使用年限。

3 五金上油保養：系統傢具的五金很多是滑軌形式，因此若要延長使用年限，建議時常上油或上蠟保養，保持軌道的滑動順暢。

保養清潔 Q329 房子外牆潮濕，使用系統櫃的防潮塑合板是不是就不怕潮濕？

板材雖然可以防潮，但時間一久還是會有問題。

房子潮濕與漏水的原因不一，若有任何滲水漏水，建議還是要先請抓漏公司先處理，並重新做好防水，因為漏水問題不單僅是影響室內，還有可能日積月累影響到相鄰的鄰居，屆時反而更難處理；此外，即便現在的防潮板材品質都不差，但也無法承受經年累月浸水所造成的損害。不過，若僅是輕微的受潮或是壁癌，基本上影響不大。

圖片提供＿演拓設計

因台灣濕氣較重，所以系統櫃材質要特別注意，避免因濕氣而讓建材膨脹變形。

監工驗收 Q330 廠商準備要來我家安裝系統櫃了，我該注意哪些細節才能確保廠商有裝好呢？

可從外觀的完整及平整度，及內裝抽屜五金等是否有安裝正確來判斷。

系統傢具安裝好之後，一定要進行品質測試，若不順暢則廠商應適時進行校正。

台灣的系統傢具產業發展其實相當成熟，品牌廠在丈量施工與問題細節上，都有很完整的SOP，價格雖然較白牌來得高，但品質有一定的保障；而二線的系統傢具廠，雖然不一定可以像品牌廠一樣提供相對完整的服務，但只要溝通的好，以及事前功課作充足，其實也不用太過擔心，還可省下一些預算。在廠商施工時，可從以下幾個簡單的方式，檢視廠商是否施工得宜，也確保自己在日後使用上不會有太大問題。

步驟一：看外觀

1 確定系統櫃的水平有抓準：因有時地坪不一定平整，系統櫃在施工時會調整至水平。

2 門縫大小一致：些許的差異是可以接受的，畢竟系統傢具仍是師傅現場組裝，但若門縫上大下小差太多，或是斜的，就可要求廠商現場改進。

3 把手的水平需統一：把手安裝在同一水平上，比較好看。

4 縫隙小可用矽力康收邊：天花與地坪若縫隙不大，可用矽利康封邊。

5 背板厚度需足夠：背板至少要用厚8mm以上的板材，支撐力才夠。

步驟二：看內裝

1 確認五金品質：確認內裝五金的品牌（尤其是鉸鏈），是否與當初訂購的相同。觀察五金外觀是否有瑕疵損傷，若有則重新更換。

2 試開門片：打開門片，看看櫃體四角銜接處是否平整，以及固定櫃體的螺絲是否有鎖好。

3 試用抽屜時請記得用點力：抽屜的緩衝裝置和承重量是測試重點，因此在測試櫃子抽屜時用力推拉，才能感受五金的品質和手感。

施工 Q331 之前用系統傢具做一個衣櫥，結果抽屜比原來量的縮了約4公分！請問系統傢具的尺寸應該怎麼計算才對？

需計算板材厚度，扣除後才是實際內徑尺寸。

系統傢具的施作及尺寸丈量計算，與木作的尺寸丈量概念相同，都必須扣掉板材的厚度才是內徑尺寸。因此系統櫃若使用1.8公分厚的板材，內徑尺寸則應扣掉左右各1.8公分，也就是說一個100公分的櫃體，內部實際上只有96.4公分，而不是100公分。因此，通常在丈量與溝通時所說的尺寸，會以實際尺寸為準（櫃體總尺寸），實際使用則會較小。

種類挑選 Q332

系統櫃可以量身打造，那和直接找設計師來替我們設計有什麼不同？

設計師除能依照尺寸能量身訂做系統櫃，更能融入空間美感做規劃，改善系統櫃的單調面貌。

系統櫃就像積木一樣，可用多樣材質堆疊組裝，但創意呈現當然就無法與設計師比擬。

系統傢具所謂的量身打造，是強調其使用機能、配合空間尺寸，及視面板顏色和五金配件可依喜好及需求作不同搭配及設計。雖然市面上有品牌或工廠直營的系統櫃，可選擇的面板顏色花紋及五金配件眾多，但在弧形線條及曲線等特殊造型上、表面材質的多樣性搭配、特殊色彩及質感的表現，以及風格的呈現上，其實還是有一定限制在。設計師所謂量身打造，則包含使用需求及設計師對於空間整體規劃及視覺創意，也會因為提出的設計想法和需求，特別尋找使用材料。

施工 Q333

如果要安裝系統櫃，有哪些步驟？

步驟十分簡單，若單純計算在現場施工的時間，大概只需要1～5個工作天就可以完成。

安裝系統櫃其實過程頗為簡單，可直接洽系統傢具廠商，或找設計師協助。廠商端了解顧客需求後，會前往家中丈量，再畫出設計圖讓顧客確認，之後廠商就會先在工廠裁切成組裝時需要的尺寸（包含裁切、鑽孔、封邊、包裝完成）。安裝的師傅到現場只需要做組裝、細部裁切及收尾填縫即可，安裝天數則依現場狀況及施作範圍而定，平均而言，只需花費1～5個工作天並可安裝完成。

■ 系統傢具施作流程表

步驟	施作內容	施作天數
Step 1 丈量	現場丈量所有尺寸。	1天
Step 2 規劃設計及討論需求	規劃設計所需要的櫃體、門板樣式和五金配置。	依個案不同約 1~3 天
Step 3 繪製製造圖	將設計圖轉換為製造圖，包括板材切割、孔位等詳細圖面。	依個案不同約 3~5 天
Step 4 工廠備料	將板材尺寸輸入 CNC 設備，並且裁切、鑽孔、封邊。	約 7~10 天
Step 5 運送	將加工好的板材、五金運送至現場。	1天
Step 6 組裝、收邊	現場組裝收邊。	約 1~5 天

保養清潔 Q334

系統傢具比起木作傢具和現成傢具，有何不同？

主要是使用材料及施工完成方式的不同。

現成傢具為一般工廠大量生產的固定制式規格傢具，內部的五金、板材、結構、品質不一，價格相對波動較大；木作傢具通常使用木芯板（即實心木板），優點是能客製化，但因大部分需在裝潢現場施工，工期較長，最後還需要人工再上數層油漆及塗料，因此品質好壞取決於木工師傅及油漆師傅的工法是否精細，相對費用較高、不可控因素也較高；系統傢具的板材是在國外就已裁切好，表面塗料也使用精密的機器加工，只有板材四面才在台灣工廠進行封邊，相較之下人為因素影響較少，品質穩定度也隨之提高。

圖片提供＿演拓設計

隨著製作技術的進步，系統櫃質感已經不輸木作，在預算有限下，可以系統櫃搭配木作櫃，打造高質感的空間。

價錢 Q335

除了品牌的差異之外，有沒有什麼會影響系統櫃的價格呢？

除了品牌的差異，系統櫃使用的板材等級，及用料等級都會影響價格。

系統傢具的價格差異，除了因品牌緣故之外，假若以不考慮師傅手藝造成的價差，主要原因就是用料的好壞了，大致上可從下面幾項判別：

1 板材：系統傢具使用之板材為聚合板，板材依甲醛含量分為三種等級，價格由高至低為F1級、F3級和E2級。若系統傢具廠報價明顯偏低，要注意是否使用混有E2板的材質製作。

2 五金配件：系統傢具裡使用的五金零件，會依照品牌、國產品或進口品而有價格的不同，價差有時會到一倍以上。

3 櫃體的安裝方式：櫃體的安裝方式在費用上會有差異，安裝前最好先確認清楚。

4 規格色：挑選規格色會比訂製的顏色約莫省下約10%的預算。

5 規格尺寸：採用規格的尺寸通常可以直接拿現貨，節省等待訂作時間。

種類挑選 Q336

系統櫃和木作櫃相較，系統櫃真的有比較環保嗎？

目前系統櫃與木作櫃皆以符合環保、不危害人體的方式製作。

一般系統櫃使用的板材原料，是利用廢木回收製成的環保材質，搭配健康、低甲醛的處理方式製作而成；木作櫃不僅施作過程較容易有粉塵問題，主要板材「木心板」也不像「塑合板」強調廢材的回收製作；加上木作需要貼皮，會大量使用到含有甲醛的接著劑，系統傢具則無須經過在現場貼皮的程序，因而在環保議題上，系統櫃確實略勝於木作櫃。不過，為了降低木作櫃施作過程中散逸的甲醛，有標榜低甲醛的黏著劑和健康合板的綠建材，讓木作櫃逐漸脫離較不環保的印象。

清潔保養 Q337

系統傢具耐用嗎？使用上有沒有需要注意的地方？

只要使用方式正確，用上10年也不成問題。

任何物品或裝潢，一定都有毀壞的可能，也需要維修保固，系統傢具也不例外，但在正確的使用方法下，系統傢具是非常經久耐用的。一般系統傢具使用上有幾點可注意：

1 上櫃需平行開啟：開啟上櫃時，注意平行開啟，若往下拉會造成鉸鍊鬆脫斷裂。

2 開關上掀式門片時勿施力過重：上掀式門片內裝設了油壓式五金，在門片開啟或關閉時，會自動緩慢下降關閉，避免自行施力，容易使油壓五金壞掉；

3 拉門需平行開關：裝有滑軌的拉門，使用時必須平行移動，若用力方式錯誤，也可能會讓滑軌用起來不順暢。

施工 Q338

系統櫃和木作櫃的進場時間有何不同？分別需要注意的施工時間是什麼？

木作櫃通常在泥作完工後進場，系統櫃有時需要木作的後續加工，則建議木作快完工之際進入較為保險。

一般來說，系統櫃雖可配合空間做適度的尺寸規劃，但板材尺寸仍較固定，施作過程只需請施工人員到現場丈量完之後，依圖面需求取得板材，在進行現場組裝即可；若扣除備料時間（約10～15天不等），只需1～5天的施工期就能完成；相較之下，木作完成後，才進行貼皮、上漆的木作櫃，所需工時就會相對長了許多。不過，現今某些木工師傅傾向採取類似系統櫃的作法，六、日先在工廠裁好板材尺寸，在進場組裝以縮短工時。

另外，在進入工程的時序，系統櫃和木作櫃也不相同。為了避免板材污損的情形，木作櫃通常在泥作完工之後進場施做；雖然系統櫃只需現場組裝，但有時會需要木作工程的後續加工，選擇與木工重疊的時序較為保險，因此通常會在油漆前、木工快完成之時進場。

種類挑選 Q339 小朋友房間收納和傢具都是用系統傢具，書桌檯面要多厚比較好用又可以用得久？

以實用性而言，厚25mm的美耐板是最實惠的選擇。

用系統板材來製書桌檯面的話，以實用性而言，厚25mm的美耐板是最實惠的選擇。由於書桌需要一定尺寸以上的檯面，同時還得具有一定的承重力；因此，深60公分、面寬不超過120公分的檯面最穩固。雖說檯面的材質與尺寸皆可訂做，檯面的最大面寬可達280公分，但倘若面寬超過120公分，底下最好加上支撐，不可完全懸空，否則易變形。此外，檯面的尺寸還要考慮搬運或裁切等運用，最好按實際需求來適當的尺寸。

施工 Q340 印象中系統傢具都是做櫃子，它還可以做其他的傢具嗎？

可以，椅子、床組等，只要是基本外觀為四方形的傢具，系統櫃都可以做得出來。

系統傢具其實才是系統櫃的正式名稱，因為坊間一般稱呼為系統櫃，造成系統傢具給人的印象多以櫃子為主。但事實上，除了櫃子之外，基本上只要是以四方形為主的物件及傢具，例如書桌、梳妝台、小矮凳、床架等傢具，都能利用板材搭配木作製作完成。不過因為系統櫃使用板材與五金組合而成，結構的強度有一定限制，因此在製作大型傢具時，無法製作出有太複雜變化的傢具，外觀形式上因而顯得相對固定，可說是使用系統櫃目前最大限制。

施工 Q341 我家大概只有 15 坪，格局又不方正，請問小坪數與畸零空間可以使用系統傢具嗎？該如何運用及設計規劃？

小坪數與畸零空間很適合使用系統傢具，可以增加收納機能。

小坪數可利用五金，或將系統櫃從天花施作到地坪，就能強化收納功能；而畸零空間只需避免有弧面的造型，且利用系統櫃反而能將畸零空間加以隱藏，讓空間格局更為方正，反而在視覺上有擴大效果，例如在畸零空間處以系統櫃做出一個簡易儲藏室，就可輕易將室內空間收得整齊妥貼，一旦空間不凌亂且方正，看起來就會顯得舒適且寬敞。不過，小坪數及畸零空間運用系統櫃唯一的考量，大概就是避免使用太深顏色的板材，以免小坪數顯得擁擠和壓迫，本該低調的畸零空間則反而顯得突兀。

chapter

13

廚房設備

選用設備 TIPS

① 選擇好清潔的廚具面板和檯面，維護和使用上才方便。

② 如果廚房空間小，不妨購買多功能的家電與廚櫃做整合，不過在規劃時要注意使用的便利性和安全性。

③ 建議下廚頻率很高的人，最好將料理檯、水槽尺寸加大、加寬和加深，如此才能增加整體食材的容納量，也加快烹飪的效率。

④ 不鏽鋼材質的耐重性佳、防水防潮，加上一體成型的技術，能和廚具作無接縫設計，清潔上也比較沒死角。

餐廚空間甚至早已超越客廳，成為家人們最常聚集的角落，加上近來食品安全議題持續擴散，廚房設備好用、好清潔與否，更成為每個媽媽在意的，不論挑選檯面、廚櫃或是家電設備，切記要根據自身的烹調習慣、下廚頻率等面向來評估，並搭配符合自己的人體工學尺寸，料理才能更有效率。

圖片提供_KC Design Studio、雲墨空間設計

價錢 Q342 找了三家廠商比價，發現廚具價位落差好大，該如何判斷報價是否合理？

廚具品牌十分眾多，最重要的是比價的基礎要一致，如果條件、價位落差不大，再來比的就是服務和設計。

一套廚具的組成包含櫃體、五金、檯面、三機設備，櫃體又分木芯板、不鏽鋼材質，五金的種類則有鉸鍊、側拉、轉角小怪物等，光是鉸鍊還有德國、奧地利和大陸品牌，價差非常大，而人造石檯面亦有大陸、韓國、美國製的差別，所以廚具比價過程中，選用的門板、檯面、櫃體等材質或尺寸必須是一樣的，自然就能比出合理的價錢。

序號	廚具內容	單位	金額	備註
	杜邦石台面MT707~德國進口灰楓			緩衝鉸鍊
	結晶鋼烤門板P881(鋁手把)			
1	下廚總長:170cm	1套	$20,400	
2	吊廚總長:237.5cm(加高)	1套	$19,000	含冰箱吊櫃
3	杜邦石台面總長:170cm	1套	$13,600	
4	水槽下ST雙層桶身外加	1台	$ 1,750	
5	藝術方形單槽JT-F102+下嵌工資	1組	$ 7,000	
6	BOSS台面造型龍頭D-3033	1組	$ 2,500	
7	豪山併爐SB-1010	1台	$ 4,500	
8	林內隱藏式油機RH-8079	1台	$ 5,500	
9	72cm木抽+刀叉盤*1	1個	$ 1,300	
10	(ST)爐下三邊圍籃+A級緩衝	2組	$ 3,600	
11	45cm木抽	1個	$ 500	
12	易利勾+調味架+鍋蓋架+鋁勾	1組	$ 2,000	
13	林內落地式洗碗機RKW-457-SV	1台	自備	
	---以下空白---			
總金額	$ 81,650			

圖片提供＿禾邁系統廚具

如果要比價，抽屜的材質、五金的配件、檯面的材質等需求都必須一致，比價才有意義。

價錢 Q343 不同材質的檯面價位為何？每種材質都是以公分計價嗎？

目前常用的檯面以賽麗石的價錢最高，而每種材質皆是以公分作為計價。

廚具檯面材質分有：人造石、不鏽鋼、石英石、賽麗石、天然石、美耐板、珍珠板，其中美耐板、珍珠板在住宅空間使用已經不多，而天然石由於保養維護不易，加上搬運困難，所以也比較少人用，最普及的材質當屬人造石、不鏽鋼，兩者價位為普羅大眾接受，對於保養清潔上也很方便。價位最高的賽麗石，每公分為NT.125～300元（視花色而定），不過它硬度高，耐刮耐熱表現都非常好。

圖片提供＿弘第廚具

賽麗石硬度高，僅次於鑽石，不易刮傷，顏色選擇多元化。

■ 各種材質價格比一比

每種廚具檯面皆有其優缺點，應視個人使用習慣和頻率再來決定選擇的種類。

材質	價格（公分計價）
天然石	NT.130 元
賽麗石	NT.125 ～ 300 元
人造石	NT.90 元
石英石	NT.110 ～ 180 元
不鏽鋼	NT.100 元
美耐板	NT.15 ～ 20 元

※本書所列價格僅供參考，實際售價請以市場現況為主

價錢 Q344 哪一種廚具門板便宜？哪一種是比較貴的？

廚具門板以美耐板最為便宜，結晶鋼烤、不鏽鋼、實木則是現階段價位最高的種類。

廚具門板種類有結晶鋼烤、水晶門板、高壓成型門板、鋼琴烤漆、實木、烤漆玻璃、美耐板、不鏽鋼可選擇，實木門板價位高，但因為不好保養，普及率低，美耐板門板雖然價位便宜，但卻較不耐用。

圖片提供__禾邁系統廚具

高壓成型門板色彩豐富，花樣齊全，造型多變化，外觀可仿原木門。

■ 各種門板價格比一比

在顧慮到烹調習慣與需求之下，可根據喜好挑選門板材質。

種類	價格（以才計價）
結晶鋼烤	NT.400 ～ 450 元
水晶門板	NT.340 元
高壓成型門板	NT.600 ～ 800 元
鋼琴烤漆	NT.500 ～ 1200 元
實木	NT.500 ～ 1500 元
烤漆玻璃	NT.400 ～ 800 元
美耐板	NT.100 元
不鏽鋼	NT.500 元起

※本書所列價格僅供參考，實際售價請以市場現況為主

價錢 Q345 聽說人造石檯面用久了可以打磨恢復，打磨一次的費用大約多少錢？如何計價？

人造石打磨以公分為計價，每公分是NT.20元。

人造石檯面確實可以打磨恢復，但是要注意的是，打磨之前需將整套廚具予以保護，僅能將檯面裸露出來，再來是施作時現場粉塵量大，拋光後需耗費時間體力清潔，雖然打磨費用每公分才NT.20元，但施作前的保護與施作後的打掃，需要審慎評估。

圖片提供__甘納空間設計

人造石檯面其硬度不似天然材質，較容易刮傷磨損，但可再處理。

種類挑選 Q346

人造石檯面究竟能不能耐熱？聽說容易裂開是真的嗎？

人造石是一種合成產品，含有自然礦物成分，一旦受熱不均勻，的確會有裂開的現象，使用時建議還是以鍋墊隔絕為佳。

人造石屬於合成產品，利用樹脂加入色膏、樹脂顆粒、石粉等所製造而成，外觀仿造天然石材，擁有石材紋理卻沒有毛細孔，防髒、耐污、好清理更是其最大優點。目前人造石所使用的樹脂多為壓克力（MMA）與聚酯樹脂（Polyester）兩種原料，建議使用壓克力製成的人造石，除了本身材質穩定、具韌性外，使用約10年之後才會產生黃變。聚酯樹脂無韌性、易產生黃變，且隨時間愈久質地會變硬，即容易產生脆裂現象。

■ 各種檯面材質比一比

材質	特色	優點	缺點
天然石	以花崗石或大理石製成，花崗石的材質較硬較耐久。	紋理獨一無二，質感佳耐高溫。	有毛細孔，易產生吃色現象，保養不易。
賽麗石	是一種高硬度的複合石英材料，以高達 93% 的天然石英 (SiO_2) 為主要成分，加上其他成分如飽和樹脂、礦物顏料、複合劑、添加劑等混合而成。	高耐熱、耐污、抗刮特性，且容易清潔、持久抗菌。	
人造石	可塑性極高，易做造型設計，表層可進行研磨、拋光處理。	硬度高，耐磨防水。	不耐高溫，也會有吃色的情形。
石英石	分為傳統斜背式、歐風倒 T 式和具有特殊造型的款式。	耐高溫、耐磨。	厚度薄、易脆裂
不鏽鋼	耐熱、防水機能一流	具耐磨、耐用之特性，永久不褪色，不龜裂。	表面易有刮痕。
美耐板	底材多為塑合板和木心板製成，有些面材則為貼美耐皿。	防刮耐磨好清理。	不耐撞，表面如有破口易受潮。

種類挑選 Q347

不同的瓦斯爐面材質，有什麼差別呢？

強化玻璃爐面最好清潔，不鏽鋼、烤漆則需要費心保養。

圖片提供＿林內

強化玻璃的瓦斯爐檯面，不但好清潔也美觀。

在材質的選購上，瓦斯爐具檯面是否美觀又好清潔，是挑選的重要因素。目前瓦斯爐面材質包含不鏽鋼、強化玻璃、烤漆三種，強化玻璃的優點是美觀好清理，與任何廚具材質搭配亦十分吻合，但價位上會高一些，而不鏽鋼、烤漆則是需要較為費心保養，使用久了會較容易刮傷或生鏽。

種類挑選 Q348

廚櫃桶身有木心板、不鏽鋼等材質，選擇哪一種比較好？

以木心板、塑合板、不鏽鋼材質來說，不鏽鋼材質較為耐用且防水。

桶身材質大致可分為木心板、塑合板、不鏽鋼。其中，不鏽鋼的桶身具有防水、防腐蝕的功能，堅固耐用，建議用於裝置有水槽的底櫃。木心板和塑合板桶身較容易受潮，尤其是木心板吸收水分後容易發霉，細菌和蟑螂較容易滋生，因此較適合用於上方的吊櫃，相對而言比較不容易有沾水的機會，另外，木心板的甲醛含量偏高。

廚櫃桶身建議使用塑合板，若擔心水氣問題，水槽下底櫃可搭配不鏽鋼材質。

你該懂的建材 KNOW HOW

桶身 也就是指廚具的櫃體，不包含檯面、門板。

施工 Q349

舊有磁磚牆面都能直接貼覆烤漆玻璃嗎？

一般來說都可以，但如果預算足夠的話，建議是將原磁磚牆面拆除再貼覆烤漆玻璃。

舊有磁磚貼覆烤漆玻璃，會有幾個問題存在，烤漆玻璃使用的黏著劑並非全面性塗布，而是選擇四個邊緣施作，中間未能與舊有磁磚牆面達成緊密完好的附著，因此容易產生水氣，所以建議還是將原磁磚拆除再施作烤漆玻璃為佳。

種類挑選 Q350

不鏽鋼廚具的檯面有分等級嗎？到底該做多厚才耐用？

不鏽鋼廚具以304等級最適合拿來作為食用級使用，厚度建議0.9mm即可，但需結合板材，減緩聲響。

家用不鏽鋼等級分成304、430，304比例為18%鉻與8%鎳，因此又稱為18-8不鏽鋼，具有耐腐蝕特性，適合製作為食用級器具，可利用磁鐵檢測，304僅為弱磁性，430具磁性。而檯面的厚度分有0.6、0.9、1.2mm，一般來說選擇0.9mm，然而內部仍會包覆板材，讓不鏽鋼檯面在使用時聲音更低也更牢固。

種類挑選 Q351 開放式廚房要哪一型除油煙機，才能配合空間風格，吸力又強？

建議選用採用高速馬達的倒T型除油煙機，就能兼具風格和吸力。

開放式廚房建議可選用倒T型抽油煙機，有些進口排油煙機甚至可做到如吊燈般的造型，不論造型為何，排油煙機首重的就是排風量，選購時記得注意吸力值愈高表示吸力愈強，而過去倒T型排油煙機吸力較弱的問題，近來已有廠商改良為高速馬達，讓倒T型排油煙機的吸力跟傳統排油煙機一樣好。

圖片提供＿林內

倒 T 型排油煙機改用高速馬達，對於吸力更為提升許多。

種類挑選 Q352 電熱除油排油煙機真的有效嗎？

電熱除油在每次烹飪後進行，可讓風箱內的油汙導入油杯內，延長排油煙機的壽命。

電熱除油是透過加熱方式，將附著在風箱內的油導入油杯內，目前加熱的方式包含石英管、銅片、鎳鉻線、麥拉片四種，前三者在加熱時能高達百度，因此還要搭配過熱裝置，避免造成危險，麥拉片的加熱方式能維持在70度的恆溫內，只要超過70度，除油煙機就會自動斷電，而不論哪種電熱除油煙機，基本上的確具有除油效果，但切記烹飪後要固定進行除油動作，一旦累積的油污太多也是很難去除的。

種類挑選 Q353 要選哪種材質的水槽比較好用又持久？

建議選用不鏽鋼或是結晶石水槽，兩者可與檯面作平嵌、一體成型設計，減少銜接處的細菌滋生。

不鏽鋼的水槽耐洗又耐高溫，是一般家庭較常使用的材質。某些不鏽鋼產品的表面會塗上一層奈米陶瓷，使油污不容易附著其上，再加上做出凸粒狀的設計，具有防刮功能，讓不鏽鋼擺脫以往不耐刮的惡名。而結晶石能與石英石檯面作一體成型設計，也具耐刮特性，缺點是售價較高，一個水槽約為NT.20,000-30,000元。較不建議使用的是陶瓷水槽，不僅有接縫的問題，使用年限也較短。

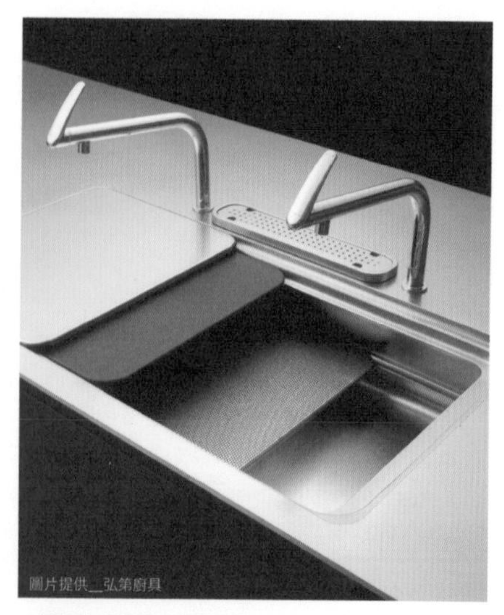

圖片提供＿弘第廚具

不鏽鋼的水槽耐洗又耐高溫。

種類挑選
Q354

烘碗機是懸吊式好，還是落地式好用？

想要容量多就用落地式，廚房空間狹小就用懸吊式，擔心懸吊式不好拿還能選電動升降烘碗機。

烘碗機的選擇標準和家中的人口數大有關係，如果人口多的話，建議選用落地式，能擺放的碗盤較多，不過落地式會占據幾乎兩個抽屜的空間，且必須搭配廚櫃作結合，因此假如廚房空間不大也不建議使用，而懸掛式的好處是，能單獨懸掛在牆面上，不需要一定得搭配廚櫃設計，缺點是容量較小，身高嬌小的女生也比較不好拿取，然而不論哪種烘碗機，本身除了收納功能，皆具有不同的殺菌效果。

圖片提供＿林內

落地式烘碗機的容量大，拿取也比較方便。

種類挑選
Q355

嵌入式冰箱比較美觀，才能讓整體裝修風格更好看？

圖片提供＿相即設計

圖片提供＿相即設計

嵌入式冰箱雖然能與門片、整體風格相容，但是售價偏高，並非一般家庭能接受。

嵌入式冰箱若為單門形式，容量會比一般單體式冰箱來得小，比較適合3人以內的小家庭使用，在規劃上需注意冰箱與櫃體之間至少預留2公分的距離，以防止冰箱無法輕鬆開闔。

嵌入式冰箱能融入整體空間當中。

施工 Q356 廚具吊櫃都是如何固定在牆面上？要怎麼檢視結構是否安全？

常見的方式是利用壁釘將櫃體固定在牆面上，但需注意牆面結構需為實心牆。

廚具吊櫃安裝分成二種做法，一種是使用專用的吊鉤器，此種工序較為複雜，最普遍的做法是利用壁釘方式直接將櫃體固定在牆面上，再利用吊櫃內的吊櫃五金去控制調整吊櫃的位置，每個吊櫃與吊櫃之間利用螺絲固定，如此便能確保結構穩固，不論上吊櫃使用什麼工法，皆需抓好水平基準，安裝好的廚具才會好看。

圖片提供＿禾邁系統廚具

廚具吊櫃是利用壁釘將櫃體固定在牆面上。

施工 Q357 瓦斯爐跟水槽之間究竟要留多少距離才好？

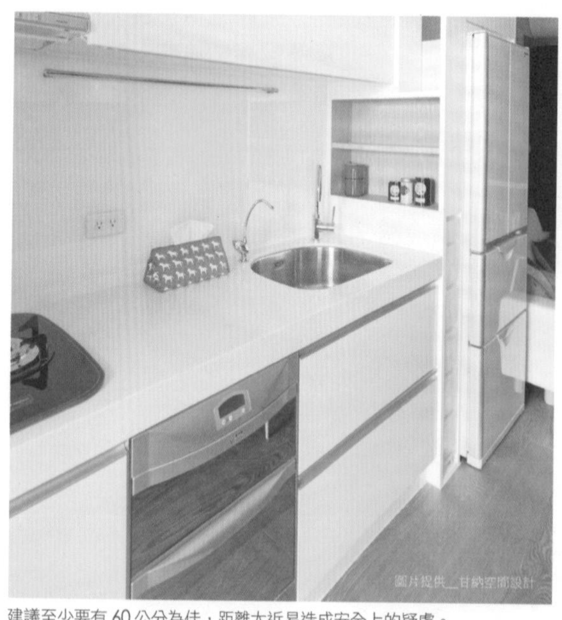
圖片提供＿甘納空間設計

建議至少要有 60 公分為佳，距離太近易造成安全上的疑慮。

水槽和瓦斯爐之間的距離約80公分，如果廚房空間較為狹小，建議至少也要有60公分為佳，距離太近容易造成安全上的疑慮。

一字型的空間已經較小，工作檯面的大小就相對重要，必須在有限空間中爭取最大的使用範圍。瓦斯爐距離水槽的這段區域，為料理時的主要工作檯面，會擺放洗好的食材、切菜的砧板及切好準備下鍋的材料等，因此需要較為寬裕的使用空間，通常至少要有約40～60公分的距離，能達到80～90公分為最佳。

監工驗收
Q358 吊櫃高度應該怎麼計算，才不會太高不好用？

應以最常使用廚房的使用者身高先決定流理檯的高度，再往上加55～60公分，為吊櫃的最適高度。

圖片提供__禾適系統廚具

廚具吊櫃一般建議和檯面有 60~70 公分的高度落差。

廚具吊櫃一般建議和檯面有60～70公分的高度落差，也就是離地145～155公分之間，但確切的尺寸還是應該依照使用者的實際身高和習慣來進行高度規劃。除此之外，如果想將吊櫃至頂設計，不妨搭配電動升降設備，如此一來就沒有高度的困擾。

施工
Q359 廚房設備有哪些必須預留專用電路？

蒸烤爐、烤箱、RO逆滲透、炊飯器櫃等皆需要設備專線單獨迴路，避免造成日後無法正常使用。

廚房家電用品的電壓包含110V和220V兩種，其中烤箱、蒸爐、蒸烤爐、RO逆滲透都需要有專用單獨迴路，最好也將安培數調高。烤箱、蒸烤爐、咖啡機、蒸爐等都有進氣、排氣的需求，所以電器後方一定要多預留5公分，好讓電器散發出去的熱氣有個緩衝，不直接影響機器設備。

圖片提供__禾適系統廚具

烤箱、蒸爐、蒸烤爐、RO 逆滲透都需要有專用單獨迴路。

清潔保養
Q360 如果不喜歡烤漆玻璃材質，廚房吊櫃下壁面適合用磁磚嗎？選購時應注意什麼？

吊櫃下的磁磚建議選擇亮面，且縫隙愈少的愈好，遇有油污會較好清潔。

吊櫃下壁面考量烹飪時會有油煙產生，如欲搭配磁磚應選用表面光滑的產品，再來是磁磚尺寸不要太小，避免用馬賽克磁磚，尺寸愈小代表縫隙愈多，油污若附著會更難清理。

種類挑選 Q361

廚具門板應該怎麼挑？

除了預算之外，最重要的是從開伙下廚的頻率、烹煮料理的習慣來決定，油污較多的應選擇好清理的門板。

如果預算不受限，建議使用結晶鋼烤門板，顏色豐富多元，且六面防潮性也良好，屬於好清理不沾油的門板材質，非常適合大火快炒的中式料理，但實木門板就不適用中式料理的廚房，因其材質具毛細孔，容易吸附油污，遇到水也容易膨脹變形，因此在家開伙下廚的頻率、是否習慣油煙料理的飲食，是決定門板規劃的重要考量。另外像是超白玻門板、薄陶板也都屬於沒有毛細孔好清潔的選擇，不過售價上會偏高些。

圖片提供＿弘第廚具

除了要外表好看，門板的選擇也應選擇便於清潔的材質。廚房，在門片選擇上要多用心。

■ 門板材質比一比

門板選擇多元，可從預算、下廚習慣來做搭配。

種類	特色	優點	缺點
鋼琴烤漆	底材為密集板 /MDF，噴漆高亮如鋼琴表面烤漆。經多次打底、上漆研磨，拋光打蠟，將六面門板均勻烤漆。	不易脫漆、變形、龜裂。色彩豐富、亮麗，表面光滑，容易清洗。	怕刮，忌強酸鹼。
實木	天然木材製成，表面噴上平光或亮光漆。	質感厚實，其木紋更是渾然天成。	實木門板具有毛細孔，易吸附油煙，不防水，因台灣屬潮濕的氣候，故需注意保持乾燥。
強化烤漆玻璃	外觀光潔亮麗，具透明感。	好清潔保養，硬度比鋼琴烤漆高	烤漆玻璃背面亦受尖銳物品刮傷。
不鏽鋼	散發出金屬現代風格。	防水耐熱，好清潔	不適用溫泉地區，會氧化。
美耐板	美耐板由牛皮紙加化學樹脂等化學物質經高溫高壓製作而成。	價格平實，花色及款式多樣化選擇，好清理	長期處於高溫環境，易脫膠捲翹。
結晶鋼烤	底材為木心板，表面屬硬化本色的壓克力，不經噴漆處理。	色彩豐富、亮麗，表面光滑，容易清洗。	
高壓成型門板	底板為密集板，表面經由一層 PVC 材質，以高壓電腦定型方式加以成型。	色彩豐富，花樣齊全，造型多變化	

監工驗收 Q362

瓦斯爐安裝後，要怎麼檢視有無裝設完備？

注意瓦斯橡膠接口必須使用固定管束，若橡膠管材質老化也務必更新，最後則是請技術人員當場檢查瓦斯供應來源以及是否有外漏瓦斯。

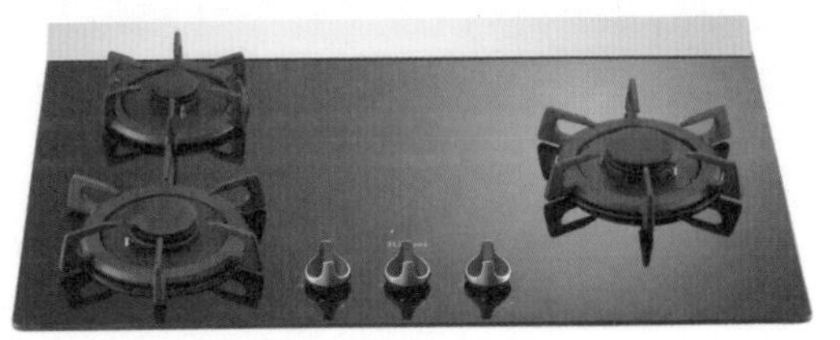

圖片提供＿林內

瓦斯爐安裝要檢查瓦斯接口，需使用固定管束束緊才可以。

購買瓦斯爐產品，品牌皆會安排原廠技術人員到府安裝，確保安全。安裝時務必注意檢查瓦斯接口，瓦斯橡膠管接口必須使用固定管束，尤其是嵌入式瓦斯爐與檯面式瓦斯爐橡膠接管都在廚具櫃內更應確實檢視。若下方有收納櫃設計，要注意開關抽屜是否拉扯管線導致鬆脫，造成瓦斯外洩。其次是，橡膠接管長度須在1.8公尺以下，並且不可以隱藏在建築物構造內或貫穿樓地板、牆壁，避免無法查覺橡膠管老舊，造成瓦斯外洩的危險，若超過1.8公尺部分必須使用金屬製配管。

監工驗收 Q363

安裝排油煙機應注意哪些細節？

排油煙機風管的長度配置最好能在5公尺以內，不超過7公尺，如果超過7公尺的話，建議加裝中繼馬達，有助於加強排風效能。

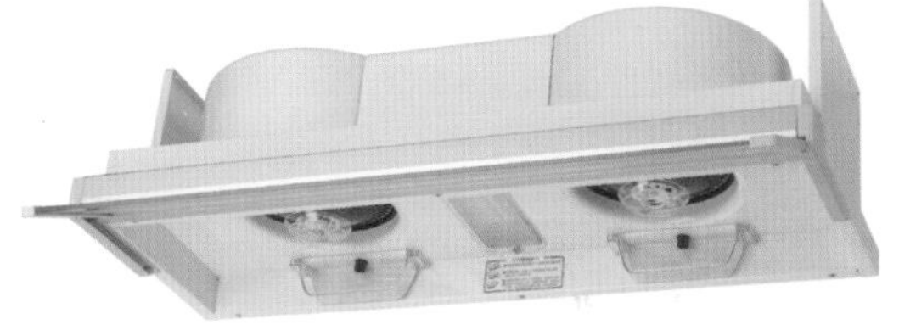

圖片提供＿林內

排油煙機的風管在 5 公尺以內為佳，末端可加裝防鳥巢蓋，避免異物跑進風管內。

安裝排油煙機要注意排風管管徑大小，有些大樓原建商預留的為小管徑排風管，後來再接上大管徑排風管，因尺寸上的落差，連接後會出現迴風的問題，導致排風量銳減，因此必須特別注意管徑是否相同。再來是排風管不宜拉太長及彎折過多，管線的距離在5公尺以內為佳，否則會導致排煙效果不佳。抽油煙機擺放的位置不宜在門窗過多處，以免受空氣對流影響，無法發揮排煙效果。

保養清潔 Q364

哪一種檯面的材質在清理上比較容易方便？

賽麗石、不鏽鋼的耐熱抗刮效果都比較好，也沒有吃色的問題。

以人造石、天然石、不鏽鋼、美耐板、賽麗石等材質來說，如果摒除費用的問題，賽麗石算是耐刮耐熱又好清理的，其次是不鏽鋼檯面，雖然不鏽鋼檯面表面易有刮痕，不過只要拿2000轉的水砂紙順著紋理方向磨，就能稍微回復。

保養清潔
Q365
門板需要費心保養嗎？用一般的廚房清潔劑擦洗可以嗎？

大部分的材質用中性清潔劑就可去除髒污，只是需避免使用菜瓜布，以免刮傷表面。

清潔門板表面可用濕布或海綿及溫和的肥皂或中性清潔劑，但如果像是美耐板表面因加熱過之碗碟或過燙之物品接觸，造成龜裂或水泡，不可用任何清潔劑沖洗，只需用清水擦拭清潔即可。

保養清潔
Q366
檯面平時要怎麼保養才能夠使用比較久？

平時以中性清潔劑清洗即可，避免使用鋼刷、菜瓜布等容易刮傷檯面的用品刷洗。

檯面應隨時保持乾燥，以延長使用壽命。若在人造石檯面上打翻醬油等深色液體，應立即擦拭，避免造成吃色的情形。人造石的表面耐溫性低，若要置放高溫鍋具時，記得在底部墊一層隔熱墊，以免過熱鍋具或電器用品傷及人造石檯面。另外，搭配的爐具面板要記得選擇玻璃材質，玻璃材質能與熱絕緣，過去常見的鐵或不鏽鋼材質則容易導熱，易加速人造石遇熱裂開的情況。許多檯面材質都有耐刮的特性，但有些材質硬度較低，需避免直接使用尖銳物去刮，或將食物直接放在檯面上做切割動作。

種類搭配
Q367
廚櫃的收納應該怎麼搭配，才會好用又順手？

收納層架產品的選擇，應整合個人、家庭的烹煮飲食習慣，並納入廚具收納規劃。

隨著廚櫃五金不斷推陳出新，各式各樣收納層架將廚房空間做了最有系統的運用，讓家事操作更為輕鬆、有效率。收納層架產品的選擇，整合個人、家庭的烹煮飲食習慣，納入廚具收納規劃裡，以廚房操作動線來看，約可分成4大區，各有其適合的收納層架設計。

1 底櫃：適合收納體積大、重量重的物件。較不常用的「重量級物品」應往櫃內底部擺放，較輕、使用頻率高的物品擺放於靠近櫃門的地方。收納設計包括拉籃、側拉籃、抽屜分格櫃等，另可於轉角空間規劃小怪物、旋轉式轉盤等。

2 吊櫃：以「不擺重」為原則。收納設計包括自動式或機械式升降櫃、下拉式輔助平台、下拉抽等。升降櫃有60公分、80公分、90公分等款式，收納容量需求大建議挑選最大尺寸，以免收納空間因扣除了升降櫃兩側的油壓五金，不敷日常使用。

3 爐檯：以收納烹調鍋具、碗盤、調味料理罐為主。爐檯旁的空間最適宜規劃擺放料理調味瓶瓶罐罐，有助於烹煮時順手拿取，提高煮食效率。收納設計包括調味側拉架、大抽屜、抽拉籃等。

4 水槽：以規劃擺放清潔用品為主。水槽旁的空間也適合收納其他廚房用品，若要將洗碗機納入，必須先行規劃淨排水的處理。

■ 各式廚房收納五金的使用方法及特色

適用空間	類型	特色	使用壽命	價格帶
底櫃	拉籃、側拉籃	抽拉式設計，操作省力。	確保10萬次使用。	NT.1,000元起。分國產與進口品牌而有極大價差。
吊櫃	電動升降櫃	利用電動式設計，來進行吊櫃空間的收納分類，避免因使用椅凳發生意外，尤其適合行動不便的長者使用。	約5萬次使用。	NT.20,000元。分國產與進口品牌而有極大價差。
吊櫃	機械升降櫃	與電動升降櫃的設計有異曲同工之妙，但在停電時仍可使用。	約10萬次使用。	NT.6,000元起（深度30公分者）。分國產與進口品牌而有極大價差。
轉角空間	小怪物	為連動式拉籃，輕巧帶出隱藏於轉角空間的物品，收納容量較大。	約10萬次使用。	NT.5,000元起（100公分寬者）。分國產與進口品牌而有極大價差。
轉角空間	轉盤設計	包括旋弧式轉盤、3/4或半圓盤設計，分層獨立使用，收納容量較淺。	約10萬次使用。	旋弧式轉盤NT.10,000元起、3/4轉盤轉盤NT.5,000元起、半圓盤NT.5,000元起。分國產與進口品牌而有極大價差。

你該懂的建材 KNOW HOW

足元抽	足元抽是日本語，常見於日本電視節目或翻譯書籍，意思是踢腳抽，也就是利用廚具的踢腳板空間所做的底部空間再利用。
怪物	怪物其實就是俗稱的轉角收納五金，因採「連動式拉籃」設計，拉出來時還要再一個轉折才能帶出連結的內部拉籃，有如「機械怪手」般，用於底櫃、高櫃的轉角空間，各自稱為小怪物、大怪物。

種類搭配 Q368

門片要怎麼選配才會好看？

從坪數、整體風格來選擇適當的門片材質與色調。

以坪數來說，假如廚房空間不大，最好是搭配淺色系、亮色系門片，或者是將深色系門片安排在底櫃，吊櫃用淺色也可以，而像是不鏽鋼這種冷色調的檯面，一般會建議搭配亮面門片較為協調，再者，燈光的配置也十分重要，建議可搭配間接燈光讓空間更有層次氛圍。

圖片提供＿弘第廚具

門片材質和顏色與廚房的整體風格有關，因此想打造具有特色的廚房，在門片選擇上要多用心。

石材 磚材 木素材 金屬 水泥 塑料 板材 塗料 壁紙 玻璃 收邊保養材 系統櫃 **廚房設備** 衛浴設備 門窗 窗簾 照明設備

種類挑選 Q369

挑選排油煙機時應該要注意什麼？

排油煙機的寬度最好可以比瓦斯爐再寬一些，在材質上可選擇鋼板烤漆材質，搭配廚房顏色加以變化。

排油煙機的種類相當多樣，以造型來說有所謂的單層、斜背式以及深罩式，而偏向歐風設計的則有倒T型以及隱藏式，前幾年以漏斗型的排油煙機為主流，近年來倒T字型備受青睞。不論造型為何，排油煙機首重的就是吸風力，除了以烹飪習慣選用排油煙機之外，安裝時也要注意離瓦斯爐高65至70公分，為最合宜、吸煙效果最佳的高度。

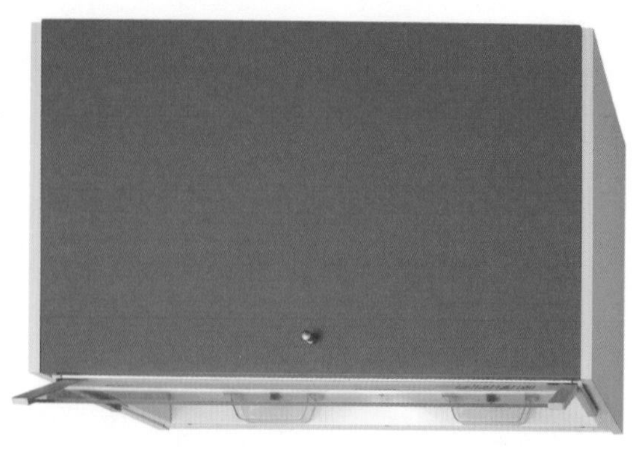

圖片提供＿林內

排油煙機首重的就是吸風力，安裝時也要注意離瓦斯爐高 65 至 70 公分。

圖片提供＿弘第廚具

把手的設計可視個人使用習慣來挑選，近年來留行無把手設計，讓廚具整體線條看起來更俐落。

種類搭配 Q370

門片把手的設計有哪 些做法？

門片把手分成無把手、有把手二種設計，端視個人使用習慣來決定。

無把手門片設計又有幾種作法，一種是斜切式，或是搭配按壓式五金配件，讓廚具看起來更為簡潔俐落，而有把手門片又有外凸、內凹設計，或是較為古典與鄉村風的造型把手。

施工 Q371

早期水槽收邊都是用矽力康，沒多久就發霉變黑超難清，還有其他作法嗎？

目前水槽與檯面銜接有內嵌、平嵌、一體成型三種，解決收邊條發霉的問題。

讓媽媽們困擾的水槽矽力康發霉問題有解了！以水槽材質來說，居家最常使用的不鏽鋼水槽能與不同檯面材質作平嵌、內嵌的銜接，檯面上的水漬就能輕鬆撥入水槽內，平常清潔更方便，而若為結晶石水槽亦能與石英石檯面作一體成型設計，就沒有收邊的問題。

施工 Q372

原本是一字型的廚具，想要增加成L型廚具，工程處理上需要注意哪些事項？

建議從收納空間的規劃、門板更新以及水電配置是否要更動三個方面先做規劃與考量。

一字型廚房增加為L型廚房，除了可以增加廚房的收納與運用空間，還能活用吧檯與邊桌的設計，讓整個廚房的價值與氣氛活絡過來。以下是更動時需注意的事項：

1 思考收納空間的規劃

需先思考要增加多少收納空間，這些空間需要用來擺放哪些物件（擺放鍋碗瓢盆或要將電鍋設計一個安置區域等）？新增的L型廚房，還要額外增加哪些烹調或其他功能（如增設電烤箱或結合餐廳空間運用等）？一一考慮清楚，新增的廚房歸劃才算大致成形。

2 門板更新

將原有的門板更新處理是廚房舊換新的常用方式，維持原本空間格局卻擁有嶄新樣貌。交給專業人士更能詳細的規劃，包含時程的拿捏與最重要的預算掌握。

3 水電配置是否要更動

一般來說，會先確定規劃的動線是否需動用到泥作工程、水電配置是否需修改，接著仔細做好費用評估與施工花費的日期預估等事前準備，後續廚具進場安裝約為一天左右。使用者確切的明瞭自己的需求才能規劃出理想廚房。

■ 各種平面配置的廚房與廚具特色

廚具類型	特色	規劃要訣	坪數需求
一字型	廚具沿牆擺設，最節省空間，適合小坪數廚房。	1 為省空間並保持動線流暢，廚具上方可設收納櫥櫃。 2 收納冰箱、微波爐、烤箱、電鍋等家電，可在廚具兩側設置獨立的電器櫃。	適合兩坪以下。
L型	1 廚具沿著兩面牆的交接處配置，比一字型廚房多些櫃體。 2 可充分用到轉角空間。	爐口區與水槽分置於兩個不同的軸線，以便打造最高效的三角動線。	短軸這側最好有140公分以上。
雙邊二字型	沿著相對的兩面牆各擺設一排廚具。	1 料理區與電器櫃分開。 2 水火分離：將爐檯與水槽分開	中間的走道距離90～120公分最理想。
ㄇ字型	1 廚具沿著三面牆擺放。 2 適合坪數較大的廚房。	結合L型及雙邊二字型的廚房設計特色，可將料理區及電器櫃分開處理，且爐檯與水槽也可分開處理。	中間的走道距離最好留有90～120公分左右。
中島型	工作檯周遭不與任何廚具、牆面相連。	中島可視為備料檯、額外的工作桌、調酒吧檯、餐檯。也可設置水槽甚至瓦斯爐。	至少三坪以上。

圖片提供＿弘第廚具

水槽深度關乎到作業時的舒適度，仔細選擇適合的深度，才不會容易腰背痛。

種類挑選 Q373 水槽深度應該要多少，才不會造成腰痠的情形？

依據使用者的身高搭配符合人體工學的尺寸。

水槽深度必須適中，以符合使用者的身高和鍋子的尺寸。若深度太深，使用者需常彎腰，長久下來容易腰痠背痛；若太淺，容易噴濺水花。另外，也要符合家中鍋具的尺寸，避免在清洗時造成不便。

chapter

14

衛浴設備

選用設備 TIPS

① 陶瓷最常被運用在馬桶以及面盆的製作上，若能在陶瓷表面再上一層奈米級的釉料，馬桶、面盆會更好清理。

② 鑄鐵浴缸的單價高，但傳導熱能快速，清潔保養也很容易，使用壽命長達數十年以上。

③ 中古屋裝修時如果遇到馬桶位置變更的問題，但又不想架高地板，不妨選擇埋壁式馬桶，懸空設計在清潔上也十分方便。

④ 浴缸、淋浴拉門安裝後會填補矽力康，固化需要長達24小時，在未乾燥之前記得不能使用。

近幾年衛浴設備逐漸走向精緻化、設計感，功能性也愈趨強大，選購之前應先了解浴室坪數、動線尺寸的基本條件，根據空間比例選擇適合的衛浴產品，再以材質的耐用、好清潔程度作比較，例如龍頭最好選擇銅鍍鉻，浴櫃記得選用具防水效果的發泡板，陶瓷面盆馬桶的上釉如有添加奈米會更好保養，而設備的施工安裝也要格外注意步驟以及電壓、水壓是否足夠。

圖片提供_好時代衛浴

價錢 Q374

為什麼馬桶價位落差那麼大？

品牌、功能、款式、陶瓷燒製技術、表面上釉處理，都是影響馬桶價位的原因，抗污能力愈強、附加功能愈多相對價格會比較高。

以一般基本款馬桶來說，國產品牌單價較為一般民眾接受，約為NT.6,000～9,000元不等，歐美品牌則介於NT.20,000～50,000元之間，外型設計、上釉技術相對優於國產品牌。而同品牌中更會因沖水方式、是否有奈米級抗污等其他附加價值而產生價格的差異。至於日本品牌則訴求沖水功能強大，以及超越奈米技術的陶瓷上釉處理，讓污垢難以附著，基本款價位約NT.16,000～35,000元，另外，具備自動感應、智慧洗淨的全自動馬桶甚至高達NT.100,000元。

馬桶價差來自上釉技術、沖水方式、陶瓷燒製技術等等，功能愈多價位自然愈高。

價錢 Q375

哪一種浴缸材質價格最便宜？

依據材質與製作技術，目前以壓克力、鋼板琺瑯材質的浴缸價格較為便宜，小品牌大約都在一萬元上下即可購得。

壓克力浴缸算是目前浴缸種類中最便宜的，不過也要看為國產或進口品牌而異。

壓克力以合成樹脂材料壓克力為原料製作而成，質輕耐用是其特點，但是因為種類多樣，在市場上的價格落差也相當大，有些進口品牌甚至高達數萬元以上，然而值得注意的是，目前壓克力浴缸也多結合玻璃纖維，藉此強化其硬度。鑄鐵浴缸則是極其耐用的材料，但因為製作成本高，價格普遍較高，且體積笨重不易搬運。而鋼板琺瑯浴缸通常則是由厚度1.5～3mm的鋼板製成，硬度比起壓克力材質好，且鋼板又會再上一層琺瑯處理，因此表面光滑好清潔，便宜的品牌多在NT15,000元上下就能入手。

■ 浴缸價格比一比

浴缸隨著材質的不同，價格也會不一樣，各種材質價差很大，挑選前最好抓準自己的需求和預算，就能挑到適合自己的浴缸。

材質	特色	價格
壓克力 & 玻璃纖維	質輕耐用、種類多樣化。	NT.4,000 元～數萬元不等，根據國產、進口品牌而異。
鑄鐵	保溫效果最佳，使用年限長。	NT.40,000 ～ 100,000 元。
鋼板琺瑯	色澤美觀、表面光滑易整理。	NT.10,000 ～數萬元不等，根據國產、進口品牌而異。

價錢 Q376

淋浴龍頭有幾百元和上千元款式，到底差在哪裡？

淋浴龍頭與其他衛浴五金配件的價差，來自於品牌、材質與電鍍工藝、功能性，若以相同品牌來看，手持花灑價位會比固定花灑、花灑淋浴柱來得便宜。

淋浴龍頭在材質上有塑膠鍍鉻、黃銅鍍鉻兩種，後者較為耐用且質感佳，如果只是單純的淋浴花灑，不論是手持或是固定式，平價品牌約莫在NT.5000元上下，但其他像是控溫龍頭或是兼具SPA效果、可調節出水方式的淋浴龍頭，單價上就會稍高一些。進口品牌如使用到特殊處理，如電鍍24K金，單價恐怕都得超過NT.50,000元。

圖片提供＿好時代衛浴

淋浴龍頭最關鍵就在於電鍍的工藝，固定花灑和手持式花灑的組合搭配近來也相當受歡迎。

種類挑選 Q377

馬桶沖力有虹吸式、漩渦虹吸式和噴射虹吸式、洗落式，究竟哪種的沖力最好？

圖片提供＿甘納空間設計

馬桶沖水功能沒有絕對的好與壞，選購之前可根據自己需求決定。

每一種沖力皆有其優缺點，洗落式、噴射虹吸式效果較好，另外也有品牌推出龍捲噴射式洗淨，沿著馬桶內壁持續迴旋加入而下，達到強勁沖洗的效果。

其實每一種皆有優缺點，而一般最常見的馬桶沖水方式有以下四種：

1 洗落式：歐洲國家使用率較高，利用水流的衝力排污，沖力強、用水量省是一大優點，但是排污時噪音大且容易濺水。

2 虹吸式：以虹吸效果吸入污物，所以水量是虹吸效果好壞的重要關鍵，往往必須到12公升，用水量相對較大，且由於壁管長、彎度多，比較容易阻塞，但聲音來得小。

3 噴射虹吸式馬桶：是虹吸式馬桶的改進，兼顧了直沖和虹吸的優點，在虹吸式便器的基礎上增設噴射出口，加強馬桶的沖水力道。

不鏽鋼材質的水龍頭，因為不含鉛，不容易產生化學變化，更適用在溫泉區。

種類挑選 Q378 住在溫泉區附近，水龍頭要選用哪些材質才不容易硫化？

建議選用不含鉛的不鏽鋼材質，或是挑選100%電解銅製作的龍頭，以及經過破壞性鹽霧測試的龍頭，就能避免產生化學變化。

水龍頭的材質又分鋅合金、銅鍍鉻、不鏽鋼、電解銅等，鋅合金成本低，使用年限也較短，銅製水龍頭則因銅的比重不同，品質也有差別。另外也有品牌訴求採用100%電解銅，結合大型壓鑄機擠壓成型，可確保銅料純淨無雜質、無氣孔，最後更通過96小時以上的破壞性鹽霧測試，加上鍍銅後又再鍍上兩層鎳，以達到高強度的抗腐蝕、抗磨損功能。而純不鏽鋼材質表面以電鍍處理，比較耐用且不易變質，因而適用於溫泉區。

種類挑選 Q379 如果水壓小又是頂樓的房子，還適合安裝淋浴柱嗎？

一般會建議水壓要在2公斤以上，如果不夠就要加裝加壓馬達，同時也要注意管線的耐壓度是否足夠才行。

安裝淋浴柱有幾個重點，首先必須了解淋浴柱的基本水壓，通常是在2～3.5公斤之間，但舊公寓、大廈多半水壓都不夠，所以必須加裝加壓馬達，淋浴柱的SPA效果才會好，另外還要確認淋浴柱的高度和進水管的管距是否與自家浴室空間吻合，尤其進口產品和國內規格會有出入，選購時要特別注意規格尺寸。如果同時又要安裝按摩浴缸、蓮蓬頭與浴柱等，也得安裝水路轉換器。

淋浴柱通常都有基本的水壓要求，如果家中水壓不夠，記得加裝加壓馬達。

種類挑選 Q380 馬桶種類好多，如何選購省水馬桶才正確呢？

選擇貼有環保省水標章，代表符合低於9公升沖水量，另外也要確認馬桶排污孔距是否吻合，有些省水馬桶只適合30公分的孔距。

省水馬桶分為一段式及二段式，二段式省水馬桶可依大小號需求達到省水功效，大號沖水6公升，小號沖水3公升是目前較為普及的省水馬桶，選購時還可比一比沖水量的公升數，沖水量公升數愈少，愈能節省水費，只要是6公升以下均符合省水標準。另一方面，選擇使用奈米陶瓷材質技術的瓷漆，也能使馬桶表面不易附著髒污，防污力高，只要使用小水量也能沖乾淨。

種類挑選 Q381

浴缸材質有好多種，壓克力、玻璃、鑄鐵……等，哪種最保溫又耐用呢？

整體來說，以鑄鐵浴缸的保溫效果最好，再來是鋼板琺瑯、壓克力材質浴缸，玻璃浴缸保溫效果則較差。

市面上販售的浴缸種類十分多樣，以材質來區分，大致上包括壓克力、鋼板塘瓷、鑄鐵、玻璃以及FRP玻璃纖維，其中鑄鐵浴缸的保溫效果最好，耐壓抗力高也容易清潔，但缺點是搬運安裝不易、價格高，此外，壓克力、鋼板珐瑯的保溫效果也算不錯，前者重量輕、表面光滑，可惜是硬度不高，比較容易有刮傷的問題，鋼板珐瑯相對比較耐磨損，保溫效果最差應屬於玻璃浴缸，價格較高，而且也比較沒有防滑效果。

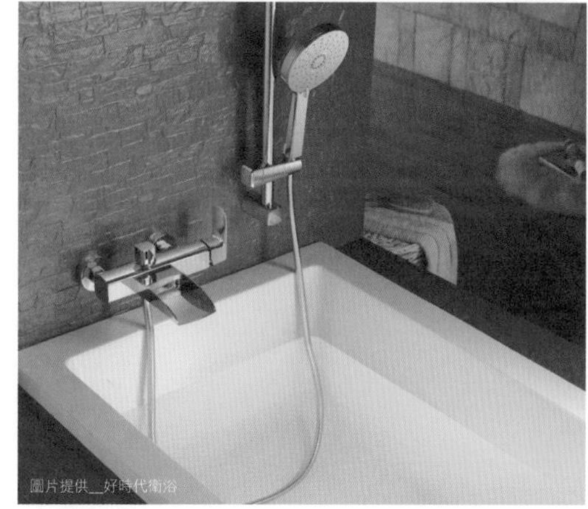
圖片提供＿好時代衛浴

浴缸材質以鑄鐵浴缸保溫最好也最耐用，不過缺點是搬運不易。

種類挑選 Q382

聽說臉盆分有上嵌式和下嵌式，這兩種有什麼不一樣？

圖片提供＿好時代衛浴

下嵌式面盆的好處是可以將檯面的水漬撥入面盆內，但也得注意與檯面的接合。

上嵌式面盆是將面盆置放於檯面上，安裝最便利，也能彈性調整檯面的深度，而下嵌式面盆就是將面盆完全嵌入檯面內，完全看不到面盆的線條。

安裝面盆的方式分成上嵌式、下嵌式。下嵌式面盆的優點是能將檯面的水漬直接撥入面盆內，也能突顯出檯面的材質，但下嵌式面盆安裝時，應該將矽力康塗在面盆背面，與檯面接合，如果只是簡單將面盆放入，在邊緣塗上矽力康，銜接處會有縫隙，也容易發霉。至於上嵌式面盆，必須先挖好安裝面盆的正確口徑，底座的支撐也必須確實，好處是檯面可以稍微內縮至43公分，浴室空間看起來會寬敞許多。

選購省水蓮蓬頭之前要先看家中的水流量，再來挑選合適的款式。

種類挑選 Q383 省水蓮蓬頭在選購時有什麼注意事項嗎？

應先檢視家中的水流量是多少，10公升以內的話可挑選氣泡噴灑型或能暫時控制開關的蓮蓬頭，超過10公升則可選用霧化型或固定節流型。

按壓式省水蓮蓬頭可在洗澡擦肥皂時先將水流暫停，避免浪費用水，氣泡噴灑型則是利用起泡作用使空氣混入微小水滴，能造成較大的濕潤面積，並減少使用水量，即使是壓差小的高樓層使用，也不會降低出水量或沖洗力。霧化型蓮蓬頭可產生許多小而霧化的水滴，濕潤面積變大而減少用水量，水打在身上的感覺較輕柔，不會有疼痛感。另一種是將節流器埋入並固定在蓮蓬頭內，但節流器會使水流速度降低，水量減少，因此較不適合低樓層或水壓不同的居家使用。

種類挑選 Q384 想將浴室改成乾濕分離，但空間不大又有浴缸，應該選擇哪種拉門？

材質上，應當選用強化玻璃，在視覺上有放大的效果，款式上則建議使用一字型橫拉以及半面式一字淋浴門，較適合小浴室空間使用。

如果是淋浴和浴缸分開的衛浴空間，搭配使用一字型「橫拉式」門片，相較於「內推式」淋浴拉門，轉身空間更為舒適，此外，橫拉式拉門又分「簡框」、「無框」兩種，無框式設計具有更強烈的視覺放大感。然而，假如為淋浴與浴缸結合使用的衛浴，可選擇半面式一字淋浴拉門，視覺上保有延伸開闊的感覺，也讓浴缸與其他設施達到明確的區隔。

小空間最好選擇一字型橫拉的玻璃淋浴拉門，進出淋浴也不會太擁擠。

種類挑選 Q385

常聽美耐板也有防水效果，也能製作成浴櫃嗎？

浴櫃建議使用發泡板材質，耐水性高也不怕發霉。

美耐板具耐磨、耐熱、防水特性，能適用在浴櫃設計上，但必須注意接縫處的施作，否則易產生黑邊現象。

浴櫃結構包含櫃體和門片，考量潮濕的問題，一般浴櫃的材質多為發泡板或是美耐板，發泡板具有防腐防霉、防水防潮、使用壽命長等特色，而且質地輕、韌性佳。美耐板則同樣具有耐磨、耐熱、防水、好清理等特性，表面貼皮有多種選擇，但美耐板仍有缺點，黏貼貼皮如果沒有留意接縫處，則容易有黑邊出現，另外若板面受傷破裂，板面也會膨脹變形。除了板材的挑選之外，浴櫃的樣式不妨採用吊櫃、懸空式設計，透過離地的方式，能有隔絕潮濕水氣的效果。

種類挑選 Q386

哪一種淋浴拉門品質比較好？

淋浴拉門有BPS板和強化玻璃材質，後者較為耐用安全，外框則多以鋁料為主，鋁鈦合金相對更耐用許多。

淋浴拉門的門片材質有BPS板、強化玻璃，前者價格便宜，但是透明度不高，而且耐熱度只有60度，且不耐撞擊，遭受重擊容易破碎。強化玻璃則是耐撞擊度高，具有透明度的特性也可讓衛浴空間更放大，其款式又包括透明、霧面、有邊框和無邊框。而外框部分多使用鋁料為主，有些會強調採用鋁鈦合金製成，但面對衛浴空間的長期潮濕，以後者建材材質較適合台灣氣候及環境。

圖片提供＿甘納空間設計
淋浴拉門建議選用強化玻璃材質，耐用且安全。

圖片提供＿好時代衛浴

種類挑選 Q387

師傅説浴室用實木門不好，不防水；應該還是選用塑鋼門？

不見得，如果是採用乾濕分離的衛浴空間，依舊可使用實木門片，但記得乾區不要進行洗地，否則長期下來，水花濺濕門片還是會縮短使用年限。

浴室門片有幾種做法，傳統住宅多為使用塑鋼門，質感偏向塑膠，但是非常防水耐用，缺點是較無法融入室內設計，再者是實木門，缺點是防水性不如塑鋼門好，亦有蟲蛀的問題，不過如果是乾濕分離衛浴，乾區不會有沖洗的需求，地面採用濕拖的方式，其實也可以採用實木門，另外，還有廠商推出SMC模壓而成的浮雕木紋門，整個結構是PU發泡一體成型壓模，兼具防水效果也比塑鋼門質感更佳。

■ 各種浴室門材質比一比

浴室門片的種類大致上可分成以下三種，可由是否乾濕分離的規劃，來決定搭配的材質。

種類	優點	缺點	防水性
實木門	外型美觀質感好，木紋種類選擇多元，且尺寸修改容易，能與空間做搭配。	易吸水變形，較不耐碰撞，且不耐火，噴漆、油漆易褪色剝落。	較差，適合乾濕分離的浴室使用。
塑鋼門	以PVC強化塑膠防紫外線塑鋼壓縮製成，耐衝擊、高溫，具不自燃、不助燃、能自熄的防火優點，表面光滑具防水性，易清洗。	質感不比實木門好。	佳，不怕水沖也沒有蟲蛀的問題。
SMC 模壓門	材質採用玻纖加不飽和樹脂，強度佳且耐火防水，內灌PU，隔音效果非常好，不必再油漆（出廠時已塗裝完成），成品表面色澤均勻。	尺寸修改較不容易（但可修改或依特殊尺寸訂製）。	不吸水，永不腐蝕、永不變形。

種類挑選 Q388

衛浴五金配件材質有哪些？哪種耐用又好保養？

目前主流的有不鏽鋼、銅製品，其中銅鍍鉻的材質比不鏽鋼鍍鉻更為耐用，表面也比較光亮精緻。

市面上的五金配件包含塑膠、ABS樹脂、鋅合金和表面經過鍍鉻處理的銅或不鏽鋼配件，以使用年限來說，銅鍍鉻會比不鏽鋼鍍鉻來得好，目前更有品牌強調選用特A級優質黃銅，含銅量高、硬度高、雜質少且不易變形，另外要比的就是電鍍、拋光的工藝技術和抗強酸腐蝕測試，尤其是銅製品電鍍後表面非常平整光滑，還能鍍上K金增加高級感。

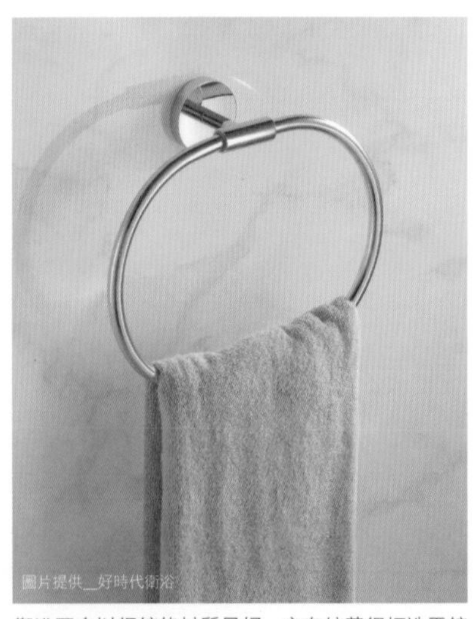
圖片提供__好時代衛浴

衛浴五金以銅鍍鉻材質最好，亦有純黃銅打造電鍍選擇，表面更平整光滑。

挑選衛浴五金時應注意結構是否紮實，如果有經過酸性鹽霧測試更好。

種類挑選 Q389

如何選購衛浴的五金配件？有哪些細節需要注意？

衛浴五金的品牌種類眾多，更有多種材質與造型，最重要的是五金結構是否紮實穩固，材質面有沒有做過酸性鹽霧測試，才能更耐用。

由於浴室的五金配件大多需要鑽孔安裝。因此，選購時須注意家中浴室牆壁是否為空心，如果是空心無法鑽牆，可用黏貼式五金取代，另外更重要的就是功能性，比方像是毛巾桿有單槓和雙槓，雙槓上方還有平檯可以置放衣物，衛生紙架亦有捲筒和抽取式置物籃可選擇，採購之前最好想清楚自己的習慣，同時慎選有品牌的產品，品質更有保障。

施工 Q390

安裝面盆時應該要注意什麼才比較穩固？

最基本的要件就是必須安裝在實心的磚牆或是混凝土牆面上，並且要委託專業的施工人員協助且按照面盆所附的安裝說明書實際操作。

壁掛式面盆較能節省空間，卻也是容易發生問題的類型，因此安裝時務必注意幾點。首先是安裝時螺絲孔施力至「正緊」的程度，也就是螺絲鎖上去碰到底之後，再順著原方向繼續旋緊15度角，再來是安裝使用之金屬配件，應該盡量使用不鏽鋼材質或耐蝕料件，並且螺栓與面盆的鎖固處要加上橡皮墊片，來吸收及緩衝鎖螺栓時碰撞的衝擊力，降低器具損壞的機率，最後是加裝三角架支撐，會比螺栓式固定法的支撐力大，是比較安全的選擇。

面盆安裝必須交由專業的施工人員，確保安全性。

種類挑選 Q391 暖風機種類好多，到底該怎麼挑才好？

可從熱源系統、坪數大小、暖風機瓦特數、暖房效率等面向作挑選，就能充分享受具有暖房、涼風、乾燥、換氣等舒適的衛浴環境。

浴室坪數在1～2坪左右，建議使用110V、熱能功率1150W左右的暖風機，至於大坪數浴室則建議使用220V、2200W左右的高熱能功率暖風機，但不論坪數大小為何，暖風機務必採取獨立電源使用才安全。另外，暖房效率愈好者愈佳，也就是藉由風扇達到快速均溫效果的能力，如此可避免洗澡前需久候，或洗完澡浴室才慢慢變暖。

圖片提供__好時代衛浴

選購暖風機除了要視坪數之外，暖房效率愈好者愈佳。

■ 暖風機種比一比

暖風機的熱源系統分成三種，每種發熱系統皆有其優缺點，必須再搭配浴室坪數和對暖房的需求做選擇。

熱源系統	優點	缺點
鹵素燈管	利用燈管內的電熱絲發熱產生暖氣，加熱速度快，適合小浴室使用，還能兼作照明。	電熱絲發熱時溫度相當高，耗氧量相對大，使用久了會覺得過於悶熱，而且愈靠近發熱源熱度高，距離遠近會有溫差。
陶瓷燈管	以電流通過陶瓷板進行加熱，再利用風扇循環擴散熱氣，耗氧量低、機器耐濕。	風扇噪音較大，加熱器衰減必須再替換。
碳素燈管	原理與鹵素燈管相似，不過是將金屬絲改以碳素纖維，熱轉換率高，達到暖房效果的速度快，相對也較省電，有些廠牌甚至推出雙馬達雙風道的設計，可同時使用暖房與換氣功能。	主機附近的溫度稍高。

種類挑選 Q392 購買蒸氣設備時，應該怎麼選？要注意哪些地方？

務必從使用頻率來思考，不要一味追求豪華的設備以及新奇的機器，若添購之後備而不用反而浪費空間。

市面上常見的蒸烤設備，包含結合淋浴、按摩浴等多功能，二合一的設計只要衛浴空間允許就能安裝，蒸氣室則是有單人和雙人使用，通常內有電腦控制面板、自動臭氧消毒、分段式淋浴蓮蓬頭等，一般烤箱則可選用具備遠紅外線裝置，能促進血液循環、將滯留在體內的汗液和水分一起排出體外，購買之前應先了解每項產品的資訊、詢問相關使用訊息以及安裝或使用上的限制，例如電壓、水壓，免得買了卻無法施工。

清潔保養
Q393
水龍頭水漬用菜瓜布刷出現了好幾道刮痕，該怎麼清才對？

其實只要使用柔軟的棉布和清水擦拭，就能讓水龍頭恢復亮麗的光澤，絕對不能使用有腐蝕性的清潔劑。

水龍頭的保養清潔，可從材質面來看，如果是鍍金或特別設計如鑲嵌水晶的龍頭，在清潔時必須特別小心，建議使用清水和棉布輕輕擦拭即可，若使用不當的清潔劑，會造成掉色的危險。如果清水和棉布無法擦掉髒污，可改用中性清潔劑，但千萬不可以用菜瓜布刷洗，以免破壞龍頭表面的電鍍，讓龍頭表面刮傷而永久受損。假如是銅製龍頭，可以熱水或水蠟去除水漬，平常隨時保持龍頭乾燥，可以預防水漬的問題，清潔的方式則使用海棉或抹布擦拭。若水漬較為嚴重，建議使用熱水或車用水蠟即可去除。

圖片提供__好時代衛浴
水龍頭清潔只要使用海棉或抹布擦拭即可。

種類挑選
Q394
選擇浴室換氣扇要注意哪些？

首先要根據浴室坪數選擇排風量，再來就是注意馬達的品質，是否具備低於40分貝的噪音值，以及有無逆止閥門的設計。

當浴室無法重新規劃獨立電壓裝設暖風機，換氣扇亦可達到通風與乾燥的功能，要注意的是，早期換氣扇通常可聽見機器運轉的聲音，綜觀市面上幾個知名品牌來看，幾乎都可達到40分貝以下的噪音值，同時馬達也經過改良，芯軸的壽命更能長久持續運轉，以及附有斷電保險絲，使用上安全許多，另一個重點是，排風扇出風口必須設有逆止閥門設計，保證空氣流向只出不進，才能確保排氣效能，而且當風扇靜止時，也能防止蚊蟲、異味從管道間而來。

圖片提供__好時代衛浴
換氣扇要根據浴室的坪數挑選適當的排風量。

監工驗收 Q395

浴室暖風機的正確安裝為何？

暖風機體一般會建議安裝在浴室中央處，如果是在意異味者，可將出風口安置在馬桶上方，而暖風機體與天、地、壁也必須保持適當距離。

暖風機必須在水電工程進行時預留管線位置，尤其是暖風機最好使用專用電源及獨立開關，以免發生危險意外。機體的安裝位置，以浴室中央為佳，如果是乾濕分離衛浴，建議裝設在乾燥區，再將出風口對著淋浴間，洗澡時就能獲得最佳暖房效果。此外，機體距離地面至少要有1.8公尺以上，與天花板之間因為還需要加裝排氣孔，所以天花板和樓板之間的高度不能小於30公分，機體裝設位置的天花板結構也需增加強度，確保能安裝牢固，且避免裝設在淋浴或浴缸處上方，造成機器受潮。

圖片提供__甘納空間設計

如果擔心異味的問題，也可以將暖風機裝設在馬桶上方。

監工驗收 Q396

如何確保淋浴拉門安裝正確？

鋁框式淋浴拉門要注意結合點以及軌道的潤滑性，尺寸是否水平以及閉門關起後的止水功效。

如果是有人造石門檻的浴室空間，精準的量好玻璃寬度、高度之後，會將拉門立在門檻上，兩側牆面與門檻銜接處採用矽力康接著，假如是鋁框式的淋浴拉門，要注意結合點和軌道的潤滑性，五金和牆壁的結合也要做好固定支撐。若為高低落差地面設計的乾濕分離浴室而非門檻，淋浴拉門應裝設於較高地面上，並留意地面水平，而假如選用橫拉門片，同時也要預留5公分左右的距離，以方便門片能順暢開啟，更重要的是，無框淋浴拉門施工後必須待隔天矽力康完全乾了之後，才能試推門片。

攝影_沈仲達

淋浴拉門安裝時切記五金和牆壁的結合也要做好固定支撐。

施工

Q397 新浴缸才裝沒多久怎麼底部就滲水了，是哪裡出狀況？

有可能是浴缸底座防水並沒有確實施作，必須等防水粉刷做好之後再來裝設浴缸，不得敷衍了事，一般漏水問題都從這邊而來。

正確的浴缸安裝之前，必須在浴缸底部做好水泥砂漿的洩水坡度至排水口的最低點，水才能往低處流，並且在水泥砂漿乾燥後再上一層防水，就算日後真的不小心發生漏水的問題，內部還有防水、洩水坡度排水，另外也要檢查浴缸的排水管和地面排水口有沒有保持暢通的管線。

圖片提供＿好時代衛浴

浴缸安裝之前，必須在浴缸底部做好水泥砂漿的洩水坡度至排水口的最低點，水才能往低處流。

監工驗收

Q398 怎麼測試浴缸的品質？有方法可以辨識嗎？

圖片提供＿好時代衛浴

可以用指甲壓一下浴缸，會凹陷則代表硬度不足，再來是檢查接合處會不會有銳利感。

透過以指甲壓測硬度與厚度、試坐浴缸邊緣感受穩固度、觸摸材質滑順度與接合度三步驟，就能辨識浴缸好壞。

浴缸的硬度和厚度不足時，容易出現破損，建議先敲敲看檢測為實心或空心，並用指甲壓一下浴缸，會凹陷則代表硬度不足。接著可輕坐在浴缸邊緣處，感受浴缸是否穩固，會傾斜或翹起來表示穩固性可能有問題。此外，浴缸會與全身皮膚接觸，最需要的就是注意材質，建議先用手觸摸缸體是否滑順，再來摸一下接合處會不會粗粗的或有銳利感。

保養清潔 Q399 浴室可以用木製浴櫃嗎？會不會因為濕氣太重容易發霉呢？

圖片提供＿好時代衛浴

浴櫃建議是發泡板材質較能防水，若非木製浴櫃不可也要加強浴室的通風性。

乾濕分離的浴室才能使用木製浴櫃，但即便已經做了乾濕分離，最好還要搭配排風扇或暖風機一起使用，讓浴室達到徹底的乾燥。

木質浴櫃對衛浴環境的要求相對嚴苛，不能過於潮濕，否則很容易發霉，因此適合用於乾濕分離的浴室，淋浴的水花才不會四處飛濺，也能盡量使淋浴以外的空間保持乾燥，另外最好再搭配排風扇或是暖風機，讓衛浴的通風、乾燥更優。

保養清潔 Q400 玻璃淋浴拉門聽說很容易有水漬？平常應該如何清理？

避免皂垢長期累積不好清除，每次淋浴後最好用刮刀把水刮乾淨，或是使用棉布將水珠擦乾，以防留下水漬。

可搭配使用玻璃奈米清潔劑，表面會形成一層薄膜，讓水不易附著在玻璃上，平常只要搭配濕布擦拭即可，但也不是噴上奈米清潔劑就能完全沒有水漬，淋浴後最好還是隨手將水珠擦乾才好。若是真的有水垢、皂垢出現，也千萬不要用菜瓜布用力擦拭，可用白醋或是以1：1：1的比例將洗碗精、水、檸檬酸粉混合調勻，接著塗抹在有水垢的拉門上，以清水刷洗就能去除水漬。

圖片提供＿好時代衛浴

每次淋浴後應使用刮刀將水刮乾淨，以防留下水漬。

種類搭配 Q401

浴室馬桶、面盆與浴缸怎麼配置，才不會用起來卡卡的不順暢？

衛浴設備之間的距離拿捏十分重要，挑選之前應先掌握衛浴空間的尺寸，方便選擇款式。

一般家庭的衛浴空間並不大，可先將占據最大空間的物件，例如馬桶、面盆、浴缸等先行定位，再來考慮收納櫃和配件的問題。

長方形衛浴空間比正方形還要好規劃，可以將馬桶、洗手檯、淋浴作區隔，馬桶通常不對門，儘量放在門後或是牆後的貼壁角落，才有隱私感，尺寸、設備距離的拿捏更是關鍵，舉例來說，馬桶的寬度雖然是38～40公分左右，但兩側也得預留15公分左右的寬度，迴身空間比較舒適，而面盆尺寸則可依據空間做選擇，目前最小有至36公分，或是可搭配轉角盆使用，更不占空間，如果欲規劃浴缸，一般浴缸尺寸長約150～180公分，寬約80公分，高度為50或60公分，也得預留出適當的距離，動線才會流暢寬敞。

清潔保養 Q402

一體成型的免治馬桶和免治馬桶座哪一種比較好用？保養上會不會很麻煩？

各有優缺點，應先評估預算和使用需求，再決定選擇的類別，保養上建議皆以海棉或濕布擦拭。

一體成型免治馬桶又稱為全自動馬桶，相較於免治馬桶座的功能更多，價位自然也不便宜，優點是沒有水箱，根據品牌不同還有防污抗菌、自動掀蓋、自動除臭、自動沖馬桶、夜間照明等功能，有的更強調自動除菌，能維持馬桶的清潔、降低打掃頻率，而免治馬桶座的功能則較為簡單，暖熱便座、溫水洗淨，對於不想將馬桶淘汰的人來說，更換免治馬桶座是最方便的做法。不過由於現在馬桶造型有方有圓，選購之前要先確認馬桶規格適合哪一款免治馬桶座，如果非自動緩降馬桶蓋的話，使用上也不能過於暴力，同時要用海棉或濕布擦拭馬桶蓋，方能增加使用壽命。

種類挑選 Q403

鄉村風浴櫃有現成的嗎？還是需要訂製？

鄉村風浴櫃以訂製為大宗，現成款式多為進口品牌，價位相對較高，不過顏色、款式也更為多元。

鄉村風浴櫃可透過系統傢具、衛浴廠商根據現場空間需求量身訂製，加入喜愛的線條造型、門片開闔方式，價位大約在NT.15,000～23,000元之間（視尺寸而定），另外亦有廠商直接代理進口鄉村風浴櫃，然而價位幾乎多一倍，尺寸上也無法調整，使用上較多限制。

監工驗收 Q404

按摩浴缸需注意什麼？

馬桶和排水口要預留檢修孔，浴缸的安裝位置也得事先釘上鋁條作為支撐。

浴缸安裝之前，要先確認選用的浴缸尺寸、款式和排水方向與規劃是否正確，若浴缸排水口在左邊是左排水，排水口在右邊則是右排水，如果是沒有貼牆的按摩浴缸，等固定用的水泥砂漿乾了之後，即可進行地壁磚的貼覆，馬達和排水口方向切記要預留檢修孔，大約需有40公分左右，然而不論是有無貼牆規劃，浴缸安裝位置都要事先釘上鋁條作為支撐，施工時也不能將銳利或粗糙的器具放在浴缸內，以免破壞浴缸表面。

監工驗收 Q405

暖風機可以針對沒有對外窗的浴室改善潮濕、發霉的問題嗎？

可以的，如果衛浴較大，還能挑選雙吸口式的機種，達到全方位乾燥無死角。

建議可選擇以碳素燈管作為加熱元件的浴室暖風乾燥機，熱傳導快速、循環風量大，能夠在短時間將濕氣帶離浴室，乾燥效率高，相對縮短使用時間，可達到節省耗電。

chapter

15

門窗

選用TIPS

① 購買門片、五金前，應先測量家中門框或窗洞的內緣尺寸，以免規格不相符。

② 安裝懸吊拉門須注意門片重量及天花板的承重力。

③ 門片的材質與表面處理都會影響其防鏽、隔熱、隔音、耐候等性能與使用年限。

門與窗，是建築的開口，也是室內空間交流之處；選用適當的門窗，能為居家打造出完美外觀；亦能營造舒適的居住環境。居家內外各處的門窗，因其肩負的機能不同，因而發展出形形色色的款式，如玄關大門首重防盜安全，室內門除了得顧及隱私，有時還可作為界定空間之用。至於窗戶，氣密窗能屏除風雨跟噪音，廣角窗則能引入大面窗景，若有防盜疑慮，則可選擇捲門窗或防盜格子窗。門窗款式多樣，建議在選購前，應多了解各類產品的特色與優點，才能打造完全的完美居家。

圖片提供＿力口建築、王俊宏室內設計、上陽設計

種類挑選
Q406
百葉窗的種類有哪些？哪一種材質最好？

依材質可分為木質百葉、塑料百葉、鋁質百葉、玻璃百葉。

圖片提供＿博森設計工程

可隨光線調整的百葉窗，不僅能創造美式休閒風格，更能讓空間表情隨光影挪移更豐富。

在歐美被廣泛應用的百葉窗，遮陽、隔熱效果極佳，高隱蔽性能有效阻絕紫外線，並可藉由連動桿或直接轉動葉片方式，調整百葉窗的葉片角度。不同材質有其優缺點，挑選時可從個人喜好及裝設區域做選擇，而依據材質大致上可分為以下幾種種類：

1 木質百葉

木百葉質感溫潤。常用木種為椴木、松木、西洋杉和鳳凰木。其中，椴木材質最常被使用，其質地穩定性高，且價格平實；松木、西洋杉特色是油脂高、紋木較細緻；鳳凰木則是紋路清晰、質地較輕，不會造成窗框承重壓力，經特殊處理後不易變形。

2 塑料百葉

無毛細孔的化合材質，可安裝在潮濕地方，亦不擔心酸雨、海風侵襲，適用於浴室、溫泉會館、山邊等地。

3 鋁質百葉

強度高，不用擔心變形、發霉問題，可作為室外窗或裝載於潮濕地方。

4 玻璃百葉

採光度極佳，不用擔心潮濕、變形、發霉問題，可安裝於需大量光源或潮濕地方。

施工
Q407
很想換窗戶，可是一想到將原來的框料換掉所產生的噪音就覺得麻煩，有沒有更快、更省時的方法？

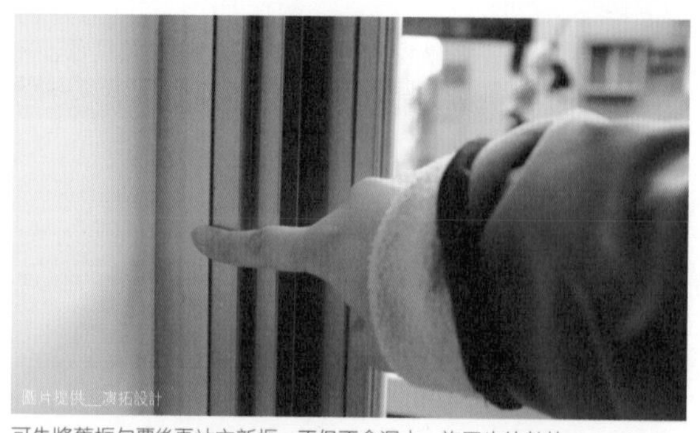
圖片提供＿演拓設計

可先將舊框包覆後再站立新框，不但不會漏水，施工也比較快。

不拆掉舊有的框架直接在上面施工。

目前最方便快速的施工方式，是不拆掉舊有的框架直接在上面施工，所以能防止拆除所產生的噪音，而且不動到RC牆，也不會破壞原有的結構，是不妨礙鄰居作息最好的施工方式。

監工驗收

Q408 最近想找人來換掉玄關門，但是不知道驗收時該注意那些重點？

透過實際操作與儀器輔助二方面的把關，讓玄關大門的驗收更全面。

大門是屬於經常性的動態使用設計，因此，驗收時一定要實際操作與試用，另外因大門通常具相當重量，如果門框的水平沒有抓好，擔心長期下來容易造成門片偏斜與磨損，所以監工時就要特別注意或要求師傅測量，至於驗收時則要注意以下幾點：

1 先關上門看門框的水平與垂直是否無偏差，接著從門框的立面觀察有無前後傾斜的問題，這部分測試可以請師傅直接用水平儀與鉛垂線等工具來輔助做驗收。

2 直接開關門片測試，看看是否順暢無任何異聲或者卡卡的狀況。

3 大門上的五金配件，包括把手、門鎖是否都可正常的轉動使用，同時檢測是否已安裝牢固，並且確認鉸鏈位置是否有需要調整。

種類挑選

Q409 想裝設氣密窗，但是窗戶看起來都一樣，有什麼可以判斷我買的氣密窗的優劣和品質？

想有效達到隔音效果，一定要選擇具有隔音與氣密功能的窗戶。

如果房子位居車輛往來頻繁的區域，當務之急就是要解決噪音的困擾。因此，不管你的預算高低，一定要選擇具有隔音與氣密功能的窗戶。而窗戶的造型又可分為平窗或外推窗，平窗的作法比較簡單，價格相對也比外推窗便宜。外推窗是以窗戶原本的水平線外推45公分，因此會多了個窗台可以運用，但是外推窗的做法相對於平窗來說比較繁複，價格也比較昂貴。

圖片提供＿優墅科技門窗

若要有效隔音，建議採用玻璃至少厚度須達 8mm 以上，並須符合 CNS 規範氣密 2 等級以下，具噪音隔絕在 25dB 以上。

價錢

Q410 加裝開口限制器的氣密窗比一般窗貴多少？

大約每才貴NT.100～200元左右。

所謂的「開口限制器」是一種限制窗子開口幅度的阻擋器，取固定式鐵窗的作用，避免幼童不慎墜樓的意外事故，盜賊宵小也無法從窗外伸手探入室內解除防盜設定。一般是鑲嵌於窗子底部，與氣密窗結合也不會因此導至氣密效果降低。正常情況下，可使用超過1萬次，價格為NT.400元／才（8mm單層玻璃規格）。

種類挑選 Q411 想換家裡的玄關大門，不知道哪一種材質與款式比較合適？

建議先從自己的預算與需求二方面考量，請業者推薦適合的款式，再由其中挑選最喜歡的樣式。

玄關大門既是居家門面，同時也肩負身家安全的防衛大任，因此，在挑選上除了須注意材質、美觀外，也要考慮門鎖安全及相關規格，才能讓居家生活更有品質與保障。

以玄關門的材質來看，一般常見有鑄鋁門、鋼木門以及銅門等，但不同品牌與材質在價格高低差異可能達數倍以上，建議先確認自己的預算與需求。以需求來說，讀者不妨先自問對於居家最重視的是安全防盜、隔音寧靜或者防火、防爆等安全問題，從自己重視的功能來請業者做推薦，然後再挑出自己喜歡的款式，這樣才能選到機能與美觀兼具的玄關門。

■ 各式門比一比

門的材質從實木、玻璃、鋼木到各式金屬，應有盡有，且形式相當多樣，其功能與特色也各自不同。

種類	特色	價格帶
客製氣密造型門	高雅的實木紋理，搭配室內設計不同的居家風格且可自由上色。低輻射節能自潔雙層玻璃 LOW-E4，能有效阻絕熱能進入與空調的流失。風格可依現場設計訂製。	一般並無行情價，須依尺寸、樣式估價（含 LOW-E4 玻璃）。
木片百葉門	自國外進口，結構以榫接為主，不易變形、不易破壞原有鋁料，易保養及清潔維護，顏色、尺寸可依現場設計訂製。	一般並無行情價，須依尺寸、樣式估價（含 LOW-E4 玻璃）。
門中門	無需將門完全開啟，拉開密門即可看見來訪對象。價格需依設計、尺寸、材質來定。基本材質以鍍鋅鋼板為主。	一般並無行情價，須依尺寸、樣式估價（含 LOW-E4 玻璃）。
雙玄關門	藉由內外玄關來設置，拉開內玄關門即可看見來訪對象。價格需依設計、尺寸、材質來定。基本材質以鍍鋅鋼板為主。	一般並無行情價，須依尺寸、樣式估價（含 LOW-E4 玻璃）。
鋼木門	鋼骨或鑄鋁結構，結構中還會填入防火隔音材料，它的特性是硬度高、耐候、抗暴。	一般並無行情價，須依尺寸、樣式估價（含 LOW-E4 玻璃）。

種類挑選 Q412 過年前想換裝新窗戶，聽說氣密窗較隔音，不知該如何挑選？

可詢問氣密隔音窗的玻璃厚度、內部是否為真空。

一般人都以為氣密窗就是隔音窗，其實不然。不過氣密窗因為加裝了氣密條因此還是可以阻絕部分噪音選擇時最好注意一些細節，像是玻璃的厚度是否有複層？內部有沒有抽真空？都是挑選擇時必須要注意的。 目前除了少數廠商可以在現場測試隔音效果外，建議還是選擇信譽良好的廠商比較不容易發生名實不符的狀況。

種類挑選 Q413 想裝設氣密窗，但是窗戶看起來都一樣，有什麼可以判斷我買的氣密窗的優劣和品質？

可從氣密性、水密性、耐風壓及隔音性等指標。

圖片提供__甘納空間設計

對於生活在嘈雜都市中，氣密窗能有效打造出安靜的居家。

氣密窗品質的好壞，較難用肉眼觀察評測，建議消費者可以氣密性、水密性、耐風壓及隔音性等指標選購。下列為選購時應注意事項：

1 氣密性

測量一定面積單位內，空氣滲入或溢出的量。CNS規範之最高等級2以下，即能有效隔音。一般都市內最好選擇等級8m³／hr・m²以下等級，已足夠隔絕噪音分貝數。

2 水密性

測試防止雨水滲透的性能，共分4個等級，CNS規範之最高標準值為50kgf／m²，最好選擇35kgf／m²以上，來適應國內常有的風雨侵襲的季風型氣候。

3 耐風壓性

耐風壓性是指其所能承受風的荷載能力，共分為五個等級，360 kgf/m²為最高等級。

4 隔音性

隔音性與氣密性有極大關聯，氣密性佳，隔音性相對較好。好的隔音效果，至少需阻絕噪音25至35分貝。

種類挑選 Q414 夢想中的窗戶是有窗台可擺上小盆栽或裝飾品，並且可坐在窗台上欣賞景色，哪種窗子最能滿足這種需求？

可選擇外推的廣角窗，由於是向外推，因此就多了個窗台可供利用。

外推的廣角窗能讓視野更寬廣，其推射窗採雙氣密設計，具有良好的隔音效果。可向外推開的窗子採用隱藏式防火紗窗，上下會以隔熱板來處理。外框有多種顏色可供選擇，能夠搭配家中建築物的顏色。由於是向外推，所以多了個窗台可供使用，而且，還可依個人喜好選擇木質或大理石檯面，搭配家中的設計裝潢。

圖片提供__采荷室設計工作室

應用廣角窗設計，爭取大片窗景，多出來的窗台還可搭配居家空間風格，選擇適合的材質加以美化。

種類挑選 Q415

選購門把時，需要和門片材質作搭配嗎？只不過是門把也需要仔細挑選嗎？

選購時需要考量門片厚度、材質及使用環境，門把關乎操作是否順手，因此須謹慎做挑選。

好的門把能讓操作更順手，並延長門窗或者櫃體的使用壽命。除了實用導向的功能型，近來也發展出許多裝飾性強的產品，選購前綜合評估考量，才能滿足不同的使用需求。以下為選購門把時可供參考的注意事項：

1 考量環境

若是戶外使用，或是濕氣高的環境、溫泉區等，挑選時記得注意門把是否有防鏽、抗腐蝕處理。

2 門片厚度

先丈量門片厚度以及所需把手的尺寸再進行挑選，避免購買到不合適商品。

3 門片材質

注意門片材質特性，譬如鋁框門的邊框較細窄、玻璃門承重度等等，再挑選適用的門把款式。

圖片提供＿藍鯨國際

好的門把能讓操作更順手，因此應仔細挑選適合的門把。

你該懂的建材 KNOW HOW

若有異聲可滴入潤滑油保持順暢，平時以清水清潔即可，門鎖或鉸鍊若有異聲，或是使用乾澀不順，可滴一點點潤滑油，維持順暢度。

種類挑選 Q416

隔熱膜除了能阻隔熱能，還有什麼好處？

可提升冷暖氣效率、節省電費支出，同時抗紫外線功能，亦能保護傢具，不因過度日光照射而變質褪色，並增加空間穩私性。

隔熱膜藉由對於日光熱能的「反射」與「吸收」原理，來達到隔熱效果。高透明類型的隔熱膜，張貼後透光率高達65～80%，不影響室內光源亮度，並且隔熱率達60～95%，可提升冷暖氣效率、節省電費支出，同時亦有抗紫外線功能，能避免皮膚與靈魂之窗受傷害，並保護傢具，不因過度日光照射而變質褪色。由於隔熱膜的反射作用關係，僅能單向透視，難以從室外看進室內，可增加空間隱私性。另外，現代許多特殊塗工、貼合技術，能提高玻璃伸張強度達6倍以上，可延緩竊賊侵入時間，具有優越的防入侵性能。

圖片提供＿特力屋

台灣溫度逐年爬升，夏季特別炎熱，陽光中紅外線、紫外線也相對提高，因此對於隔熱膜等節能建材的需求市場明顯增加。

價錢 Q417 想裝設隔音氣密窗，但價格會不會比一般窗戶貴很多，通常氣密窗都是怎麼計價的？

依照不同等級、廠牌，氣密窗的價格有很大的差距。

依照不同等級、廠牌，價格也有很大的差距，主要的價差在於材料、開關把手、懸鈕等是否為進口、造型是否精鍊俐落。一般可分為傳統的、軌道功能及有隔音效果的氣密窗。

1 傳統外推式氣密窗：每才（30公分×30公分）約NT.400～600元。

2 軌道式氣密窗每才約NT.220～350元。

3 強調隔音的隔音氣密窗，一般每才約NT.300～500元，較高等級的也有每才NT.700～1,200元以上的價位。

※本書所列價格僅供參考，實際售價請以市場現況為主

種類挑選 Q418 從外觀上看起來，氣密窗好像和一般傳統鋁窗沒什麼不同，二種窗戶有什麼不同，怎麼判別？

用料與膠條、五金配大不相同，而且氣密窗通常附有測試值的證明書。

圖片提供＿優墅科技門窗

氣密窗和鋁窗外表看起來相似，其實在用料及功能上卻大不相同。

氣密窗和傳統鋁窗從外觀來看兩者是相同的，但是用料與膠條、五金配件卻大不相同，最好的判別方式是氣密窗需符合國家測試標準，因此，氣密窗都有測試值的證明書。另外，市面上分別有隔音窗及氣密窗，切記「隔音」就可以「氣密」，「氣密」卻不一定可以「隔音」。氣密窗的款式變化萬千，不管是任何的窗型皆可安裝，例如：圓弧、八角、斜線等，皆可量身訂作而成；開關窗戶有常見的橫拉、推射、上掀、下掀、固定等方式，若是怕小偷光顧，可加裝強化玻璃或加裝防盜格，但需注意留安全門，以防止火災等意外逃生用。

施工 Q419 安裝百葉窗時，需要注意什麼嗎？

內扇的葉片寬度不超過90公分為宜。

若要確保百葉窗的穩固性，以及讓空間中的葉片可分區調整，建議內扇尺寸每片寬度不超過90公分，高度若超過180公分可分割成上下段，整體結構會更為強固穩定，葉片光源調整也更隨心自如。

施工 Q420 家裡考慮換掉舊大門以及門框，這樣是不是要動到泥作，大門公司會幫忙處理嗎？

門框是連著泥作而立的，因此敲掉門框時泥作也會受到損壞，但可請大門公司一併處理。

平常人們即使每天進出家門，卻都很少注意大門的地面是否維持水平，因此，大門施工的第一步通常會先抓地面水平，接著在泥作隔間前先立門框，地面抓過水平的門框才會穩固，後續大門掛上時縫隙也可以更小。其實，無論地面是否要重抓水平，拆除舊門框時還是會破壞到牆面與地面的泥作，因此，後續作業一樣需要動到泥作來做修補。所幸這部分工程有許多大門公司都會有配合的泥作師傅，甚至清運舊門與垃圾的清理都有一貫作業流程，所以不需太過擔心。

清潔保養 Q421 平時應該怎麼清潔保養貼了隔熱膜的窗戶？可以在上面貼上吸盤嗎？

在玻璃牆面敷設一層節能．防爆膜、除可摒除九成以上紫外線、八成以上熱能進入室內，同時還增加玻璃強度，達到防爆的效果。

平時以濕布和乾布先後擦拭即可；不在隔熱膜貼上貼紙或裝設吸盤。

隔熱紙的抗污效果好，平時以清水擦洗即可；如遇到較頑強污垢時，使用清潔劑，噴在抹布上再做擦拭，切勿直接噴灑在隔熱紙上，以免隔熱紙失去效用。避免在隔熱膜上張貼貼紙或吸盤，以免因拉起時將隔熱膜同時拔起；平時也要小心別使用尖銳物品或刀片於表面刻劃，以免造成材質傷害。

施工 Q422 我家是鋁窗，不喜歡窗框的顏色，怎麼辦？

拆下送工廠電鍍或烤漆，或是請工人來噴上特殊底漆後再上漆。

現有鋁窗想要上其他的色彩，有2種方法，一是拆下送工廠電鍍或烤漆，另是請工人來噴上特殊底漆後再上漆。白牆藍框，典型地中海印象；帶黃的墨綠色有英美的鄉村味道；喜歡淡雅，則可選擇白、鵝黃等素色。視空間的風格搭配牆面，可從居家空間中抓出相近的顏彩來描框色彩，或可選擇對比色。窗框宜低調，不宜彰顯，突顯的色彩產生分割的視覺，在視覺上有束縛。

種類挑選 Q423 車庫要加裝捲門窗，門的寬度大小會影響選擇的樣式嗎？有什麼需要注意的？

捲門窗上下時，底下勿放障礙物、人車勿強行通過；平時須確認安全防壓主機是否有電。

建議依用途及面積大小作挑選，並考慮提升安全性的選配。

捲門窗的挑選可依照使用位置、所需面積挑選適用材質。若超過4公尺以上的面積大小，如車庫空間，則建議使用雙層鋼板，捲片用寬度較大的7.7公分較為合適。另外，為安全考量，可考慮是否加選捲門窗的「安全碰停裝置」，此裝置在捲門下降時，若遇到障礙物可偵測並自動停止，是增加居家安全的選配裝置。

你該懂的建材 KNOW HOW

捲片夾層中包覆 PU 發泡，提升門窗保溫、隔熱功能。

捲門葉片的材質，多採雙層鍍鋅鋼板或鋁合金板，表面覆有塑化膜，夾層中可另包覆 PU 發泡，藉此提升門窗的保溫、隔熱功能，並兼具防颱、隔音、防盜等優點。

種類挑選 Q424 防盜格子窗該選用什麼樣的玻璃才具有隔音、保溫功能？

窗格內外須緊貼強化或膠合玻璃（一般外玻約5～10mm、內玻約5mm）。

防盜格子窗，結合氣密、隔音及防盜多重機能於一身。窗格材質一般以鋁質格或不鏽鋼格為主，有些品牌以穿梭管穿入，增加架構強度；有些則是以六向交叉組裝模式，增加阻力。窗格內外緊貼強化或膠合玻璃（一般外玻約5～10mm、內玻約5mm），複層玻璃中央真空設計，可創造一阻絕層，減緩玻璃對溫度及音波的傳遞，達到維持室溫、提升冷房效益，並有效隔絕室外噪音。

防盜格子窗難以破壞的複層玻璃，內夾架構強、不易剪斷的窗格，其防盜效果較一般鐵窗更優異。

種類挑選 Q425 家裡很怕吵，想說裝了隔音門會不會有效降低噪音？如果想裝隔音門又應該怎麼選呢？

隔音門可有效降低室外噪音；選購隔音門時須查看門框及門扇的氣密膠條、測試降低噪音程度。

隔音門在門框及門扇都有安裝氣密膠條，故氣密性高，而門的填充物亦比一般傳統門較具隔音效果，可絕對地隔音、防塵。隔音門的材質有不鏽鋼、鋁料、木質等，尺寸更可依門框的形狀大小量身訂作，雖然價格高於其他種類門的三成以上，但是，不僅比傳統門具隔音、防塵之效，無論質感還是造型，都遠超過一般的門，並且耐久不變形。選購前可從下列注意事項做挑選參考。

1 檢查門框及門扇的氣密膠條

一般傳統門的膠條，並不具氣密性，因此只要查看門框及門扇的氣密膠條，即可比較得出。

2 測試降低噪音程度

購買前，可於門市測試降低噪音的程度，如此即可得知隔音門的隔音程度。

種類挑選 Q426 挑選家裡的門片，除大小尺寸還需要注意什麼？

挑選家中門片時，應依照各空間的性質挑選，而且選購前也要先測好尺寸。

首先，應以輕巧及方便性考量，並配合不同空間選擇不同的門片；浴室門易碰觸水，具有防水功能的塑鋼門較合適；頂樓最好用防火建材的防火門；實木質感佳，能為臥房營造舒適氛圍，挑選時以含水率低的木種為主，較不易變形。購買前建議需先測量家中門框內緣尺寸。測量時最好在上、下、左、右分別量出長與寬的正確尺寸，有效的測量，可以節省不必要的支出及施作時的拆裝時間。

臥房門片選擇與主牆一致的木頭材質做為延續，不僅具整體感，也能營造溫暖舒適的氛圍。

監工驗收 Q427 隔音窗的玻璃厚度越厚，隔音效果就一定會比較好嗎？

不見得，除了玻璃厚度之外，組合的強度也會有影響。

影響隔音效果的因素很多，同一材料、結構強度、厚度之下，空心的設計會優於實心，另外是窗戶的結構性，組合強度又以一體成型會比接角壓合來的更好，而接角壓合比螺絲組合好。

種類挑選

Q428 捲門窗一定都會有的捲箱看起來實在不太好看，捲箱有款式的選擇嗎？還是有什麼辦法可以把捲箱藏起來？

可分為隱藏式捲箱和外掛式捲箱；隱藏式捲箱與建築牆體一體成形，較為美觀，外掛式捲箱可配合施工，將捲箱收進天花板。

捲門窗的捲箱分為隱藏式捲箱以及外掛式捲箱，施工前須先確認捲箱定位，因為不同的捲箱形式，施作條件限制與程序皆不相同。

1 隱藏式的捲箱定位

隱藏型捲箱與建築牆體一體成形，外觀看起來簡潔大方，但其條件是須在房子建築完工前，搭配新建築的施工，將捲箱定位於牆體中間並裝上軌道，再立窗戶搭配窗簾盒。

2 外掛式的捲箱定位

若是建築體與外觀已經完成，可直接加裝外掛式捲箱和軌道，其施作的限制條件較少。可選擇安裝於外牆或是室內。若欲安裝於室內，可在裝修未開始前，將捲箱收進天花板中，並預留捲箱維修口。依捲門高低，所需捲門收納箱的大小不同，捲箱不占空間，約預留20～30公分即可。

圖片提供＿立肯隆歐美進口建材

不同的捲箱形式，施作條件限制與程序皆不相同，施工時要特別注意。

施工

Q429 裝貼隔熱膜需要注意什麼？可以自己動手 DIY 嗎？

可以自己DIY貼隔熱膜，施作時要注意空間不宜有粉塵，施工前窗戶要清潔。

一般可自行黏貼隔熱膜，但施工品質會影響使用年限，建議交給專業施工人員較為妥當。若想自行黏貼者，DIY施工步驟如下：

STEP 1：清潔玻璃表面與窗框，準備噴水器、玻璃刮刀、刀片等工具備用。

STEP 2：玻璃表面噴水，並用刮刀刮除水分，確保表面完全無髒污。

STEP 3：於玻璃、隔熱膜上噴水，撕除隔熱膜上的表面離型膜後，再度噴水。

STEP 4：將隔熱膜貼至窗戶玻璃上，調整位置。

STEP 5：於表面再度噴水，並利用玻璃刮刀由上而下，均勻刮除多餘的水分與空氣。

STEP 6：以刀片修飾隔熱膜邊緣多餘的部分，並確認邊緣平整無翹起。

種類挑選 Q430

浴室淋浴拉門應該怎麼選，才會好用又不容易損壞呢？

先確定淋浴拉門款式，接著再就材質、載重及拉門與邊框是否密合等事項，仔細確認再做選購。

淋浴拉門可分為浴缸上及落地型兩大類，而落地型又可分為一字型、L型（或轉角型）與圓弧型等。有泡澡習慣的，留下浴缸並加裝浴缸上淋浴拉門，兼顧泡澡與保持浴室乾燥；若喜歡淋浴，建議採用落地型的淋浴拉門，可為浴室創造更多利用空間、增添舒爽明亮的感覺。在挑選時可從以下幾個重點做為選擇原則。

1 檢查拉門走軌的載重

試著拉闔拉門，以測試走軌的載重是否牢靠，而輪軸又以不鏽鋼輪軸較不易損壞，一個好推拉的拉門，使用會更為便利。

2 拉門面板以強化玻璃為佳

淋浴拉門的面板有PS板及強化玻璃，其中以強化玻璃較高溫、耐撞擊、不易碎裂，較安全耐用。

3 注意造型的流線

淋浴拉門是以鋁料去做造型，故不管是一字型、L型還是圓弧型，都需留意其線條是否流暢。

4 檢查拉門與邊框是否密合

拉門與邊框務必密合，才能防止滲水，真正達到乾濕分離的效果。

種類挑選 Q431

窗框的材質在使用上會有影響嗎？一般都是用什麼材質，哪種材質的品質較好？

窗框多以塑鋼和鋁質製成，材質可能會間接影響整體結構的抗風強度和使用年限。

窗框大多以塑鋼和鋁質製成，其功能與品質因材質各有優缺點，以下整理出二種材質的特色，供大家做為挑選窗框材質的參考。

1 塑鋼：材質強度高，不易被破壞。其導熱係數低，隔熱保溫效果優異，可達到節能效果。

2 鋁質：質地輕巧、堅韌，容易塑型加工，防水、隔音效果好，是目前市面上最廣泛應用的窗材。但鋁質厚薄間接會影響整體結構的抗風強度和使用年限。

種類挑選 Q432

如果發生緊急危難，防盜格子窗會不會阻礙逃生呢？

可選擇可開窗的活動款式，以免阻礙逃生。

在兼顧居家美感與安全雙重考量之下，防盜格子窗型式簡潔、線條優雅，相較一般傳統鐵窗美觀許多；且為讓空氣可以流通，以及避免危急情況發生，也有可開窗的活動款式，或是部分固定、部分可開啟的式樣，這樣即可解決通風問題，也無礙逃生安全。

種類挑選

Q433

空間坪數小，應該裝哪種門比較節省空間？

建議可選拉門和折疊門。

橫拉門不像推開門需要預留門片旋轉半徑，使用上較不占空間，門片數量從1片到4片都有，只要寬度足夠，還可作成多片連動式拉門，兼具彈性隔間機能。至於折疊門的結構為多扇門片，特色是在使用時可收至側邊，收疊後不占 空間，且能讓空間的穿透性高。折疊門打開後，空間極為開敞，經常應用於書房、起居室，作為彈性隔間機能。

圖片提供__Parti Design Studio

橫拉門是藉由軌道、滑輪等五金搭配，左右橫向移動開啟，依據軌道位置分為懸吊式或落地式，可作成單軌或多軌。

種類挑選

Q434

廣角窗和一般常見的凸窗有什麼不一樣？

廣角窗的上下蓋是與牆面順接，外觀看起來較為一體成型，傳統凸窗則是平頂突出，下方藉由斜架支撐。

圖片提供__優野科技門窗

有別於一般平面窗戶，廣角窗特色在於其主體結構突出外牆，造型立體。但與一般凸窗不同之處，在於廣角窗的上下蓋，是與牆面順接，外觀看起來較為一體成型；而傳統凸窗則是平頂突出，下方藉由斜架支撐。廣角窗的窗型包括三角窗、六角窗、八角窗或圓弧型等，需依現場的環境條件設計施作，而突出於牆面的距離，也須視窗型與窗戶尺寸大小而定。

廣角窗還可結合膠合玻璃、複層玻璃，增強氣密隔音機能；或是融入格子窗設計，提高防盜性。

施工 Q435 如果要換掉玄關門，可是不換門框只換門片可以嗎？

不用拆除舊門框的乾式施工法施工快速，且不需破壞原有結構與裝潢，讓門面換裝迅速達陣。

房子常常一住就是十幾、二十年，需要每天開開關關的大門難免有損壞，因此，許多人想換掉玄關大門，但又擔心動到泥作、油漆修補等其他工程很麻煩。其實可以選擇使用免拆舊門框的乾式施工法。其做法主要是保留原有舊門框，再以包框式設計包覆舊門框來做出新門斗，如此不需要傷到舊泥作或室內裝潢，但須注意在丈量與安裝時需要相當精準，因為些微之差就可能導致後面安裝困難，以及後續使用時不順暢，因此，需要仔細挑選有經驗的業者。

種類挑選 Q436 家中有小孩，很怕他打開窗戶不小心掉下去，在換窗戶時，這方面小細節有沒有應該注意的？

建議可選擇有安全鎖設計的窗。

很多款窗戶都有安全鎖的設計，不僅具有防盜功能還能防止小孩擅自打開窗戶發生意外。而且，為了怕時間一久忘了哪扇窗配哪把鑰匙，還可以選擇讓家中每扇窗都搭配同一把鑰匙，相當方便。

施工 Q437 門在什麼時候進場安裝較適合？

最好在泥水工退場前、地板鋪設前及房子完成前進場最適合。

門除了款式、功能的挑選外，應在裝潢的哪個階段進場，施工時應需要特別注意，以免在裝修完成後需再進行二次施工，或者在裝潢過程中，不小心損壞已裝修完成的區域。以下為進場時間需注意的重點：

1 進口門最好在房子完成裝潢前即預留門框尺寸：進口的門尺寸多是固定的，因此最好在房子完成前預留門框，以免完工後需二次施工。

2 國產門需預留一週工作時間：國產門可以量身訂製，但是至少需要預留一週以上工作時間才能完成，因此在裝修之前就要選定哪一款門，請廠商來丈量訂製。

3門框最好在泥水工退場前完成：至於安裝時間，已完工的房子，必須在泥水工人尚未退場前將門框做好，這樣才能請泥水工人配合將門框的部分補強。

4 門的更換在鋪地板前完成：如果裝修時需要鋪設地板，門的更換一定要在鋪地板之前完成，否則容易將已經完工的地板刮傷、破壞。

chapter

16

窗簾

選用 TIPS

① 落地窗簾以離地 1 公分的距離最好看。

② 窗幅大小會影響窗簾的型式，所以挑選前應先確定家裡的窗戶大小、型式。

③ 若要做窗簾盒，須注意預留深度，以免日後產生無法安裝的問題。

窗簾以遮光、調光為主要功能，而薄透的窗紗則有柔光效果。藉由色彩、圖案與造型剪裁的搭配，窗簾或窗紗皆能替空間營造不同氛。選擇時必須依照窗戶形式和整體風格做思考，上下開的羅馬簾、捲簾和百葉，最節省空間，適合小坪數，左右開的雙開布簾、紗簾，能延展空間氣勢，讓居家空間看起來更大器。窗簾和窗紗的選擇，居家風格與個人喜好雖是主要考量，但應將機能列入考量，才能讓居家空間美觀又舒適。

圖片提供＿摩登雅舍、雅緻室內配置工程、雅緻室內配置工程

種類挑選 Q438 我家有一歲大的幼兒，要挑選什麼樣的窗簾繩才不會有危險？

可選擇加裝固定器，避免幼兒玩耍時發生意外。

家中若有幼兒，窗簾所附的拉繩設施一定要妥善設置，建議可請廠商加裝拉繩固定器，固定器在一般的傢飾量販店都購買得到，自行安裝相當簡便。也可以選擇拉棒或遙控等無繩的窗簾系統。若安裝固定器，應將繩索固定器安置於幼兒碰觸不到的高處，繩索尾端也最好有斷、脱設施，以避免幼兒在窗簾邊嬉戲時造成任何意外；此外，床、桌椅、矮櫃傢具等設施，可以的話也最好遠離窗簾，避免兒童攀爬時可能發生的傷害。只要多一分注意，美麗的窗簾才不會成為家中安全死角。

清潔保養 Q439 純棉、純麻、純絲的窗簾一兩年之後就褪色，這是正常的嗎？

若長期受陽光照射，會使顏料發生化學變化，或是因為布料結構改變，而產生影響。

圖片提供_雅緻室內配置工程

若長期受陽光照射，天然布料褪色可説是正常現象。

天然布料一定會有耗損狀況發生，因此褪色可説是正常現象，但因為製作方式不同，有些布料使用時間較久、褪色的狀況也比較不嚴重。造成窗簾布料褪色的原因有下面三種：

1 布料本身的顏料與反應色：所謂的顏料，就是指用印刷的方式將花色印在布料表面，因而時間一久便容易褪色，一般市面上較為低價的窗簾，就是用這種方法製作，價格相對低廉；反應色則是利用化工原理，讓顏色深入布料纖維，因而不容易褪色，但相對價格較高。

2 陽光直射造成褪色：直接高溫照射，陽光中的紫外線會造成顏料的化學變化，因此會失去原本的顏色，且因為經過紫外線的照射，布料本身也會變得較脆弱，讓窗簾容易破損。

3 強力洗滌劑：若使用純棉布料，因為材質本身較柔軟，使用強效洗滌劑亦會破壞布料結構，造成顏色改變產生褪色。

種類挑選 Q440 窗簾的形式跟用布量有關嗎？窗簾布的量應該怎麼抓才好？

不同的形式使用量大不相同，安裝前可先評估是否合乎自己的預算。

不同的窗簾形式會影響使用量，因此須先確定窗簾安裝形式，再來抓窗簾布的適當用量。

窗簾的形式大致上可分為打洞式、法式波浪簾、傳統M形軌道窗簾、蛇形簾、穿桿簾、吊帶式以及吊環式，形式不同用布量也不一樣，如法式波浪簾建議一個波浪的寬度不要小於60公分，而且由於是往上捲動的窗，布料長度通常要抓窗框長度的1.5倍才夠，傳統的M形軌道簾布料的寬度通常要窗框寬度的2倍以上，若是使用較薄的布，寬度則要增加為窗簾框的2.2至2.3倍以上，近來流行蛇形簾的布料需要增加到窗框的2.5倍以上。

清潔保養 Q441 窗簾用久了可以拆下來洗嗎？可以直到丟到洗衣機裡水嗎？

不可放入洗衣機洗滌；窗簾最好每隔半年就清潔一次。

窗簾最好每隔半年就清潔一次長年累積灰塵，否則會讓窗簾成為塵蹣與細菌的溫床，也會縮短它的壽命。一般的布窗簾若尺寸不大，可自行在家清洗；清洗前先取出裡面的掛勾，採手洗的方式，以冷洗精浸泡，再放在通風處陰乾。千萬不可用漂白劑、強效的洗衣粉也不適合。直接丟入洗衣機洗滌或放入烘衣機裡烘乾更是大忌，因為這很容易導致縮水變形或脫色。所以，最好的方式還是送到專業的洗衣店乾洗。

■ 根據不同材質的清洗方式如下

材質	清洗方式
印花布、棉	低溫水洗或乾洗
提花布、絨布、遮光布	乾洗
化學纖維平織布	低溫水洗或乾洗

種類搭配 Q442

薄透的窗紗該如何搭配，效果才會最好呢？

選用一層窗紗，一層布簾的組合，效果更凸顯。

窗紗的搭配組合，建議選購一層窗紗、一層窗簾的方式安裝，因為布簾可阻擋白天的陽光，達到防曬效果，到了晚上則因具備遮蔽性，能維護室內的隱私和遮蔽性；倘若加裝窗紗，在白天，收攏窗簾、放下窗紗，可讓室內的亮度更柔和，半穿透的窗紗也增添窗邊氛圍；晚上時，拉起窗簾，加上窗紗的組合，也能讓窗簾花色看來更具變化。

淺色紫色羅蘭厚布搭配窗紗，讓屋主可隨意調整最適當的光線。

種類挑選 Q443

聽說有一種叫無接縫窗簾，那是什麼？會比較漂亮嗎？

無接縫窗簾的布面寬度很大，不過可選擇的花色款式較受限制，漂不漂亮就看是否能符合家中裝潢風格的需求了。

無接縫的窗簾布幅寬（高度）達270公分，也就是俗稱的9尺布，而橫的寬度可以無線延伸，用這種布料或紗所做的窗稱為無接縫窗簾，看不到直線的接縫。目前無接縫布選擇不多，反倒是紗簾因使用特性關係，選擇較多，市面上的紗簾有一半以上採用無接縫。無接縫窗簾因製作方式相對較為複雜，市面上選擇不多，除非詢問的廠商恰巧有自己喜歡的布料或花色，質感、遮光度等符合使用需求，否則其實不一定要堅持無接縫這項要求。至於花色等，就看是否能符合家中裝潢的整體感受了。

清潔保養 Q444

窗紗應該怎麼做清潔保養比較適當？

可參考窗簾安裝時所附的洗滌說明，以正確保養。

若要清洗窗紗，可送到專業洗衣廠，採冷水洗滌、低溫蒸氣烘乾。除非窗紗為特殊材質不適合水洗（如真絲），不然比較不建議乾洗方式，以免因溶劑影響呼吸道健康。若是局部髒污，用中性洗衣精針對髒污處進行揉洗即可。另外有些窗紗織品為複合材質，若不清楚洗滌方式，建議可送回原廠商代為保養處理。

種類搭配 Q445

窗簾的長度和寬度應該怎麼拿捏，才會裝起來好看？

窗簾應做到超出窗框約10公分左右，落地窗窗簾標準的長度是離地1公分。

窗簾應做到超出窗框約10公分左右，不僅是為了美觀，也是考量到有效遮光，比較不會有漏光的可能。若是要特別強調藝術桿的飾頭，可以考慮把寬度加到超過窗框15公分。至於長度，落地窗窗簾標準的長度是離地1公分，過長或過短都不好看；若想要長度超過地面的窗簾，長度應該要超過地面45～60公分，才能創造出「裙襬」效果，或是像一朵鋪在地面上的花瓣；不過，「裙襬」效果的窗簾比較適合古典法式或英式風格的窗簾，其他風格可能不太適合。

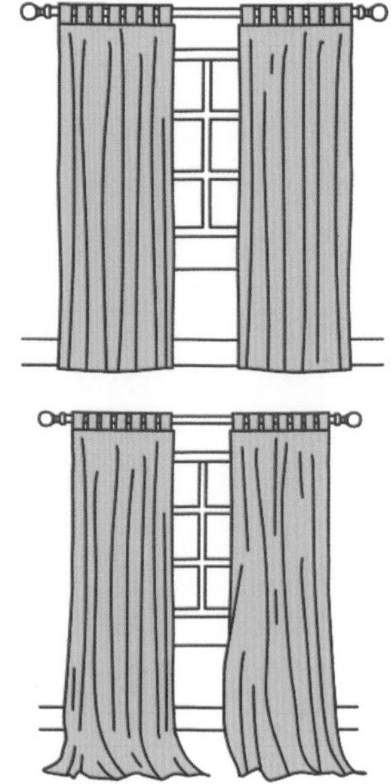

窗簾的寬度與長度都應適當，才能兼顧遮光功能與美觀。

種類挑選 Q446

安裝窗簾一定要做窗簾盒嗎？窗簾盒的功用是什麼？

並非一定要安裝窗簾盒；主要用途為修飾軌道，以及遮蔽窗戶縫隙避免漏光。

在裝設窗簾時，常見使用「窗簾盒」的搭配；窗簾盒主要用途為修飾軌道，以及遮蔽窗戶縫隙避免漏光。其型式多元，包括布料、PVC材質，或是配合木作打造線板造型、窗框造型，或是在天花挖深留空等方式處理。不論何種型式，提醒設計窗簾盒時須注意預留深度，以免日後產生無法安裝的問題。一般若裝設百葉簾、捲簾或風琴簾時，建議預留10公分左右的空間深度；蛇形簾（S形簾）摺襬幅度較大，則至少需預留15公分以上深度；若窗簾為複層，則窗簾盒預留空間就需要再加深，像是雙層蛇形簾至少需25～30公分。

圖片提供＿雅緻室內配置工程

不論何種型式，提醒設計窗簾盒時須注意預留深度，以免日後產生無法安裝的問題。

石材 磚材 木素材 金屬 水泥 塑料 板材 塗料 壁紙 玻璃 收邊保養材 系統櫃 廚房設備 衛浴設備 門窗 **窗簾** 照明設備

種類挑選 Q447

窗簾布的圖案花色要怎麼挑，除了以風格做考量外，還有什麼要注意的？

窗簾色系、花色要與風格相呼，窗戶大小也是挑選花色的考量因素之一。

窗簾色系與花色建議要與風格相呼應，色系可從空間、傢具挑選，就能讓色調更一致；圖案則要從風格做挑選，北歐風可選用植物圖案、鄉村風適用小碎花樣式、古典風則可選擇大型雕花圖案的窗簾。另外，針對尺寸偏大的窗，不適合選擇以小碎花或小圖案組成的窗簾布料，因為太多細小的圖案掛在一面大窗上，會讓人感到眼花撩亂。

圖片提供＿雅緻室內配置工程

碎花圖案樣式的窗簾，最能營造出溫馨、居家的鄉村風格。

你該懂的建材 KNOW HOW

別只看一小塊布料就決定	布料圖案花色的表現與窗簾形式有關，因此要掛起來看才準，千萬別憑一小塊布料做決定。

價錢 Q448

最近要挑窗簾布，窗簾布怎麼計價，價格帶大概在哪裡？

圖片提供＿雅緻室內配置工程

影響窗簾布的價格除了國產、進口外，不同織法、使用材質都是猶關價格高低的重要因素。

窗簾布一般以「碼」計價，價格約在數十～數千元不等。

窗簾布以「碼」為計價單位。各品牌的價位，與花色的設計、布料使用的纖維、織法難度等等因素有關，每碼的價格從台幣數十元到數千元皆有。大體而言，進口知名品牌的中價位窗簾布，每碼售價約為兩千至三千左右。至於材質為純蠶絲、絨布等高級纖維或採用特殊的內緹花織法的窗簾布，每碼售價為三千元以上。但是這種高價位的窗簾布，質感也非常特殊細膩，這是低價產品所無法比擬的。

種類挑選 Q449

想換新的窗簾，是不是只要挑適合的花色就好，材質會影響功能嗎？

撇去價格、花色的考量，窗簾布的材質影響機能的要素之一。

窗簾布的材質會影響窗簾機能，像是純蠶絲的材質很容易變色，不建議安裝在會長時間曝曬到陽光的窗戶；若想要製造出絲綢又輕又薄的高級質感，不妨改採人造絲的材質。至於首重機能的防火窗簾，目前已有多家窗簾布大廠推出，購買時除了要確認布料本身是否採用防火纖維織成，也要注意這項產品是否有通過國際防火標準，以及各國不太一致的防火標準（比如有通過美國、日本與台灣的認證測試）。此外，防火窗簾除了安全性的考量，也要注意布料的耐磨性、持久性、色牢度與可水洗性等等。

清潔保養 Q450

家裡窗戶安裝的是羅馬簾和百葉簾，拆下來清洗好像很麻煩，應該怎麼清比較好？

可以濕布擦拭百葉、羅馬簾。

因為百葉、羅馬簾或風琴簾較不方便拆下來清洗，只要用濕布或沾濕的海棉擦拭即可；捲簾局部髒污，則可利用膠帶黏貼之後，以小牙刷沾牙膏輕刷，最後再用濕毛巾擰乾擦淨。另外，可受熱材質的窗簾，平時亦可用直立式蒸氣熨斗輕輕燙過，達到殺菌、除塵蟎效果。至於窗簾盒、軌道與拉桿等等配件，用軟布擦拭即可。

種類挑選 Q451

安裝哪一種窗簾比較節省空間？

可選擇羅馬簾和捲簾較省空間。

羅馬簾放下時為平面式的單幅布料，能與窗戶貼合，故極為節省空間。收拉方式為將簾片一層層上捲，折疊收闔後的簾片，視覺上具立體感，一般使用較為硬挺的緹花布和印花布製成。另外，捲簾平面造型輕薄不佔空間，使用操作簡單，材質不易沾染落塵，不用擔心塵蟎過敏問題，且維護保養便利、價格平實，可自行DIY組裝。除了傳統的天然材質如竹簾、植物纖維編織之外，現今多為合成纖維與純棉材質，表面經特殊處理，灰塵不易附著，亦有防水功能，適用於浴室等地。

圖片提供＿綺力屋

羅馬簾為上拉式窗簾，使用一整片布料製作，在小空間中具有聚焦效果。

價錢＋挑選 Q452

房子只是租的，不想花太多錢裝潢，又想裝窗簾應該選擇哪種比較省錢？

可選擇打洞式、穿桿簾或者吊帶式。

打洞式又稱孔眼式，這類窗簾看來清爽簡單，很適合與藝軌道桿做搭配，吊帶式又稱掛耳式，這類窗簾強調自然、有個性，就像披掛在軌道桿上的一幅圖畫，以上二種窗簾很容易在一般大型商場即可購得現成品，花樣、價格也能依照自己的預算做選擇。至於穿桿簾向來是最簡易的窗簾，價位通常也容易親近，除了可以搭配藝術窗簾桿，還可以選用伸縮桿，而且還可以將伸縮桿固定在窗框，立即變身為窗簾桿，對不想在牆上鑽洞的租屋族，不失為理想的變通方案。

攝影＿王正毅

打洞式穿桿的部位大多以金屬環製作，金屬環在桿子上長期拉扯，可能會傷害藝術桿的表面。

種類挑選 Q453

一定要裝窗紗嗎？除了裝飾效果，窗紗還有什麼功能？

攝影＿甘納空間設計

透過窗紗織品的革新演繹，為居家增添更豐富的感官效果。

不一定要裝窗紗，除了裝飾，半透光的窗，能柔化光線，為室內帶來更舒適的照明。

半透光的窗紗，能柔化光線，為室內帶來更舒適的照明，尤其一些紗布本身帶有虛實之間的織紋變化，讓陽光在穿透與不穿透之間，營造空間中光影幻化；另外，有許多窗紗印上繽紛圖案，甚至還有各種不同織法、造型剪裁、鏤空手法，形形色色的精采表現，讓窗紗跳脫出搭配窗簾布的配角地位，已然成為窗飾的視覺焦點！窗紗一般用於需要大量採光的公共空間、客廳、書房等，亦可搭配遮光布用於臥房，增加舒眠效果及美感氛圍。

種類挑選 Q454

窗簾上下開和左右開，哪種比較好用，和窗型有關嗎？

「左右開」多會應用在小窗或半腰窗，「左右開」則多用在大面積窗型。

窗簾種類繁多，依照使用方式可大致區分成「上下開」與「左右開」兩種形式，「上下開」的窗簾以捲簾、羅馬簾與百葉為主，由於這類窗飾在頂端會有一個調控升降的軸心支桿，考量承重與比例美觀問題，多會應用在小窗或半腰窗上。至於「左右開」的窗簾因為有軌道支撐，可以朝大面積窗型來做應用，透過布幅延展擴增空間氣勢。「上下開」窗飾風格以簡潔俐落取勝，而「左右開」的窗簾則著重在布料柔軟、垂墜的表現，選購時除了考量窗型外，不妨將風格的呈現也列為重點參考。

上下開的窗多以捲簾、羅馬簾與百葉為主，也多應用在小窗或半腰窗。

種類挑選 Q455

窗紗的種類有哪幾種？太厚會不會不夠透光？

輕薄款式的窗紗可展現極佳的透光效果。

可分為天然纖維與人造纖維，為了表現透光效果，應選擇輕薄的款式。

為了能讓室內空間達到適切的透光效果，一般窗紗材質多選用輕薄、飄逸款式，依材質大致可分為天然纖維與人造纖維。

1 天然纖維材質

以絲、麻等輕盈材質為主，透氣度佳、手感舒適柔軟，能為居家營造自然風。價格上絲較麻高一些。

2 化學纖維材質

材質可塑性高，樣式變化豐富。穩定性亦佳，容易保養、使用期限長且不易變色。相對天然材質，價格較為便宜。

種類挑選

Q456

窗簾有可能有效調節室內溫度，達到節能的功用嗎？

風琴簾特殊的蜂巢結構能有效節約能源。

若想達到節能效果，可選擇風琴簾。

風琴簾特殊的蜂巢式結構，形成一個中空空間，能有效調節室溫，提升冷房效益。使用時可任意上下（遮上或遮下）、控制縮放範圍（遮多或遮少）。風琴簾還有各種不同遮光度可供選擇，如透光不透影、半透光、不透光不透影。其中遮光布料加了抗紫外線功能，可阻擋99%光源。而且風琴簾上下開合的功能設計，讓上下兩層能分別透光，可遮住景觀較差的部分，簾片也可全開或半開，在光線調控和視野選擇上比其他窗簾更具變化。

種類挑選

Q457

窗紗的安裝和窗簾一樣嗎？有什麼需要注意的？

施工方式相同，但應在事前決定好窗紗型式，然後進行丈量，最後再確認組架的水平與牢固度。

窗紗的施工大致與窗簾做法相同，只是安裝前須另外留心以下注意事項。

1 事先決定窗紗型式

安裝窗紗之前，必須確認是要單獨裝設，或與窗簾搭配？若是後者，則除了款式之外，還必須考量風格、色彩等整體性搭配。

2 丈量

除了窗戶與窗紗的尺寸丈量，另外若要製作窗簾盒，則須預留足夠的空間深度（尤其是雙層款式），以免造成日後使用不順手。

3 確認組架的水平與牢固度

施工時須確認支撐組架的水平是否抓準，避免影響操作施力。另外，須注意接合、固定的零件，是否安裝牢固。

種類挑選 Q458

羅馬簾和捲簾有什麼不同，我家是鄉村風，比較適合哪一種？

羅馬簾折疊收闔後的簾片，視覺上具立體感，捲簾則為平面造型；鄉村風較適合使用羅馬簾。

羅馬簾屬於上拉式的布藝窗簾，較傳統雙開簾簡約，能使室內空間感較大。拉起時有一摺摺的層次感覺，讓窗戶增添一分美感，材質有棉、麻、絲、化學纖維等，幾乎各類布料皆有，且適合鄉村風的居家空間。捲簾可有效阻隔陽光紫外線，並調節室溫及光源，維持室內擁有舒適自然光，造型簡單不繁複，適合極簡居家，材質多為聚脂纖維Polyester，或聚脂纖維合成布料。

■ 各式窗簾比一比

種類	特色	優點	缺點	價格
落地簾	長度長，可遮蓋整片窗戶，遮光效果佳。台灣常見的款式為雙開式，使用方便。	1 有效遮光、防噪音。 2 防塵效果佳。	需常拆洗，保養手續較複雜。	以碼或尺計價。織品的價格差異極大，估價方式可以「用布量」乘上布品單價，另外再加車工工資與軌道費用。
羅馬簾	平面式單幅布料，能與窗戶貼合，較節省空間。透過拉繩與環扣帶動，將簾片一層層上捲，折疊收闔後的簾片，視覺上具立體感。	1 以整片布料製作，用布量較少。 2 易於營造鄉村風格。	車工繁複，車工工資所佔費用比例，較材料費來得高	以材（30×30 cm）計價。費用包含車工和材料。
捲簾	平面造型輕薄不佔空間，透過轉軸傳動，使用操作簡單。	1 不易沾染落，不用擔心塵過敏問題。 2 維護保養便利，亦適用潮濕環境。 3 價格平實，可自行 DIY 組裝。	較不適用大面積窗型。	以材（30×30cm）計價，基本材數為 15 材。每材約 NT.70 ～ 250 元。
百葉簾	透過葉片角度控制，調節室內光源並阻隔紫外線。	可依據窗型比例，搭配不同葉片寬度。	葉片保養不易。	以材（30×30cm）計價，基本材數為 15 材。每材約 NT.130 ～ 200 元（依材質、葉片寬度計價不同）。
風琴簾	為特殊的蜂巢式結構，形成一個中空空間。可依個人喜好與需求，自由調整光源與隱密程度。	有效隔熱、控溫、節能，提升冷房效益。	價格稍高。	120×120cm，約 NT.6,500 ～ 9,000 元（依遮光／不遮光材質，以及單巢／雙巢而計價不同）。

施工 Q459 安裝百葉窗時，有什麼施工上要注意的事？

安裝百葉窗時須特別注意兩窗間的間距，以免使用時互相卡住。

須注意間距與水平。

若為緊鄰的兩扇窗，裝設百葉時，兩窗之間需留1～2公分間距，避免垂下或拉起時，兩扇葉片互相卡住；若為捲簾，在定位時固定架須離邊至少1公分以上，以免影響捲軸裝設。另外，橫式窗簾施工時須注意水平，以免完工後施力易產生左偏或右偏問題。

施工 Q460 安裝窗簾的丈量應該怎麼做？有什麼應該注意的地方？

寬度要多留20～30公分，若有平檯則須減少1公分，避免布料磨損。

安裝窗簾前必須確實丈量尺寸，寬度要多留20～30公分，高度則視窗戶是否有平檯；若有平檯須減少1公分，避免布料磨損；若沒有則可多10～20公分，才能有效遮光。若有對花圖案的窗簾布必須預留較多損料。製作窗簾盒須預留足夠的空間深度（尤其是雙層款式至少要20公分），以免造成使用不順手。

種類挑選 Q461 聽説有一種防火窗簾，這種窗簾裝起來會不會很醜？真的能防火嗎？

目前相關廠商已開發出豐富顏色、圖案供選擇，材質也逼真地模擬天然棉、絲綢或絨布，與過去相比美觀許多；需通過國際通用的防標準travira CS，才能真正有效防火。

現在的防火窗簾面貌多變，不但材質逼真地模擬天然棉、絲綢或絨布，還有豐富的色彩與圖案。但是，能達到國際通用的防火標準travira CS的窗簾布通常要價不斐。市面因而出現一些號稱可防火的產品——其實只是用一般的纖維來織成布料、再噴上化學物質。不僅防火效果較差，還會散發毒性。所以，防火窗簾最好選用具有自熄效果的防火紗織成的布料，且要通過各國的防焰標準。

監工驗收
Q462 窗紗裝好之後，應該怎麼檢查是否有安裝好？

可從剪裁車縫是否如預期，布面飾品有無掉落，以及軌道順暢是否順暢，這幾項做為檢查指標。

窗紗安裝方式和窗簾一樣，但安裝完成後，須注意以下幾個檢查重點，確認成品沒有問題。

1 剪裁車縫
除非是特殊剪裁，不然一般窗紗不會拼接布料，以免影響美觀。驗收時可檢查整體布面的剪裁車縫是否符合預期。

2 細節收頭
檢查窗紗的簾頭與縐褶處理是否完善，另外還需留意邊緣是否有毛邊。

3 布面飾品
若是有裝飾亮片、珠珠等的窗紗，記得完工後檢查是否完整無掉落情形。

4 軌道順暢
完工後試著操作看看，確認使用施力時軌道是否順暢無礙。

種類挑選
Q463 我家有西曬問題，有沒有辦法靠窗簾解決？

藉由挑選適合的窗簾布，多少可改善西曬問題。

可以透過窗簾減緩狀況，或選用抗UV的窗簾布使用。

要解決西曬問題，當然可以靠窗簾抒解日曬嚴重的狀況，下面幾點可供挑選參考，只要用對窗簾，家中日曬狀況相信可以減緩許多。

1 不要選擇絨布或深色的窗簾：這兩種材質都容易吸收熱能，只會讓室內熱度更高，所以不宜使用在有西曬位置的窗戶邊；若是氣溫較低的房間倒是可以考慮安裝。

2 可選擇遮光性強或抗UV的窗簾：市面上有種訴求能100％遮光、抗紫外線的抗UV窗簾，它是利用玻璃纖維加PVC塗料製成，不但布料的韌性夠，還具有防潮、隔熱、防火等優點，只是挑選時要注意抗UV窗簾的紋路織法分有斜紋與十字紋兩種，以斜紋的濾光效果較佳。

3 再加裝一層紗簾保持通風及採光：由於台灣位在北半球，所以陽光的照射，其實都偏南方，也就是東曬及南曬的情況也十分嚴重。這種房子建議與紗簾搭配使用，必要時，只要放下紗簾就可以了。

臥房適合遮光效果佳的窗簾或搭配雙層簾，讓睡眠空間更加舒適好眠。

種類挑選 Q464 空間不同選擇的窗簾也不同嗎？應該怎麼選？

可依空間使用特性做選擇，如：客廳適合落地簾，衛浴空間則要挑有防水效果的材質。

客廳窗型通常為落地窗或長條型半窗，可選用雙層的對開式落地簾；衛浴空間可選擇防水的捲簾或百葉；廚房使用防焰、不易沾染油煙的材質，較為安全也方便清理；臥房 則可選擇遮光效果佳的窗簾或搭配雙層簾，以增加舒眠效果。

施工 Q465 設計師將窗紗裝在窗簾前，但平常看到的都是裝在窗簾後，是設計師裝錯了嗎？窗紗和窗簾的位置怎麼安排？

可依照個人習慣與喜好選擇位裝位置。

窗紗和窗簾安裝的位置，可依使用習慣決定。

如果經常會將窗簾放下來遮光或是窗簾的花色較繽紛，建議將窗紗置於外層並配素一點的款式，讓窗簾成為空間主角。若窗簾使用機會少，可將安裝位置對調，如此一來，窗紗不妨挑選較有變化的款式，甚至將窗簾作為襯底的背景色，才能充分表現窗紗的特色。

chapter

17

照明設備

選用TIPS

①燈光設計可依不同需求選用直接或間接光源。

②空間照度可依坪數作粗估，每坪約需60瓦，再依屋高與自然光作斟酌。

③燈具選擇除了配合空間風格外，也需注意安全性，避免尖銳角或易破碎材質。

④LED燈泡因節能設計，選擇亮度需注意其流明數（Lm）而不是看瓦數。

照明是空間設計中不可或缺的一環，無論是現代空間或是古典設計，均需利用照明的搭配來做出完美呈現；另一方面，百花撩亂的各式燈款，以及間接光源、直接光源的設計變化，更是讓不同的空間均能有加分的效果。尤其在國人品味水準大幅提升的今日，照明設備已經不再只是提供明亮光線的機能設計，而是能夠創造出不同氛圍，甚至可以舒緩生活情緒的關鍵設計元素。

圖片提供＿品楨室內空間設計、甘納空間設計、無有建築設計

價錢 Q466 家裡照明和管線都已很老舊，因安全考量想更新，請問室內大約 25 坪需要多少預算？

照明設備更新費用分為管線與燈具二部份，可從這兩方便做初步評估。

照明設備更新費用分為管線與燈具二部分，中坪數住宅水電管線更新約NT.100,000～150,000元左右，基礎照明燈具約NT.20,000～30,000元，裝飾性燈具價格不一，從幾千元至數萬以上均有。如果只是為了讓居住環境變得更明亮，所需費用不高，但若因管線老舊而須同時更新，就必須考量管線是否做外露式設計，否則可能會牽扯出更多裝修翻新的問題，預算也會大幅攀升，最好請專業設計師做個案評估。

圖片提供＿甘納空間設計

為了讓居住環境變得更明亮，所需費用不高，最好請專業設計師做個案評估。

種類挑選 Q467 LED 燈和省電燈泡一樣有節能效果，為何不能用來當作家中的主要光源？

隨著LED燈的產業發展日新月異，早期被認為會傷眼，或者因光源過於集中導致光線太過銳利會影響居家柔和氣氛等問題，其實已經逐漸改良，愈來愈多LED燈被應用至居家空間內。

以往大家認為LED燈發散光源屬於「點光源」，光源集中，方向性明確，不似省電燈泡的照明範圍廣，因此不適合當成家中的主要光源，大多建議用於玄關、走廊等局部空間。但隨著技術的進步，市面上可替代傳統省電燈泡的LED燈已愈來愈多，而且除了以前強調高亮度的正白色產品，也有黃光可選擇，透過燈光外殼的設計，光線表現性已相當趨近於省電燈光。不過，雖然LED燈強調壽命長且亮度表現更優異，但是目前價格仍不斐，也是讓消費者卻步的原因之一。

你該懂的建材 KNOW HOW

選擇有 IEC 和 CE 認證標章

日前一份國際研究報告，指出「LED 裡的藍光具有光輻射性，恐造成人體視網膜的損害」，報告引發各界熱烈討論，但此研究尚未被證實，建議民眾可以選擇有 IEC 和 CE 認證標章產品，較能安心。

攝影＿Vivian

種類挑選

Q468 雜誌中常常看到設計師講間接燈光跟直接燈光，請問有什麼不同嗎？

無論是直接燈光或是間接燈光都是指光線的照射方式與其進行的方向性，但實際運用上還可分為半直接燈光、半間接燈光、直接間接燈光與漫射形燈光等共六種光線設計。

直接光源或間接光源都是居家室內常見的光源應用方式，直接光源因為可直接打光在需要的平面上，照度效率最高，因此也最省能源。至於間接光源則是將光照射在天花板牆面上或是其他的介質上，造成光線的折損，亮度因介質反射而衰減，所以若想讓直接光與間接光達到同等亮度，間接光源會更耗電，但是在光源的柔和度上，間接光源明顯較為舒適，讓人感覺到更放鬆。

直接光源或間接光源都是居家室內常見的光源應用方式，端看個人希望營造的空間氛圍，決定如何做燈光設計與應用。

■ 光源應用比一比

照射方式	光線的行進方向
直接光源	將光源全部直接照射於需要光線的平面上。
間接光源	光源全透過介質，再反射到需要光線的平面上。
直接間接光源	光源一半直接、一半以間接方式照射於平面上。
半直接光源	光源大多直接照射於需要光線的物品上。
半間接光源	光源大多透過介質反射，照到需要光線的平面。
漫射形光源	光源以 360 度平均照射的方向漫射在空間。

保養清潔

Q469 聽說間接燈光容易藏污納垢，設計時可以避免嗎？或者該如何清理呢？

將空調出風口與間接光源的燈槽位置錯開設計，即可避免氣流帶動燈槽內的灰塵，同時仍可享受間接光源的舒適照明。

並非所有間接燈光都有藏污納垢的問題，主要應該是指在天花四周以L型或凹型燈槽架設的間接光源。有此擔心的屋主，只要在設計時注意將出風口與燈槽位置錯開，或改用不從天花四周出風的空調設備，便可避免空調的氣流吹起燈槽內的灰塵。另外，為了家人健康考量，燈槽最好約每隔二～三個月清理一次，但因間接光源燈槽多在高處，可藉由吸塵器做清理來改善落塵問題，一般大約30分鐘可以完成清理。

種類挑選 Q470

省電燈泡有球型燈泡、U 型燈泡以及螺旋型燈泡，這三種有什麼不一樣？

三種省電燈泡最大差異在於造型不同，但其發光原理與設計大同小異，除了球型燈泡因多一層外罩而對發光效率造成些微減損外，另二者差異性較小。

省電燈泡屬於螢光燈系燈具，運用氣體放電產生紫外線照射於管壁的螢光粉而發光，至於傳統鎢絲燈泡是透過電流通過燈絲線圈而發光，電能大多轉為熱能，只有少數用來發光，二者相較之下螢光燈具因具省電優勢而得其名。省電燈泡形式相當多，常見有螺旋型、U型、圓球型與長條形，其中前三者因造型需求而將燈管擠壓縮短，使發光效率較日光燈管減損許多，尤其球型燈具外覆玻璃罩，導致發光效率更差、更耗電。若以相同光亮度來比較，U型燈泡因轉折較螺旋形少，發光效率相對較高些。

■ 球型 VS 螺旋型 VS U型燈泡比一比

造型	發光效率	耗電
球型燈泡	球型 ∧	球型 ∨
螺旋型燈泡	螺旋型 ∧	螺旋型 ∨
U 型燈泡	U 型	螺旋型

圖片提供＿飛利浦

施工 Q471

如果要裝吊扇燈，天花板需要加強承重力嗎？或者有沒有什麼限制呢？

考量吊扇燈的重量不輕，若天花板採用矽酸鈣板做鋪面，承重力絕對不夠，因此，需請木工師傅特別加上木心板與角料加強處理。

如果是泥作牆面是可以直接將吊扇掛架鎖進牆上，但是，目前室內裝潢多會以矽酸鈣板作天花板的鋪面，由於矽酸鈣板是沒有承重力的，所以如需安裝吊扇或是其他比較重的物品時，就必須請木工師傅重新處理，特別在吊扇燈安裝的位置改用夾板或木心板，並且板子上方須以角料加強固定，畢竟吊扇燈頗有重量，如果天花板承重力不足擔心會發生危險。一般屋高較低的空間，建議還是不要安裝吊扇燈或吊燈，避免讓空間更形壓迫。

種類挑選

Q472 聽說在餐廳的燈光適合暖色光源，請問什麼才是暖色光源呢？

一般色溫度在2,700K～3,000K的光源，稱作暖色光，會呈現帶有橘色調的光感，讓人感覺到情緒的舒緩與歡愉感，因此，餐廳相當適合使用暖色光源。

燈光的色溫度對於空間氛圍影響甚鉅，一般色溫度在2,700K～3,000K（也就是黃光）的光源，被稱之為暖色光，這種具有暖意的光可讓人心情隨之放鬆，提高食欲，同時也會增加歡愉的氣氛，因此，適合用於餐廳、臥房等需要溫暖的空間；至於色溫值達6,000K～6,500K者被稱作晝光色（也就是白光），可讓空間明顯感受明亮。一般人在挑選燈泡時可特別注意外包裝上註明2,700K或3,000K的燈泡就是暖色光。

餐廳使用暖色光源，使光線柔和，讓用餐氣氛更顯溫暖。

你該懂的建材 KNOW HOW

色溫　色溫是表示光源光色的尺度，表示的單位是K（Kelvin）。色溫乃是用物理性、客觀性的尺度來表現光源的色調，是決定照明場所氣氛的重要因素。一般色溫低的話，會帶有橘色，表示具有暖意的光；隨著色溫增高，就變成如正午的太陽光一般，為帶有白色的光。若色溫再升高則呈略帶藍色、清爽的光。

（資料提供：東亞照明）

種類挑選

Q473 我先生喜歡白光，但我喜歡黃光，能不能在同一空間中同時放這二種燈泡呢？

想在同一空間使用兩種顏色的光源是可以的，但是要在配電時先在開關上做細分，同一開關用同一種顏色的光源去做配置，就可依照個人喜好做切換。

每個人對於光的感受與需求度不同，如果先生喜歡明亮一點的白光，而另一半卻偏好溫暖的黃光，該如何處理呢？總不能只教一方遷就。對此專業設計師表示，一空間確實可用兩種顏色的光源，但不建議用黃白配的方式，而是要在開關上做細分設計，同一開關用同一種顏色的光源去做配置，這樣一來就可以依照個人喜好做燈光的切換，只是相對的全室使用的燈具及配線會增加許多，當然費用上會稍稍提升，但是，多花一些些成本，就可享受二種不同的氣氛情調，不也相當划算嗎！？

■ 黃光 VS 白光比一比

光源色調	優點	缺點	適用空間
黃光	空間柔和，具放鬆、紓壓的效果，色溫偏屬溫暖。	閱讀時較容易有昏睡感。	居家客廳、餐廳、吧檯與臥室、視聽室等重視休閒或社交的空間。
白光	空間明亮、顯色真實，有精神、但色溫偏冷。	長時間容易眼睛疲累。	辦公空間，以及居家的廚房、書房、工作區等講究機能感與明亮的空間。

施工 Q474 請問室內燈光的亮度有沒有一定的標準呢？例如五坪的客廳應該用多少亮度的燈才夠？

空間亮度是否足夠會因個人的感受偏好而有差異，加上屋高也會影響燈光的照度，因此只能找出平均值，再依每個人的需求調整出適合自己的空間亮度。

空間需要多少亮度的燈才夠，光是了解坪數大小是不夠的，還要斟酌房屋高度、牆面色彩以及燈光安裝位置等。若以一般2.8米高的客廳來看，建議每一坪的燈光瓦數約在80～100瓦，所以以五坪客廳為準約需400～500瓦。但是，如果挑高的格局則需要提高瓦數，而空間牆面色彩若偏暗，同樣要以更高瓦數才能達到一定亮度。此外，若不喜歡空間一直處於高亮度者，也可用檯燈或立燈作局部照明，調整空間需要的亮度。

你該懂的建材 KNOW HOW

什麼是「演色性」： 演色性（Ra）是指影響色視度的光源性質，演色性愈高的燈色視度愈好，而演色性差的燈色視度也差。

■ 不同居家空間亮度需求參考：

空間	亮度需求
客廳	最好要有 100w 以上、色溫可選擇較溫暖不刺眼的光源。
餐廳	使用演色性高，色溫較低的光源。演色性高讓菜餚看起來更可口，低色溫能營造溫暖、愉悅的用餐氛圍。
廚房	建議使用色溫為白光的燈泡，料理時光線能更清楚，不致發生危險。
衛浴	衛浴的照明需要經開關，建議選擇點滅性高的燈泡較合適，可選擇 60w 的燈泡或者更低的瓦數。
臥房	臥房的照明以提供安適的氛圍為主，因此選擇黃光較合適。若選用床頭燈，大多為輕微照明需求，燈泡選擇 40 ～ 60w 範圍即可。

種類搭配 Q475 空間不同燈具也要選不同款式的嗎？要怎麼選擇適合各個空間的燈具？

燈具的大小和款式能直接影響居住空間感受，因此建議依空間大小與需求選擇適當的燈具。

從實用的角度來看，燈具身負居家照明的重責大任，而從美學的角度來看，燈具所散發的光輝能左右空間氣氛，但選擇燈具除了照明與氣氛外，也應就空間的大小與功能，列入挑選考量。一般來說，空間較大的客廳，建議用吊燈或半吸頂燈，較為氣派；餐廳建議使用吊燈，可營造唯美氣氛；房間則建議使用吸頂燈，壓迫感較小，廚房、衛浴等空間因天花板裝管路而下壓，建議裝設壓克力吸頂燈，燈具不會太大或過重；走廊與房間邊角則可裝壁燈、立燈。

圖片提供＿甘納空間設計

燈具的橘黃內層使光線溫和而舒適，可增添用餐的愉悅心情。

種類挑選

Q476 沒有木工裝潢的天花板，可不可以做出間接光源的效果呢？

不用藉助木工裝潢，也能在天花板上做出間接光源的柔和效果，只要將燈管放在高櫃的頂端，或是以立燈向上、壁燈向上下打燈的方法都可以有不錯效果。

比起直接光源，間接光源更適合讓居家營造出輕鬆的氣氛，但如果是租屋族或是暫時沒有裝潢的打算，要如何做出柔和的間接光源呢？設計師建議最簡單的方式就是在高櫃的頂端，或是懸空的櫃體下方配置燈管（以燈管不會被看見為原則），就可以分別在天花板及地面上營造出間接光源效果，因為燈管被遮掩而不會有刺眼感受，透過折射的光投向空間也會更加柔和。

其次，也可以運用立燈向上打光，以及上下照式的壁燈向牆面打光，同樣不用木工裝潢就能享受間接光。

攝影＿Yvonne

採用可調整照明方向，可上、可下的立燈，就能依空間氛圍需求做變化，營造如間接光的柔和效果。

施工

Q477 因客廳有橫樑，設計師說要封天花板，這樣再裝主燈會不會太壓迫了呢？

若實際屋高太低建議不要將天花板作封板設計，至於主燈也可以改用嵌燈來取代，保留屋高才可讓空間感更舒適。

圖片提供＿大雄設計

嵌燈設計燈光取代主燈，讓天花板看起來更為俐落簡潔。

一般人遇到客廳有橫樑，第一個念頭就是想要把它消弭，利用封天花板來遮掩大樑是常見的做法之一。不過，此類做法須看實際屋高及樑下的高度來做判斷，若屋高原本就不高，再封住天花板會讓整個空間很有壓迫感，相反地，如果天花板的高度足夠，以樑下為準屋高尚能保有240公分以上，則可考慮封天花板。另外，若擔心封天花板後再裝上主燈會有不舒服感受，建議不妨以嵌燈設計燈光來取代主燈，也可讓天花板看起來更為俐落簡潔。

施工 Q478 請問浴室如果要安裝燈光需要特別作防潮設計嗎？

為避免因浴室濕氣與燈泡接觸造成觸電及燈具損壞，燈光應選購具防濕設計的燈具，以維居家安全。

浴室是濕氣與熱蒸氣匯聚的密閉空間，燈具易因空氣潮濕導致絕緣不良，燈罩的反射板也易生鏽，因此，浴室內燈具應挑選有CNS國家認證的合格防潮燈具，或選用防護係數IP45的燈具，透過燈罩的密閉設計以避免空氣中的濕氣與燈泡接觸，預防觸電危險。此外，為防範漏電，在接電部分也要注意做好防水安裝；如日後有需要更換燈泡時要保持乾燥以免危險。

浴室的燈具為防範漏電，在接電部分要注意做好防水安裝；如需更換燈泡時要保持乾燥以免危險。

你該懂的建材 KNOW HOW

IP（INTERNATIONAL PROTECTION）防護等級系統

是指電器依防塵與防濕氣二種特性做分級的數值。其防護等級由兩個數字組成，第一個數字為電器離塵、防止外物侵入的等級，第二個數字表示電器防濕氣、防水侵入的密閉程度，數字愈大表示防護等級愈高。

施工 Q479 廚房一般只有排油煙機上有工作燈，感覺太暗了，在哪邊加強亮度比較適合呢？

可在層櫃設置燈光，讓光源直接打在洗滌、備料工作區。

燈罩可讓光源美麗加分，也可增加空間的風格魅力，但是，空氣中的灰塵卻容易讓燈罩蒙塵失色，必須定期做清理以維持光鮮動人。

廚房算得上是工作重地，動手、動刀的機會很多，如果一不小心就可能發生危險，所以燈光的亮度絕對要足夠。除了排油煙機外，一般廚房的光源就是天花板上的主燈了，但是，工作時因面對牆面，容易將頭上的主燈遮住而形成陰影，針對此有以下幾點建議：

1 在工作檯面區段可利用吊櫃下方位置加設層板燈光，如此可讓光源直接打在洗滌、準備及料理工作區。

2 為避免蔬果失色，選用的燈光色度要適中，以能夠保持原色的螢光燈為佳。

3 許多進口櫥櫃會在櫃內加設燈光，這樣一開櫃門就可以清楚地看到內部，避免燈光由外照入時有死角，不易尋找物品，這也是相當貼心的設計。

清潔保養
Q480
不同的燈罩應該怎麼樣來清理，有沒有什麼訣竅？

依燈罩材質選擇適合清理的方式，燈罩才能維持光鮮動人。

燈罩可讓光源美麗加分，也可增加空間的風格魅力，但是，空氣中的灰塵卻容易讓燈罩蒙塵失色，必須定期做清理以維持光鮮動人。

吊燈燈罩因材質不同，清潔方法也不一樣，以下提供常見材質的清理方式：

1 玻璃類：以清水或中性洗潔劑做清洗，但若是復古玻璃因表面有加工的仿古粉削，須先以清水及軟毛刷清理。

2 不鏽鋼類：先以乾布做初步擦拭，再將燈罩裡外污漬處用中性清潔劑仔細擦拭過，最後再清水沖洗。

3 塑膠類：用溫水製作石鹼水，用浸泡過石鹼水的軟布將污垢抹除，再用清水沖洗乾淨，放置於陰涼處自然風乾。

4 織布類：先用軟毛刷將灰塵輕輕彈落，若灰塵因過久未清理已經附著在布罩的纖維內，可將燈罩拆下，以稀釋的柔性洗潔精用軟毛刷輕輕刷洗，再用水洗淨將燈罩陰乾即可。

種類搭配
Q481
間接燈光好像都是很多盞燈一起開，感覺很耗電，不想全開時可以只開幾盞嗎？

一般間接光源多以全區同步開關設計，若同一空間內想要分區使用間接光源的話，須事先與水電師傅商量做成多個迴路開關。

間接照明與主燈的點狀呈現不同，常常以成排連續的光源設計表現，使整體空間的明亮度適度提升，並且可以營造出適合的空間氛圍。為了營造這種似有若無的自然光感，目前大部分室內在設計間接照明都是使用T5燈管，而T5燈管屬於串接燈，開關則為連動設計，如果希望能夠分區使用間接照明，可以在裝修前跟設計師或水電師傅商量，先請水電師傅把間接照明的配線分開，做成多個開關才可以讓間接光源做分區使用。

種類挑選 Q482 我希望幫牆面的掛畫打上投射燈，但聽說投射燈很熱、又耗電，該怎麼辦呢？

建議可以改用LED燈，既省電又具有低發熱的優點，而且既有的舊式投射燈燈具只要加裝變壓器，都可直接更換成LED燈泡，相當方便。

為了讓牆面掛畫或者藝術展示品因燈光照亮而更顯美麗，適度地投射打光是必要的，早期為了聚焦效果，加上需要展現最真實的色彩，因此，室內設計師多選擇演色性最佳的鹵素燈作為展示用燈光，不過，這類燈光既耗電，光源熱，容易傷害真蹟畫作或古董，近年來，逐漸改為同樣有聚光效果的點狀式LED燈光照明，LED燈既省電，同時因為其光源為冷光型，不會讓展示的藝術品受到灼熱溫度的威脅。需注意的是，LED光線雖屬低溫，但其燈具仍會發熱，除應挑選有散熱設計的燈具外，若燈光放置在櫃內也要特別做散熱設計。

■ LED燈規格參考

LED 耗電（w）	取代傳統燈泡瓦數（w）	色溫（k）	流明（lm）	壽命（小時）
7	60	3,000	600	15,000
8	60	6,500	600	15,000
10	70	3,000／6,500	800	15,000
13	85	3,000／6,500	600／1,050	15,000

種類挑選 Q483 因家中有長輩需注意行走安全性，若想在樓梯安排 24 小時不關的燈光，應選擇哪一種燈泡呢？如何設計呢？

動線上的燈光具有安全性考量，常常需要24小時不關地連續性使用，建議可選擇耐用也省電的LED光源。

燈光也是很好的動線指引者，尤其如果家中有長輩，在夜間行走樓梯時要更加小心，所以光源選擇上建議以省電的LED燈做照明，這樣就可以24小時都開著，不用擔心耗電問題。

以下提供幾種常見的樓梯光源配置方式。

1 利用一階階踏板的立面設置條狀或點狀光源，達到樓梯明亮與動線導引的功能。

2 在樓梯側牆上以等距離間隔安置小嵌燈，光源方向可照射在階面上，增加行走安全性。

3 迴旋梯的中間或者是樓梯的轉角處可設置吊燈，讓視覺有聚焦的感覺。

4 壁燈也是相當適合樓梯照明的方式之一，屋主可以先想好自己希望照明的區域，選擇下照式，或者上下照的壁燈。

圖片提供＿森境&王俊宏室內裝修設計

平台下的間接照明，使光線能在梯間上下遊走，輕化整個量體，也增加夜間行走時的安全。

清潔保養 Q484 廚房開放設計會不會讓餐廳的吊燈很容易沾上油污呢？該怎麼清洗呢？

吊掛於廚房或餐廳的燈具應盡量選擇好清理的材質，例如玻璃、金屬等，同時要定期清理，若有重油垢則以中性清潔劑，利用敷面膜方式先行溶解再清洗。

開放合併式的餐廳與廚房設計可讓空間更顯開闊而舒適，但是廚房油煙也容易隨著開放格局進入餐廳，確實會讓餐桌或吧檯上方的美麗吊燈蒙上一層油污，尤其經常下廚且習慣中式烹調的家庭，就必須定期清洗燈具，以免陳年油垢更難處理。

對此，建議在吊燈的燈罩盡量挑選易清洗的材質，避開織布類或紙類材質，另外，表面以光滑面為宜，避免凹凸處更容易卡油垢。針對無法輕易除去的油垢，建議可以利用廚房紙巾如敷面膜的方式先附貼在燈罩上，再均勻噴灑中性清潔劑，靜置一段時間後再做清洗。

圖片提供＿鑫點子創意設計

因應清潔需求；中島吧檯相當靠近烹飪區，所以捨棄常見的吊燈，改採簡易嵌燈，以避免油煙污染。

種類搭配 Q485 設計師建議用間接燈與立燈取代主燈，但客廳若不裝主燈會不會感覺很不正式？

圖片提供＿PartiDesign Studio

也可利用桌燈、嵌燈及間接照明等多元照明方式，讓空間更有層次。

是否需要主燈設計必須從整體空間設計來決定，不過，天花板少了主燈感覺起來會更俐落，也不會有不正式感。

隨著室內設計的多元化，空間的燈光規劃也不再是一言堂，每個人可以依照自己的感受或需求來調配出自己的獨家燈光饗宴。如果你不是非要很明亮的空間感，用間接燈光與立燈搭配來取代主燈的設計，其實是不錯的選擇。而且也不用擔心不正式的感覺，因為居家空間講究的是放鬆，而間接光源確實能讓空間氛圍更舒適。此外，沒有主燈的天花板看起來會更顯俐落，主要還是要看整體空間設計，再決定適合配置哪種燈光。一般現代簡約風格的設計，很多都是以間接光源取代主燈設計，同樣能創造出相當大器的空間感。

種類搭配 Q486 一般客廳只裝設吊扇燈當主燈的話，照度夠不夠呢？還要其他種燈補強嗎？

吊扇燈的光源集中於客廳中心位置，若擔心四周太暗者，可以利用桌燈、立燈或嵌燈等做點狀補強。

吊扇燈與一般的主燈的明亮效果差異不大，但是此類光源主要安置在空間的中心，光源是由中心向四周照射，所以大多會有中間亮四邊的角落會偏暗的問題，做整體照明設計時，通常會在四周請以木作釘出燈槽作間接光源來補強。

但是若暫時無整體裝潢的需求，可以在空間四周加裝嵌燈，或者是在需要的區域補強燈光即可，例如在沙發旁的小邊几上加上一盞桌燈，除了提升客廳周邊亮度，也可做為閱讀燈，同時在裝飾性上也有加分效果。

種類搭配 Q487 使用的建材會影響燈光的選擇與設計嗎？

建材會影響燈光設計，基本上較粗獷的材質和會反光的材質，燈光設計的運用手法會有不同。

以線性暈光的處理手法，突顯材質的肌理紋路，營造層次感。

選擇適用的燈具，需考量的層面相當廣泛，涉及居住者想呈現的空間表情、使用目的、燈具種類、光源色溫和材質屬性，但不管選擇何種照明方式和燈飾，光影其實皆為突顯材質特性的襯托效果。想要強調材質肌理紋路，可以線性暈光的打燈方式變化層次性；而運用在具有反射性效果的材質上，則多半使用點狀光源的手法，降低反射感，減緩壓力。

■ 材質 VS 光源

屬性	常用手法	配光	建材種類
粗獷性材質	線性暈光	光線強	石材、木　頭、岩面水泥
反光性材質	點狀光源	光線弱	玻璃、鏡面、金屬板

種類挑選 Q488
我喜歡明亮的空間，但聽說臥房最好不要用日光燈，是真的嗎？

想要讓臥房顯現溫暖氛圍可以選擇色溫較低的日光燈。

臥房的光源選擇主要還是看個人的習慣，若是擔心日光燈的色溫較冷，其實可選擇黃光且色溫較低的產品。

日光燈也稱為螢光管，與傳統電燈泡（白熾燈）相較，因為有更高比例的電能可被轉化為可見光，所以給人更明亮的印象，但這只是說明日光燈比白熾燈更省電、發光效率更高，有些人可能因此誤以為日光燈的光線很亮且感覺偏冷色光，所以不適合用在想要放鬆、溫馨的臥房。其實燈光的色溫與發光效率並不相同，而隨著日光燈的普及，色溫的選擇性也愈多元，不但有黃光與白光的日光燈可供選擇，色溫從2,600K至6,500K以上均有，對於想要讓臥房顯現溫暖氛圍的人可以選擇色溫較低的日光燈。

■ 日光燈光源色區分：

參考色溫K	光色表現	環境氣氛
7,100～5,700	晝光色	清涼
5,400～4,600	晝白色	自然光色
4,500～3,900	白色	自然光色
3,150～2,600	燈泡色	溫暖

資料參考：東亞照明

種類搭配 Q489
家裡天花板較低，是不是不適合裝主燈呢？請問屋高多高比才適合裝呢？

屋高不足的空間如果勉強安裝主燈，容易自曝其短，建議可用嵌燈組合出獨特的燈光設計，同樣具有主燈效果。

屋高過低的空間容易讓人有壓迫感，無法紓展放鬆情緒，因此，在做燈光設計時還是要先依空間條件來思考，切勿為了裝潢而一意孤行。如果天花板太低，建議還是放棄裝主燈，可以在天花板內改用嵌燈組合出獨特造型的燈光設計，其實也能有主燈一樣的聚焦效果。需要多少高度才適合安裝主燈呢？建議應該至少要有240公分以上的高度，安裝主燈才比較不會有壓迫感，也才能真正發揮主燈的裝飾效果。

種類搭配 Q490

燈光應該怎麼設計、配置，有一定的比例與數量規定嗎？

客廳光源以間接照明和電視牆兩側照明為主。

沒有一定配置公式，但可遵循「燈不直接照人」、「避開人常經過處」、「背光照明方式」的3大準則。

燈光與空間的關係，猶如女人與彩妝一般，輔佐空間追逐完美的境界。在居家空間來說，照明的設計位置其實並沒有一套標準的公式，隨著住宅本身的基地位置、環境構造、採光方向、空間需求等，有太多變數因子，但基本配置邏輯仍有跡可循，遵循「燈不直接照人」、「避開人常經過處」、「背光照明方式」的3大準則，塑造兼具美感和舒適性的照明設計。

■ 空間燈光配置參考

空間	光線配置	配置位置	建議	光線配置	配置位置	建議
客廳	基本光	間接光源、電視牆廊道兩側。	電視牆照明可以背光投射，達到明亮和氣氛效果，避免直打在前方活動範圍內。	輔佐光	閱讀燈	以立燈、桌燈輔助照明，可依個人習慣自由配置。
餐廳	基本光	主燈。	懸吊高度需注意坐時平視高度，勿擋到人體視線。	輔佐光	嵌燈	設置於空間四角邊緣，以人坐至餐桌活動空間以外之範圍為主。

種類搭配 Q491

如果客廳天花板已經有間接燈光，還需要掛上主燈嗎？

好的光源設計並不只在乎夠不夠亮，而是要透過照明的搭配來為空間增添光采。因此，應從亮度、裝潢設計與空間條件等三方面來衡量。

當客廳的天花板上已有安裝間接燈光時，到底要不要再配置主燈的決定關鍵，在於主燈能不能對整體空間有加分效果呢？雖然這並沒有絕對的原則，但提供幾點參考的意見。

1 從整體空間亮度是否足夠來作決定：一般間接燈光提供柔和的氛圍營造，但因燈光提供均經反射，恐怕亮度較為不足，此時主燈可適度增加明亮感。

2 從裝潢設計的觀點來決定：主燈除提供亮度外，更是空間的裝飾主角，甚至可以主宰空間風格，例如一盞水晶燈就能提供奢華的聚焦點，此時主燈的裝飾性遠比照明機能重要，所以不管有無間接燈光均需要主燈。

3 從空間條件的角度來決定：雖然主燈為風格的表現元素之一，但若屋高不夠，則不應勉強再裝主燈來增加空間負擔，可改用簡潔設計的嵌燈取代，同樣能有增加明亮的效果。

種類挑選

Q492 市面上有鎢絲燈、日光燈等不同類型燈泡，該怎麼選擇比較好？

各種光源都有其存在價值和特性，可依照空間使用的不同，選擇適合的燈泡。

照明是室內空間中最需要細細思量的設備，光線設計得宜，可以讓空間更舒適；其中的關鍵在於燈泡的選擇，性質優良的燈泡不僅能照顧眼睛不易疲勞之外，還具有使用壽命長、省電的功效。依照空間使用的不同，在客廳、餐廳、臥房、書房用的燈泡類型、色溫和瓦數就不相同。客廳適合裝設照明範圍較廣、節能效果好的省電燈泡；以休憩為主的臥房與餐廳，則可裝設給人溫暖感的黃光燈泡，如LED燈、鹵素燈或省電燈泡，書房則建議採用明亮度高的省電燈泡，再搭配近距離檯燈更理想。

■ 各式燈泡比一比

種類	光性	優點	缺點
鎢絲燈	基本光蠟燭效果，燈影較微弱。	燈體和光影散發光影質感。	耗電、損耗率高。
鹵素燈	演色效果佳，光感清晰。	人與物體色彩漂亮、投射性強可打出光影感。	熱能高。
日光燈	光感自然。	大面積泛光機能性強。	光影欠缺美感。
LED	屬於電子商品，光感較生硬。	可結合情境系統階段性變化，體積小。	投射角度廣，聚光性差。

種類搭配

Q493 牆面顏色較深的空間，是不是需要提高燈光的照度呢？

理論上，顏色較深的空間若想達到一定亮度時，確實需要提高流明數或照度，但仍須考量空間希望表現的氛圍。

色彩與光線有著密不可分的依存關係，顏色較深的牆面會有吸收光線的現象，而顏色較淺的則會有反射光線的效果，因此，若一面深色牆想要達到與亮色牆一樣亮度，需要提高燈光的照度或是流明數。不過從設計的角度來看，牆面的色彩選擇通常有其設計的考量，並非只求亮度，所以，必須依現場情況做調整。

如果希望牆面的色彩能夠不失真地被呈現出來，在燈泡或燈管的選擇上也要特別注意其演色性，避免因為光源的演色性較差，使得原來希望呈現的牆色在燈光照射下變了調。

\ 你該懂的建材 KNOW HOW /

什麼是「照度」： 照度（Lux）是指一定距離下，單位面積內被照物所接受的光源量，用來表示某一場所的明亮值。

什麼是「流明數」： 流明數（Lm）為燈泡所直接散發出的發光量，數值愈高則愈亮。

種類搭配 Q494

家裡想裝省電燈泡，不過 CFL、CCFL 和 LED 這幾種省電燈泡的差異在哪裡？

省電燈泡特性與效能各有不同，最好依空間需求安裝適合的省電燈泡。

CFL省電燈泡使用時，至少需要3分鐘的預熱，才能達到最佳光源效率，使用時盡量不要頻繁的開關，容易減少使用壽命。相較之下，CCFL冷陰極管與LED燈的耐點滅性高，若空間需要經常開關電源，建議使用CCFL或LED燈泡較為適合。不過CCFL燈泡的管徑非常細小，相對質量較輕，施工時易壓碎，須小心使用。而LED燈發散光源屬於「點光源」，光源集中，方向性明確，不似省電燈泡的照明範圍廣，因此不適合當成家中的主要光源，可用於玄關、走廊等局部空間。

■ 省電燈泡比一比

屬性	光效（lm/w）	壽命（hr）	色溫（k）	演色性（CRI）	發熱溫度	耐點滅性	耐摔耐震	操作	價格帶
CFL & CFL-i 燈泡	55	6,000 ~ 15,000	2,700 / 6,500	85	高	低	不耐摔 不耐震	啟動時，閃爍	NT.200 ~ 650 元
CCFL 燈泡	58	> 20,000	2,700 / 4,600 / 6,200	82 ~ 85	低	高	不耐摔 不耐震	啟動時，閃爍	NT.300 ~ 450 元
LED 燈泡	70 ~ 80	> 50,000	2,700 / 6,500	70 ~ 90	低	高	耐摔耐震	一點就亮，不閃爍	NT.100 ~ 1,600 元

保養清潔 Q495

用完的燈泡該如何回收？可否直接丟棄？

廢棄燈泡不可當作玻璃回收，更不能直接丟棄。為避免燈泡放置家中造成破損或傷人的情況，應盡速將燈泡送至鄰近賣場的回收處或專門回收單位。

廢棄燈泡（管）因含有玻璃、塑膠、金屬等資源物質及微量的汞，為了再利用資源及避免環境污染，故須回收處理。如前述，燈泡（管）不是玻璃，不能直接放入廢玻璃類做回收，應送至清潔隊資源回收車、照明光源販賣業者、回收商進行回收，或者送至鄰近的居家賣場，通常大賣場都設有專門回收處，做專業後續處理。基於安全考量，裝設或拆卸燈泡時，建議戴上橡膠手套，可減少因抓握不牢而有燈泡墜落之虞。此外，取下燈泡時應握住金屬燈帽或塑膠底座施力旋轉，避免因直接旋轉玻璃或過度用力造成燈泡破裂。換下來的燈泡可放入新品的紙套，以減少破損機率。

種類搭配 Q496 購買吊燈時，吊燈長度要估計多少，才不會因為太長而有壓迫感？

吊燈的高度設定應由不同區域的燈光效果，以及有無人行走的需求來做全盤考量，避免讓美麗燈光成為空間負擔。

吊燈是空間視覺的聚焦點，但需注意屋高是否適合懸掛吊燈，以免壓縮空間高度，形成居住的壓迫感。

吊燈是空間視覺的聚焦點，也是許多屋主在裝潢居家時指定必備的設計重點。不過，裝設吊燈還是有一些限制，例如屋高過低的空間可能會因吊燈而更加壓縮空間高度，形成居住的壓迫感。由於每一空間的屋高條件不同，而且每一盞燈的大小設計也不同，因此無法設定吊燈適合的長度，另外，餐廳與客廳的吊燈設計也會有所不同，以下分別說明。

1.客廳：客廳的吊燈多為主燈，量體上較大，而且客廳內人還是有可能行走在燈的下方，因此，建議從吊燈的底部算起，須保留與地面有230～240公分的高度，讓燈與空間有較寬綽距離感會更美。

2.餐廳：餐廳吊燈都是安裝在桌面的上方，不需考慮動線問題，加上燈光照射於菜餚上可增加食欲，所以設計上只要由燈的底部算起保留離地面170公分即可。

種類搭配 Q497 家裡的坪數已經很小了，如果用立燈會不會很佔空間而且妨礙動線？

小坪數居家在規劃的思考上應以縮小量體的簡單設計為宜，因此，建議可以用擺在桌上的燈具，或者更不佔空間的壁燈取代之。

除了普遍式照明提供空間的明亮度外，很多地方還是需要有輔助式光源來提供工作面的亮度，其中立燈則是不錯的選擇之一。但是如果考慮家中坪數很小，立燈可能會影響到動線，即使置身於空間中的光源（燈罩部分）本身不會檔到行走路線，但是為求燈具本身的平衡穩固，其燈座通常不小，很容易被踢到或絆到人，建議還是改以桌燈，或者是壁燈的方式比較理想。以減少破損機率。

種類搭配 Q498 客廳同時也是視聽室，燈光的需求不一樣，請問該如何同時滿足不同情境的設計呢？

客廳與視聽室作複合利用設計時，在燈光的規劃上仍以客廳需求為主，而做視聽室使用時，建議留一盞遙控小燈即可增加便利性。

房價高漲的台灣，空間設計逐漸朝向複合利用的使用概念，因此，同一個空間可能是客廳，同時也是視聽室的情形相當多見，對此，建議在做裝潢前，一定要先與設計師或水電師傅講清楚空間的使用需求，如此事先做好燈光配置，才能滿足不同情境所需的燈光。而客廳與視聽室的光源配置最大不同在於一明、一暗，設計上主要仍以客廳需求為主，至於在使用視聽室時建議可單獨配置一盞小燈，並配合單獨遙控設計，讓全區關燈時也不用摸黑去開關燈。

種類挑選 Q499 除了選用節能燈泡之外，開關配置和設計是否也可達到節能？

節能的光源設計主要在於利用開關的事先設計與靈活控制，讓光源可呈現更不受限制的利用，只在需要的地方或時段使用。

現代生活除了追求便利、舒適之外，更要講究節能與環保設計，因此，燈具、照明廠商也不斷地推陳出新，研發出愈來愈多的節能光源，但是除了省電燈泡外，其實從一開始的光源設計與燈光的開關配置著手也可以避免能源浪費。

1. 感應式照明可避免不必要的光源浪費：例如玄關、走道或者庭園陽台的光源可採用感應式照明控制，當有人靠近自動開燈，無人時則自動熄燈，以便省下不必要的耗電。
2. 利用調光設備來節省電力：擔心客人來時燈光不夠亮，但只有一人在家時電燈全開又太亮，不妨利用可調光設備來控制光元，當深夜時調暗燈光可增進氣氛，也可節省電費。
3. 多段式開關設計：提升光源使用的靈活度，例如間接光源可依亮度做二至三段式開關設計，如此可視需要來開燈，也可讓空間有不同的亮度與氣氛表現。

種類搭配 Q500 照明開關與動線應該怎麼安排，才能符合實際生活需求？

以生活動線為準實際測試燈光開關的需求與方便性，可確保照明開關的正確安排。

照明計畫與動線設計息息相關，例如玄關的燈光控制面板一定要在最容易觸摸的地方，避免因黑暗無法行走，為了提升方便性，也可善用紅外線人體感測控制器，當打開家門時燈光也回隨之而亮。

同樣的概念也可用於動線走道上，可將燈光的開關位置設置於走道兩端，方便在行走時開燈，而到達走道盡頭時關燈，總之，好的燈光設計絕對是源自於生活的細節，所以在規劃燈光開關時，不妨以生活動線實測一次，以確保動線的燈光需求與開關方便性。

國家圖書館出版品預行編目（CIP）資料

建材疑難全解指南 500 Q&A【暢銷新封面版】：終於學會裝潢建材就要這樣用，住得才安心！從挑選、用途、價格、設計、施工、驗收到清潔疑問，全部都有解 / 漂亮家居編輯部作 . -- 三版 . -- 臺北市：城邦文化事業股份有限公司麥浩斯出版：英屬蓋曼群島商家庭傳媒股份有限公司城邦分公司發行，2022.01
面； 公分 . -- (solution ; 136)
ISBN 978-986-408-778-5(平裝)

1.CST: 建築材料

441.53　　110022618

Solution136

建材疑難全解指南 500Q&A【暢銷新封面版】

終於學會裝潢建材就要這樣用，住得才安心！從挑選、用途、價格、設計、施工、驗收到清潔疑問，全部都有解

作者　漂亮家居編輯部
責任編輯　許嘉芬
文字編輯　Patricia、王玉瑤、余佩樺、陳佳歆、劉禹伶、鄭雅分
封面設計　莊佳芳
版型設計　林鴻君
美術設計　Monika Lee、莊佳芳
編輯助理　黃以琳
活動企劃　嚴惠璘
發行人　何飛鵬
總經理　李淑霞
社長　林孟葦
總編輯　張麗寶
副總編輯　楊宜倩
叢書主編　許嘉芬
出版　城邦文化事業股份有限公司 麥浩斯出版
地址　104 台北市民生東路二段 141 號 8F
電話　（02）2500-7578 傳真：（02）2500-1916
E-mail　cs@myhomelife.com.tw

發行　英屬蓋曼群島商家庭傳媒股份有限公司城邦分公司
地址　104 台北市民生東路二段 141 號 2F
讀者服務　電話：（02）2500-7397；0800-033-866 傳真：（02）2578-9337
訂購專線　0800-020-299（週一至週五上午 09:30 ～ 12:00；下午 13:30 ～ 17:00）
劃撥帳號　1983-3516 戶名：英屬蓋曼群島商家庭傳媒股份有限公司城邦分公司

香港發行　城邦（香港）出版集團有限公司
地址　香港灣仔駱克道 193 號東超商業中心 1 樓
電話　852-2508-6231
傳真　852-2578-9337
電子信箱　hkcite@biznetvigator.com

馬新發行　城邦（新馬）出版集團 Cite（M）Sdn. Bhd.（458372 U）
地 址　Cite（M）Sdn.Bhd.（458372U）
41, Jalan Radin Anum, Bandar Baru Sri Petaling,
57000 Kuala Lumpur,Malaysia.
電話　603-9056-3833
傳真　603-9057-6622

總經銷　聯合發行股份有限公司
電話　02-2917-8022
傳真　02-2915-6275

製 版　凱林彩印股份有限公司
印 刷　凱林彩印股份有限公司
版 次　2024 年 1 月三版 2 刷
定 價　新台幣 450 元